室内设计·思维与方法（第二版）

室内设计·思维与方法

（第二版）

郑曙旸 著

中国建筑工业出版社

序　言

室内设计作为一门独立的专业，在世界范围内的真正确立是在20世纪六七十年代之后，现代主义建筑运动是室内设计专业诞生的直接动因。在这之前的室内设计概念，始终是以依附于建筑内界面的装饰来实现其自身的美学价值。自从人类开始营造建筑，室内装饰就伴随着建筑的发展而演化出风格各异的样式，因此在建筑内部进行装饰的概念是根深蒂固而又易于理解的。现代主义建筑运动使室内从单纯的界面装饰走向空间的设计。从此不但产生了一个全新的室内设计专业，而且在设计的理念上也发生了很大的变化。其关键在于从传统的二维空间模式设计，转变为以创新的四维空间模式进行创作。这种创作模式既不是空间艺术表现传统的二维模式或三维模式，也不是简单的时间艺术或者空间艺术表现，而是两者综合的时空艺术整体表现形式。其精髓在于室内空间总体艺术氛围的塑造，这是室内传统的设计思维方式在观念上的根本转变。

鉴于室内设计是这样一门随着时代的发展从建筑学派生出的专业，其基本理论和创作实践必然与建筑学有着千丝万缕的联系。但是，由于专业自身的空间概念和尺度概念相对微观，不能完全套用建筑学的理论，室内设计专业之所以能够独立的根本原因也在于此。自这个专业独立以来，发达国家的从业者都对其创作思维和教学方法进行过多方面的探索，在这方面，美国的体系代表了西方文化的典型，日本的体系代表了东方文化的典型。由于专业的历史相对较短，和艺术美学价值评估的多元取向以及基础教育的不同模式，各国不可能完全套用别国的方法。

在20世纪70年代初，由于一般系统论和控制论的发展，开始形成我们今天所讲的系统科学（Systems Science）。系统科学处于自然科学与社会科学交叉的边缘地带，是20世纪末信息论、运筹学、计算机科学、生命科学、思维科学、管理科学等科学技术高度发展的必然产物。简单地说，系统科学就是按一定的系统方法建立起来的科学体系。目前所见的关于室内设计创作思维与教学方法的研究成果，基本上是在系统科学的理论指导下产生的。应该说，这是研究创作思维与教学方法的正确途径。

在我国，室内设计专业的设立并不晚于世界发达国家，中央工艺美术学院早在1956年就设有室内装饰专业，到1983年正式改称室内设计专业（1987年拓宽专业方向更名环境艺术设计）。由于众所周知的原因，我们的室内设计专业在20世纪80年代前并没有发展起来。改革开放“忽如一夜春风来，千树万树梨花开”，室内设计专业在短短的十几年内开设于国内100多所院校。由于国家建设管理部门认识水平的限制，造成室内设计行业管理的混乱，同时也直接影响到该专业高等教育的发展，导致出现室内设计专业社会需求旺盛却没有国家正式专业目录的奇怪现象。以环境艺术设计专业设置下的室内设计基础理论研究也一直处于滞后状态。清华大学美术学院（原中央工艺美术学院）环境艺术设计系基于40余年教学经验的总结，在这方面做了大量的工作。迄今为止，国内室内设计基础理论研究方面的论著，仍然没有超出本院环艺系研究的范围，至于创作思维与教学方法的研究在国内尚属空白。

近年来，室内设计专业迅猛的发展趋势，使相关的书籍出版十分活跃，纵观图书市场此类书籍主要为以下几种类型：工程实例的照片资料，设计实例的工程图资料，不同设计门类的空间造型、图案样式、尺度构造资料，设计表现技法类资料等。专业教材与理论书籍较少。在多年的教学与设计实践中，深感我们缺乏专门论述室内设计创作思维与方法的著作，更谈不上科学的创作思维体系。在平时的教学与设计中，教师多半依据自身的经验，用感性的方法指导教学，设计师也多半依据工程中积累的经验进行设计，完全采用科学的理性与艺术的感性进行教学和设计的很少。目前国内设计市场的培育也还处于初级阶段，以工程代设计的情况依然是主流，知识产权得不到重视的现象比比皆是。要扭转这种局面需要各个方面的努力，就专业的基础理论建设而言，除进行创作思维与设计方法的研究外，同时出版一些相关的设计指导类书籍就显得格外重要。只有从专业教育的基础理论研究入手，培养出高水平的专业人才，进而影响整个社会，才能改变目前相当多的室内工程项目，只重视空间界面的装饰，而忽视空间整体艺术氛围的创造；只盲目的材料高档化与界面繁杂的材料堆砌，而造成“装修”代替“设计”的现状。只有真正促进室内设计的健康发展，才能最终形成具有中国特色、符合时代精神的室内设计风格。

室内设计的创作思维和方法的基础理论研究，其主题是建立在科学方法论基础之上的室内设计程序。内容包括：设计指导方法的哲学理论基础；设计思维的特征与方法；不同设计阶段的思维与表现模式；科学的室内设计程序等。重点归结于三个方面：1. 艺术设计的方法论；2. 室内设计系统的特征；3. 室内设计的思维。

艺术设计的本质在于创造，每个人都具有创新的意识，并存在着创造的潜能，然而并不是每个人都能成为设计师。选择设计师作为终身职业而报考各类艺术设计专业的学子，也不是个个都能够成材。半路出家从事艺术设计事业成功的例子也大有人在，说明人人都具有内在的设计潜力。苦读数年始终徘徊不得其门的人，说明没有找到打开设计之门的钥匙。这个钥匙就是设计之“道”，道即方法，道即技能，得道与失道仅在观念之差，观念的形成在于悟性，悟性的培育在于观察客观世界的思维方式。

设计的过程与结果都是通过人脑思维来实现的。思维的模式与人脑的生理构成有着直接的联系。根据最新的科学研究成果，人大脑的左右两半球分管的思维类型是完全不同的。左半球主管抽象思维，具有语言、分析、计算等能力。右半球主管形象思维，具有直觉、情感、音乐、图像等鉴别能力。人的思维过程一般地说，是抽象思维和形象思维有机结合的过程。在人的儿童期开始进行的各种启蒙教育都是为了使大脑得到全面的锻炼而设置的。艺术设计学科融会科学与艺术，就其设计思维而言，由于本身跨越学科的边缘性，使单一的思维模式不能满足复杂的功能与审美需求。受我国传统的教育，理论和教学实践长期忽视右脑潜能开发的影响，以及学术界对形象思维的研究远远落后于抽象思维的现状，因此无论是在艺术设计专业学习的学生，还是社会各界有能力和机会参与艺术设计的人员，普遍存在形象思维能力较弱，不能掌握以形象思维为主导模式的设计方法。

抽象思维着重表现在理性的逻辑推理，因此也可称为理性思维；形象思维着重表现在感性的形象推敲，也可称为感性思维。理性思维是一种线形空间模型的思路推导过程，一个概念通过立论可以成立，经过收集不同信息反馈于该点，通过客观的外部研究过程得出阶段性结论，然后进入下一点，如此循序渐进直至最后的结果。感性思维则是一种树形空间模型的形象类比过程，一个题目产生若干概念（三个以上甚至更多），三种概念可能是完全不同的形态，每一种都有发展的希望，在其中选取符合需要的一种再发展出三个以上新的概念，如此举一反三的逐渐深化，直至最后产生满意的结果。

从以上分析我们不难看出，理性思维与感性思维的区别：理性思维从点到点的空间模型，方向性极为明确，目标也十分明显，由此得出的结论往往具有真理性，使用理性思维进行的科学研究项目最后的正确答案只能是一个。而感性思维从一点到多点的空间模型，方向性极不明确，目标也就具有多样性，而且每一个目标都有成立的可能，结果十分含混，因此使用感性思维进行的艺术创作，其优秀的标准是多元化的。

作为艺术设计显然需要综合以上两种思维方法，由于每一项具体的设计总是有着特殊的形式限定，这种限定往往受各种使用功能的制约，如果过分考虑功能因素，使用一种理性的思维形式，也许我们永远不能创造出新的样式。设计的过程与结果如同一棵枝繁叶茂的苹果树生长，一个主干，若干分枝，所有的果实都汇集于尖端，尽管都是苹果，但没有一个是完全相同的，无论是形体、大小、颜色都有差异，这种差异与艺术设计的终极目标在概念上是一样的。这个概念就是个性，这种个性实际上就是设计的灵魂。

几乎所有的设计师都有这样的设计经历，设计灵感的触发一般出现在最初一轮的概念构思中，这时的想法往往个性化最强。随着设计的逐步深入，各种矛盾越来越多，能否坚持最初的构思，就成为检验设计者功力的关键一环。克服了来自各个方面的干扰，始终能够坚持最初的构思，完成的设计就有可能呈现与众不同的个性，表现出新颖独特的面貌。反之，就可能在汲取众家之长的所谓综合中变成一个四不像的平庸之作。由此看来，最初的概念构思异常重要，能否选择一个理想的概念构思就成为创造个性化强的设计作品的基础。理想概念构思的选择体现了设计者设计思维方式掌握的深度。

面对一个设计项目就如同站在旅行的出发点，虽然条条道路通罗马，目标一致，但哪条路最优却要经过缜密的选择。选择是对纷繁客观事物的提炼优化，合理的选择是任何科学决策的基础。选择的失误往往导致失败的结果。人脑最基本的活动体现于选择的思维，这种选择的思维活动渗透于人类生活的各个层面。人的生理行为，行走坐卧、穿衣吃饭无不体现于大脑受外界信号刺激形成的选择。人的社会行为，学习劳作、经商科研无不经历各种选择的考验。选择是通过不同客观事物优劣的对比来实现。这种对比优选的思维过程，成为人判断客观事物的基本思维模式。这种思维模式依据判断对象的不同，呈现出不同的思维参照系。设计概念构思的确立显然也要依据这样一种思维模式。

可见，培养以形象思维作为主导模式的设计方法，以综合多元的思维渠道进入概念设计，以图形分析的思维方式贯穿于设计的每个阶段，以对比优选的思维过程确立最终的设计结果应该是科学的艺术设计之道。

以上的思想和观点成为撰写本书的基础，但这只是笔者在以往教学和实践经验上的主观感受。需要在今后的工作中反复验证，才能最终得出科学的界定，找出带有普遍规律的创作思维和教学方法。也许出于艺术教育的特殊性创作思维和教学方法呈现多元的模式，不一定限定于某种特定的方式。但是，如果能够有一种符合室内设计教育规律的较为理性的方法，对大学本科这样一个尚属于专业基础教育的层次来讲，还是十分有意义的。

再版前言

设计是文化，中国并不缺少这样的文化传统，只是需要文化传承的创新；设计是创造，中国并不缺少这样的创造历史，只是需要创造思想的解放；设计是观念，只是中国的设计观未能与时代发展的需求同步，必须在开放融会中完成现代转型的突破。

从现代设计的概念出发，中国设计才开始迈出万里长征的第一步。

面对充满变数的发展道路，我们有理由做到自信、自立、自强——因为中华民族的千年文明，是人类历史上唯一有可能穿越渔猎文明、农耕文明、工业文明、生态文明的优秀文化传统。能否实现取决于今天的作为。

设计的本质是一种创造。创造的目标，是面对正确处理人与自然关系的挑战。创造的取舍，是面向正确处理事与物质关系的机遇。创造的本质，在于变革生活方式。

设计文化传承与融会创新体现于三点，即：文化精华的传承；文明转型的突破；交互融会中创新。

设计作为与艺术和艺术教育相关的一种学术观念，在现实的社会语境中实现文化传承创新，必须要做当代的解读。从农耕文明意识到工业文明意识，是设计观念的现代转型；从工业文明意识到生态文明意识，是设计观念的后现代转型。

倡导健康的生活方式，促进社会的可持续发展，是所有设计工作者义不容辞的使命与责任。

改革开放30年：

在建筑界造就了一个行业——中国建筑装饰。它的设计业态就是室内设计。中国的室内设计：一个能与世界发展同步的专业，一个迅速转换设计观念的专业，一个引领中国设计发展的专业。

在教育界成就了一个专业——环境艺术设计。它的学科属性就是设计学。中国的环境艺术设计：一个独具中国特色的专业称谓，一个内涵深广交叉综合的专业，一个代表设计发展方向的专业。

从某种意义来讲2011是中国设计教育的元年。因为随着艺术学成为中国高等教育的学科门类，原来的二级学科设计艺术学，升格为一级学科——设计学，环境设计作为二级学科位列设计学榜首。环境设计的正名，可以让近30年纷乱的专业名称（室内设计、建筑装饰装修、室内装饰、建筑环境设计、建筑外环境设计、环境艺术、环境艺术设计）尘埃落定。

从高等教育人才培养的素质定位出发，中国设计教育的现状基本上是一种机械的技能教育。不客气地说，这种教育限制了学生理想的培育与创造力的发挥。形成的原因与中国设计行业的发展现状有关。

走访世界各地开展的研究发现，中国过往30年的社会发展过程中，由于追求社会化与都市化进程的速度，“舶来”的理念被广泛采用。中国已经成为世界工厂，“中国制造”遍布在世界的每个角落，究其本质，这种制造具有明显的加工性质，并不是真正意义上的制造。这样一种社会发展的过程，造成了对于中国设计行业创造力发展的障碍。对于“制造”的错误理解，形成“舶来”的就一定是好的迷信。既然社会更多地关注“制造”的质量，那么对于社会工作者而言，掌握熟练的复制使用技术以及优质的制造技术就是立足社会的关键。于是，对于中国室内设计行业而言，就出现了大量的技术过硬的“工人”，而缺少真正能够创造价值的“设计师”。

“快钱”经济与社会背景的影响，更加对设计者的学习观念产生了“去理想化”的影响。设计者的学习动机都指向了对某种技能或方法的掌握，并应用此技能或方法迅速地为自己制造经济收入。这种需求反过来又加速教育内容与活动的“去理想化”过程。特别是对室内设计行业而言，如果学习的过程只是对设计技法的熟练掌握开展的训练，那么学习的结果就是培养了大量的对环境体验生活中没有任何感受和理想的“画图工人”。

中国室内设计行业在改革开放30年后已经发生了变化，这种变化是由于消费者对空间环境的体验需求发生变化而带来。消费者从对一栋房子的基本居住或空间使用功能需求，转向对于使用功能过程中的心理感受期望值的需求。也就是说，消费者对空间环境已从物理与使用功能转向了精神与心理功能的需求。既然消费者的需求变化了，那些技术纯熟但不懂生活的“画图工人”的所谓设计，自然无法满足消费者对空间的需求。室内设计依靠施工与材料盈利的行业局面也就不难理解了。

所以，当今的中国社会民众，更加呼吁“中国创造”的出现，对于中国室内设计行业来说更是如此。

室内设计行业的“中国创造”，需要真正懂得通过环境体验的感悟来创造生活价值的设计师。那些原本掌握了纯熟表现技术的设计工作者，更应该重新培育自己对真实生活的感受与理解能力，以形成室内设计者的修养。

室内设计者修养的培育，在思维与方法的层面，反映在信念、思路、呈现、表达四个方面。

（1）信念的修养指的是：建立一种设计活动是生活价值创造的概念。要通过艺术与科学的理论学习，不断培育自己对生活中各种感受的敏锐性，扩展自己的生活领域。对于人文与艺术、科学与技术指向生活的不同层面充满兴趣，并不断探索与体验，以广阔的环境体验认知域和敏锐的生活感受洞察力作为开展设计活动的核心。

（2）思路的修养指的是：要以哲学的辩证思维开展空间创意。所谓哲学的辩证思维，就是要求设计者以多元化的视角看待空间以及空间使用者的需求。要将主观的艺术感觉与客观的自然感觉相融合，要将设计创意与使用功能相融合，实现一种人与环境和谐相容的状态。这就需要设计工作者不断训练自己的系统思维，始终围绕环境体验价值这个焦点，系统地开展艺术风格、设计创想、材料选择、工程管控的全部工作，以环境系统解决方案专家的角色定位自己。

（3）呈现的修养指的是：要具备的必要知识与能力。是各种设计呈现工具以及方法的掌握， 这一修养实际上就是以往设计教育的强项，即设计技法与技能的训练。设计工作者要以呈现力为基础修养，以能够精准地呈现设计创想为环境体验价值的保证。

（4）表达的修养指的是：要懂得分析设计受众——使用者的心理状态。要掌握有效的沟通方法，要不断地培育自己的语言表达能力，要掌握让语言精准地传达自己设计创想的方法，这种有效的语言表达将贯穿设计活动的全过程，并将自始至终作为环境体验价值概念与体验感受的传播媒介。再好的作品若没有付诸于实践，也就失去了存在的价值。因此，室内设计工作者要懂得用有效的语言表达设计价值。

总而言之，“中国创造”的社会格局已经出现，中国室内设计行业的“价值创造”时代也因此来临。室内设计工作者唯有综合修养自身，不断前行才能顺时而动，在创新室内设计思维与方法中，实现创造。

目录

序言

再版前言

1 室内设计方法的理论基础 1

1.1 设计的本质 1

1.1.1 艺术与科学 1

1.1.2 内容与方法 6

1.1.3 形式与功能 15

1.2 艺术的感觉 19

1.2.1 存在与意识 19

1.2.2 表象与想象 22

1.2.3 思维与创造 25

1.3 科学的逻辑 32

1.3.1 分类与程序 32

1.3.2 筛选与抉择 34

1.3.3 系统与控制 37

1.4 创造的基础 40

1.4.1 原创的动力 40

1.4.2 积累的环境 43

1.4.3 意念的转化 45

2 室内设计系统的特征 51

2.1 时空体系的概念 51

2.1.1 时间的意义 51

2.1.2 实体与虚空 53

2.1.3 光源与色彩 58

2.1.4 尺度与比例 63

2.2 设计系统的要素 67

2.2.1 空间设计要素 67

2.2.1.1 空间类型 67

2.2.1.2 空间组织 71

2.2.2 构造设计要素 75

2.2.2.1 结构 75

2.2.2.2 界面 80

2.2.2.3 门窗 81

2.2.2.4 楼梯 82

2.2.3 界面设计要素 83

2.2.3.1 界面与装修 83

2.2.3.2 空间构图 84

2.2.3.3 装修材料 85

2.2.3.4 界面处理手法 87

2.2.4 装饰设计要素 89

2.2.4.1 界面装饰 89

2.2.4.2 物品陈设 89

2.2.4.3 织物装饰 91

2.3 行为心理的因素 92

2.3.1 空间与人的行为 92

2.3.2 人的体位与尺度 95

2.3.3 行为心理与设计 98

3 设计思维与表达方式 165

3.1 概念与构思 165

3.1.1 空间形态的启示 165

3.1.2 主导概念的引入 170

3.1.3 限定概念的创意 173

3.2 方案与表达 174

3.2.1 图形方案表达的程序 174

3.2.1.1　设计概念确立后的方案图........174
3.2.1.2　方案深化后的施工图................175
3.2.2　方案表达的决定要素........................176
3.2.2.1　界面与材料构造..........................176
3.2.2.2　界面与空间构图..........................178
3.2.2.3　界面与设备..................................179
3.2.3　透视与空间..179
3.3　构造与细部..181
3.3.1　空间主体的构造细部........................181
3.3.2　整体界面的构造细部........................182
3.3.3　过渡界面的构造细部........................183
4　设计语言与设计方法..............................185
4.1　设计的语言..185
4.1.1　设计的表达..185
4.1.2　设计任务书..187
4.1.3　平面的意义..189
4.1.4　空间的表象..191
4.2　图解的方法..192
4.2.1　图解的意义..192
4.2.2　图解的形式与内容..............................202
4.2.3　图解的运用..204
4.3　功能与平面..218
4.3.1　功能分类的平面特征..........................219
4.3.2　平面布局的设计手法..........................220
4.3.3　从平面到空间的思考..........................228
4.4　形象与空间..229
4.4.1　空间形象概念的确立..........................229
4.4.2　实体要素的空间组织..........................230
4.4.3　光色要素的合理运用..........................234
4.5　构思与项目..236
4.5.1　设计定位..236
4.5.2　设计概念..241
4.5.3　设计方案..246
4.5.4　设计实施..252
参考书目..344

1　室内设计方法的理论基础

1.1　设计的本质

设计的本质在于创造，创造的能力来源于人的思维。对客观世界的感受和来自主观世界的知觉，成为设计思维的原动力。

1.1.1　艺术与科学

艺术与科学，作为人类认识世界和改造世界的两个最强有力的手段，同样体现于设计。可以说，设计的整个过程：就是把各种细微的外界事物和感受，组织成明确的概念和艺术形式，从而构筑起满足于人类情感和行为需求的物化世界。设计的全部实践活动的特点就是使知识和感情条理化，这种实践活动最终归结于艺术的形式美学系统与科学的理论系统。

既然设计的成果是艺术与科学的结晶，那么深入探讨艺术与科学的本质，按照其内在的规律指导设计就显得格外重要。

艺术

艺术，按照我们今天的解释："人类以情感和想象为特征的把握世界的一种特殊方式。即通过审美创造活动再现现实和表现情感理想，在想象中实现审美主体和审美客体的互相对象化。具体说，它是人们现实生活和精神世界的形象反映，也是艺术家知觉、情感、理想、意念综合心理活动的有机产物"。[1] 尽管有史以来存在着不同的艺术理论，作为满足人们多方面审美需求的社会意识形态，"艺术"仍然是一个为公众所普遍理解的概念。

"艺术"一词显然具有美学的含义，然而，艺术的美学含义起源则较晚。在西方的传统思想中，广义的对艺术一词的解释和现代对艺术严格界定的涵义是不同的。"艺术"的古拉丁语Ars，类似希腊语中的"技艺"，从古希腊时代到18世纪末，"艺术"一词是指制造者制作任何一件产品所需要掌握的技艺。无论是一幅画、一件衣服、一

---

[1]《辞海》，1999年版。

只木船，甚至一次演讲所使用的技巧，都可称之为艺术。其制成品称之为艺术产品。因此，从历史的角度出发，艺术包含了广义的解释，即技能和技术的涵义。

一直到伊曼努尔·康德（1724~1804年）第一次使用“造型艺术”一词，以区别于其他艺术。并指出：“造型艺术……是一种表现形式，它有着内在的合目的性，虽然它没有目的，但在社会交流中起着促进文化与精神力量的作用”。同时表明，“艺术，人所掌握的技艺，也是与科学（从知识得来的能力）有区别的，正如实践才能之与理论才能，技术之与理论（如测量术之与几何学）。由此，那种一经知道应该怎样做就立即能够做到，除了对预期达到的结果充分了解之外，不需再作任何努力的事不能称作艺术。艺术则有其特殊性，即使掌握了最完整的有关知识，也不意味着立即掌握了熟练的技巧”。从此艺术品本身成为供人享用的精神产品，成为不需要外力来实现其目的之终极产品。

在这之后的几个世纪，“艺术”一词的意义逐渐界定为专指文学、音乐、绘画、雕塑等审美专业的创作。艺术成为人类以不同的形式塑造形象，具体地反映社会生活，从而表现作者思想感情的一种意识形态。以文学为代表的语言艺术；以音乐、舞蹈为代表的表演艺术；以绘画、雕塑为代表的造型艺术；和以戏剧、电影为代表的综合艺术成为各具风格的艺术类型。众多的艺术门类以表现形式的特征为出发点，按自然界的基本要素时间和空间，分为时间艺术和空间艺术两大系统。

就西方的艺术理论而言，强调其主观性、情感性、审美性的言论广见于各类著作：

“艺术不是任何其他事物，而仅是完成某种作品的正确的合理行为”。（阿奎那：《神学大全》）

“正确地说，只有通过自由的、也即是出于自愿的、以理性为基础的创造成果，才能被称为艺术”。（康德：《判断力批判》）

“艺术的任务与目的是触及我们的感官、我们的感情、我们的灵感，一切能在人的思想中有一席之地的方面……因此它的目的在于唤起和激励沉睡中的感情、倾向、激情，在于填补心灵的空缺，在与迫使无论有无文化的人们都感受到人的心灵深处所能体验和创造的广阔的天地，以及能调动和激发人心脑中多层可能性的一切力量，在与向感情和直觉提出人的智能所拥有的真实的光辉；同时也使人们知觉不幸和苦难，奸诈与罪行；使人认识一切丑恶与恐怖以及愉悦与欢乐的本质；最后放任想象在幻景中闲游，在刺激感官的、梦幻的魅力中尽

情享受”。(黑格尔:《艺术哲学》)

“艺术是一种人类的活动，它的目的是传达人类所达到的最高贵与最优秀的感情”。(托尔斯泰:《艺术是什么》)

“艺术仅有一条规律——创造出至善至美的作品”。“艺术不是功利性的，或者说是无偏见的。这就是说，……在创造作品的过程中，艺术的宗旨只在于一点：在作品中体现善，在物质中创造出美，按事物自身的规律创造事物；因此，艺术希求作品中的一切都必须在它的控制之下，希求只由它来直接主宰作品，来塑造和创作作品”。(马利坦:《艺术与经院哲学》)

“艺术是情感的客观化，自然的主观化”。“因为生活是美的，每一种艺术也都是美的。并且理由也都大致相同；艺术体现了感知力。从生命的最基本的感觉、个体的存在和延续，直到人类的感知、他们的爱恋、仇恨、成功、苦难、领悟和智慧的充分发展，都在艺术中体现”。(苏珊·朗格:《理性：论人类的情感》)

在东方，艺术的理论博大精深，艺术的风格璀璨辉煌。东方艺术以其独有的特色，构成它自成体系的根基。早在公元前后，印度就出现了一部艺术理论的专著《舞论》，相传作者是婆罗多牟尼，这部专著对印度古代音乐、舞蹈和戏剧作了非常详尽的论述，表达了完整的审美原则。成为印度后世艺术理论发展的基础。在古代中国，艺术理论完全融会于哲学、伦理学、文艺批评和鉴赏中，虽然没有上升到抽象的狭义艺术美学专著，但是其精神内涵已深深地植根于中华民族悠久的文化传统之中。

虽然在远古的象形文字中艺术的“艺”字是一个拿着工具的人，虽然在古汉语中“艺术”一词的涵义是：泛指各种技术技能(《后汉书》二六伏湛传附伏无忌：“永和元年，诏无忌与议郎黄景校定中书五经、诸子百家、艺术”。注：“艺谓书、数、射、御，术谓医、方、卜、筮”)。然而以现代对“艺术”一词的理解，来看待中国传统文化中的“艺术”，我们不难发现艺术始终与政治联姻，从来都属于上层建筑的伦理道德范畴。上古时期礼乐并举，礼乐被视为政治秩序的标志，乐以“六艺”之一成为贵族子弟的必修课。“凡音者，生于人心者也。乐者，通伦理者也。是故，知声而不知音者，禽兽是也；知音而不知乐者，众庶是也。唯君子为能知乐。是故，审声以知音，审音以知乐，审乐以知政，而治道备矣。是故，不知声者不可与言音，不知音者不可与言乐。知乐，则几于知礼矣。礼乐皆得，唯之有德。德者得也”(《礼记·乐记》)。可见知乐的重要。艺术与统治几乎等同，礼崩乐坏意味着政治衰亡。儒家理论就此成为中国传统文化的基础。在这个文化传统中，艺术始终是以人的主观意识为出发点。表现自我，追求事物的内在灵魂。以“意境”代替“逼真”，以“神似”代替“形似”，成为中国传统艺术本质的特征。

综观东西方的艺术理论。我们不难看出其共同点，这一共同点主要体现在艺术审美的统一性上。作为艺术家，总是要创造美的精神产品。这种创造要么源于生活，再现他们的所见；要么表现他们主观的心灵写照；要么混淆现实生活与他们的想象。由于人们往往习惯于某种艺术风格，一旦某个艺术家创造出新的表现形式，就会引起人们的震惊和振奋，因此，创新成为艺术家永恒的追求。

科学

科学，是在人们社会实践的基础上产生和发展的。按照我们今天的解释：“是运用范畴、定理、定律等思维形式反映现实世界各种现象的本质和规律的知识体系。社会意识形态之一。按研究对象的不同，可分为自然科学、社会科学和思维科学，以及总结和贯穿于三个领域的哲学与数学”。[1]

然而提到科学，在社会公众的概念中总是以自然科学取而代之，即使是学术界，在涉及到艺术与科学的关系时，也总是以自然科学作为讨论的对象。同样，本书的立论也是按照自然科学的理念，这是因为自然科学的研究方法所代表的人类思维方式，最集中地反映了科学工作方法的实质。对于设计来讲，具有十分重要的现实指导意义。

自然科学是研究自然界的物质形态、结构、性质和运动规律的科学。一般把现代自然科学分为基础理论科学、技术科学和应用科学三大类。

科学技术的发展史与人类的文明史同样久远，当人类第一次使用石斧，第一次学会用火，就标志着科学技术应用的开端。随着时间的推移，人类所获得的技术愈来愈全面，掌握的规律也愈来愈普遍。科技的曙光最早照亮的是世界的东方，古埃及的金字塔，古巴比伦的占星术，创造了最初的科学奇迹。两河流域的文明成为人类科学文化进化的序曲，承继其巨大的遗产、成就了古代世界并大放异彩的希腊科学，成为西方科学的母体。中国的四大发明显示了东方文明古国科技的实力。希伯来人融东西方文化为一炉，从印度和希腊科学中汲取营养，创造的阿拉伯文明成为近代科学产生与发展

[1]《辞海》，1999年版2107页。

不可或缺的条件。

近代，科学技术在西方取得了长足的发展，这时的科学已经从哲学和神学的领域脱颖而出，观察、实验、分析、归类成为科学的工作方法，形成了分支细密而庞大的学科体系。自然科学的异军突起，使人类逐步摆脱偏见和迷信的束缚，人类的精神在探索知识和追求真理的过程中取得进步和解放。近代科技的突飞猛进促使社会生产力得到极大提高，随之而来的工业文明改变了世界的经济结构与产业结构，引起了生产关系的变革，传统的农耕时代随之瓦解。科学的进步促进了人类社会的进步，世界进入了一个全新的时代。

现代设计显然是在这样的时代背景下发展起来的 。设计的程序和他的工作方法无疑带有科学工作方法的印记。这与农耕时代传统的工艺技巧显然有着明显的区别。

科学技术的研究方法是经缜密的计划和观察而获得经验，并支配的有步骤的努力，具有严密的逻辑和明确的目标。这种研究具有实践与理论的双重属性，科学探索的结果一类产生于偶发的实验过程，而后得出结论；一类先有理论和假说，然后在实验中得到验证。也就是说，科学知识的发展不仅仅靠更精确、更广泛的观察在实践中得到，而且是靠理论的进一步的完善得到的。

关于科学和科学方法在西方的理论著作和科学家的论文中有着广泛的论述：

“天文学家和物理学家都可能得出同一个结论—比如说，地球是圆的；天文学家是根据数学的方法（即，从物质中概括）得出的，而物理学家则是通过物质本身得出的”。（阿奎那：《神学大全》）

“每一门自然科学必须包括三种事情；作为科学的对象的一系列事实；用来阐述这些事实的概念；以及用以表达这些概念的词句”。（拉瓦锡：《化学元素》）

“我们知道，自然法则是我们认识事物的基础。我们对自然法则的所有认识来自于高明的智者的不断努力和许多年代的应用。对理论和试验进行严格的、彻底的检验之后，给各种自然法则下了定义。自然法则成了我们的信条，但我们仍然日复一日地检验为自然法则所下的定义。这并不是我们的固执。相反，最伟大的发现就是证明已被人接受的法则之一是谬误。这种发现是一个人的大荣耀”。（法拉第：《精神教育观察》）

“科学的发展在于观察这些内在联系，并清楚地表明：这个变化不息的世界上的各种现象不过是许多被称之为法则的一般联系和关系的例证。科学思维的目的就是要从特殊看到一般，由瞬间洞察永恒”。

（怀特海：《数学原理》）

“人们往往支持这样一种看法，即科学应该建立在定义严格、意义清晰的基本概念的基础之上。实际上，没有一门科学，包括最严谨的科学在内，是从这种定义出发的。真正科学活动首先是对各种现象进行描述，进而将它们分组归类，最后找出它们之间的内在联系”。（弗洛伊德：《本能及其变化》）

“从系统论的角度来说，我们可以把一门经验科学的演化过程想象成为一种连续的归纳过程。各种学说在其推论与表述中，把大量的个别观察材料浓缩成经验法则式的陈述，而一般法则是通过对这些经验法则进行比较而获得确立的。由此看来，一门科学的发展近似编撰一部分类目录，似乎纯粹是一种经验性的工作。

但这种看法根本没有注意到实际过程中的各个方面，它忽略了知觉与推论在严正科学发展过程中的重要作用。一门科学一旦完成它的基础工作，理论发展便不再仅仅靠分类法了。观察者会在经验资料的引导下形成一种系统思想。一般来说，这种系统思想从逻辑上建立于少量被人们称为公理的那些基本假设之上，我们把这种系统思想称为学说。它揭示了大量个别观察材料之间的内在关系，并由此而确定了自身的存在，而这一学说的真理性也正表现在这里”。（爱因斯坦：《相对论》）

当我们简要地回顾了艺术与科学发展的历史，分析了艺术与科学工作的特征，就不难发现“设计”其实就是处于艺术与科学之间的边缘学科。艺术是设计思维的源泉，它体现于人的精神世界，主观的情感审美意识成为设计创造的原动力；科学是设计过程的规范，它体现于人的物质世界，客观的技术机能运用成为设计成功的保证。

1.1.2 内容与方法

了解设计的内容，明确设计的方法，是作为室内设计理论基础最重要的方面。

设计与艺术设计

设计，在权威的汉语大型词典《辞海》里仅解释为：“根据一定的目的要求，预先制订方案、图样等。如：服装设计；厂房设计”。[1] 在汉语中，“设计”是作为表示人的思维过程与动作行为的动词而出现的。显然与我们在这里讲的设计在涵义上有很大不同。我们所说的设

[1]《辞海》，1999年版。

计是源于英语“design”的外来语。这个词在英语中既是动词又是名词，同时包括了汉语：设计、策划、企图、思考、创造、标记、构思、描绘、制图、塑造、图样、图案、模式、造型、工艺、装饰等多重涵义。一句话，在“design”中除了汉语“设计”的基本涵义外，“艺术”一词的涵义占了相当的比重。我们很难在现代汉语中找到一个完全对等的词汇，姑且以“设计”应对不免会使公众的理解产生偏颇，于是我们不得不采用一种折中的办法，在“设计”前面冠以“艺术”，形成“艺术设计”的词组，以满足公众理解的需要。

人类社会的发展需求，促使社会生产力的不断提高，生产力的发展又促使社会分工的加剧。人类历史上的第一次社会大分工，是畜牧业和农业的分工；第二次社会大分工，是手工业和农业的分离；第三次社会大分工，是商业的形成。在社会分工日益精细的大背景下，艺术逐渐与技术分家，成为独立的满足于人们精神审美需求的社会特殊门类。工业化后的社会分工进一步发展到近乎饱和的状态，过细分工的结果又引发出一大批相近的边缘学科。时代的要求呼唤着艺术与技术的全面联姻，从而诞生了现代艺术设计，一种艺术与科学、精神与物质、审美与实用相融合的社会分工形态。以印刷品艺术创作为代表的平面视觉设计；以日用器物艺术创作为代表的造型设计；以建筑和室内艺术创作为代表的空间设计等。从20世纪初到70年代末，现代艺术设计在发达国家蓬勃发展。没有设计的产品就没有竞争力，没有竞争力就意味着失去市场。艺术设计的观念在这些国家成为共识。

然而艺术设计在它的发展道路上依然延续了社会分工演进的基本模式，即从整到分越来越细。从最初的实用美术专业，扩展到平面视觉设计、工业设计、室内设计、染织设计、服装设计、陶瓷设计等一系列门类。每个门类又繁衍出自己的子项。以染织设计为例：扎染、蜡染、浆印、拓印、丝网印、机印、编织、编结、绣花、补花、绗缝，几乎每一项都可发展成独立的专业。每个专业在自己的发展过程中无不形成本身极强的个性。从艺术的角度来看，个性强无疑值得称颂，但从环境的角度出发却未必如此。由于任何一门艺术设计专业的发展都需要相应的时空，需要相对丰厚的资源配置和适宜的社会政治、经济、技术条件。而面对地球村越来越小的趋势：自然环境日益恶化，人工环境无限制膨胀，导致商品市场竞争日趋白热化。个体的专业发展如不以环境意识为先导，走集约型综合发展的道路，势必走入自己选择的死胡同。社会分工从整到分，再由分到整是历史发展螺旋性上升的必然。这种由分到整的变化并不是专业个性的淡化，而是在统一的环境整体意识指导下的专业全面发展，这种发展必将使专业的个性在相融的环境中得到崭新的体现。单线的纵向发展，还是复线的横向联合，同样是这个多元的时代摆在每一个设计师面前的课题。

环境艺术设计与环境设计

环境艺术设计专业的产生与发展，实际上正是社会分工由分到整的必然。打个形象化的比喻，环境艺术设计师担当的正是影视导演的任务，虽然本身并不扮演角色，但所起的作用却是不言而喻的。以城市人工环境的建设为例，一般分属四类部门进行设计：市政规划设计、建筑设计、园林绿化设计、装饰艺术设计。如何协调四者之间的关系，使之功能合理、统一完美，关键在于环境艺术设计。环境艺术设计所起的正是一种指挥、协调、创造的作用。按理说在城市人工环境的设计中，规划当推龙头应该起到艺术设计的总体协调作用。但实际上目前很多地区的规划部门，所扮演的主要是政府的政策性宏观调控作用。远不能深入到具体的环境艺术设计，建筑内外、建筑与建筑、建筑与道路、建筑与绿化、建筑与装饰之间的空间过渡部分几乎处于设计的空白。而环境艺术设计的专家虽然具有驾驭空间整体设计的能力，可是在涉及到大范围的城市社区规划问题时，又缺乏具有政府职能的决策权力。在我们国家的一些城市，虽然设有建设艺术指导委员会之类的机构，但又多属咨询性质，既无决策权力又不深入具体设计，并不能起到真正的指导作用。新加坡是一座花园般的城市国家，规划建设和环境艺术设计有口皆碑。关键就在于国家的规划部门是一个集审批权力和执行具体环境艺术设计的机构。在这个机构中安排有一批具有相当水平的专业设计人员，这些设计师均享受国家公务员待遇。因此保证了规划的权威性和设计的可行性，从而使整个国家的环境达到了处于世界前列的水平。

总而言之，环境艺术设计是人类步入信息时代所诞生的，面向生态文明建设的绿色设计系统。是艺术与艺术设计行业的可持续发展战略主导设计体系。是一门具有全新概念而又刚刚起步的艺术设计专业。环境艺术设计的理论和实践在全世界都是很新的课题，需要相当长的一段历史时期，才能建立起较为完整的理论体系和运作顺畅的设计系统。

环境艺术是由“环境”与“艺术”相加组成的词。在这里，“环境”词义的指向并不是广义的自然，而主要是指人为建造的第二自然，即人工环境。“艺术”词义的指向也不是广义的艺术，而主要是以美术定位的造型艺术，虽然环境艺术作品的体现融会了艺术内容的全部，但创造者最初的创作动机，还是与“造型的”或“视觉的”艺术有着密切的关联。人工的视觉造型环境融会于自然，并能够产生环境体验的美感，成为环境艺术立足的根本。

早在1982年中央工艺美术学院的教授奚小彭先生就将“环境艺术”指向艺术设计的层面，他明确指出“我的理解，所谓环境艺术、包括室内环境、建筑本身、室外环境、街坊绿化、园林设计、旅游点规划等等，也就是微观环境的艺术设计。”这里所说的微观环境的艺术设计，就是基于环境意识的艺术设计，在词义上会出现“环境的艺术设计”或“环境艺术的设计”两类完全不同的理解，在目前社会对艺术设计学科的认知背景下，相信人们理解的范围还是前者大于后者。

目前，我们所讲的环境艺术设计，在设计的领域更多是作为一种观念来理解。这是一种广义的概念，即：以环境生态学的观念来指导今天的艺术设计，就是具有环境意识的艺术设计，显然这是指导设计发展的观念性问题。而狭义的环境艺术设计概念，则是以人工环境的主体——建筑为背景，在其内外空间所展开的设计。具体表现在建筑景观和建筑室内两个方面。显然这是实际运行的专业设计问题。应该说，狭义的环境艺术设计已经在今日的中国遍地开花，然而广义的环境艺术设计观念尚未被人们广泛认知。

真正的环境审美，具有融会于场、时空一体的归属感。如同物理学“场”的概念：作为物质存在的一种基本形态，具有能量、动量和质量。实物之间的相互作用依靠有关的场来实现。这种“场”效应的氛围显现只有通过人的全部感官，与场所的全方位信息交互才能够实现。环境审美不应该只通过一件单体的实物，而应该是能够调动起人的视、听、嗅、触，包括情感联想在内的全身心感受的环境体验场所。

“环境艺术设计”创造的环境美，是音乐之美。某一时·空环境的设计创造，应令该人为环境成为一“凝固的音乐”。 它展示的：序列、节奏、韵律……，时刻在感染你，教你永沉醉于余音绕梁的、高文化品位的境界。它升华你的禀性，令你追梦。进而从你创化“自我”中，定向你此生高品位的人生境界。总之，其真·善·美环境情境的内涵，表达的是大千世界“大我”的和谐与完满。[1]

如前所述“设计与艺术设计”乃至今天所讲的“创新设计”其内

[1] 2013年10月16日潘昌侯教授依据清华大学美术学院“春华秋实”老教授系列讲座提问所作：对我系（清华大学美术学院环境艺术设计系）“理论”、“设计”与“思维导引”等教学问题的简答。

涵指向，在本质上所表述的理念是一致的，都对应于现代设计的英语词汇design。“环境艺术设计”按照环境的艺术设计理解，以“环境设计”的组词来替代是符合逻辑的。“环境艺术设计”和“环境设计”翻译成英语都是：Environmental Design。如果将“环境艺术设计”翻成Environmental Art Design则会产生误解。

环境设计是研究自然、人工、社会三类环境关系的应用方向，以优化人类生活和居住环境为主要宗旨。

环境设计尊重自然环境、人文历史景观的完整性，既重视历史文化关系，又兼顾社会发展需求，具有理论研究与实践创造，环境体验与审美引导相结合的特征。环境设计以环境中的建筑为主体，在其内外空间综合运用艺术方法与工程技术，实施城乡景观、风景园林、建筑室内等微观环境的设计。环境设计要求依据对象环境调查与评估，综合考虑生态与环境、功能与成本、形式与语言、象征与符号、材料与构造、设施与结构、地质与水体、绿化与植被、施工与管理等因素，强调系统与融通的设计概念，控制与协调的工作方法，合理制定设计目标，并实现价值构想。[1]

环境意识与环境整体意识

进入21世纪人类发展的主导意识是什么？毫无疑问，应该是环境意识。作为人工环境的设计者又要具备何种主导概念？显而易见这就是环境整体意识的概念。环境意识和环境整体意识虽然只有两个字的差别，但却代表了两种不同的观念。环境意识是人类发展的宏观意识，需要在全人类中确立；环境整体意识则是当代人工环境的各类设计者所必备的设计概念。

环境意识和环境整体意识的真正确立，并不是一件十分容易的事情。长期以来，由于社会分工过细，人们已经习惯于一种纵向的单线思维方式，而缺乏横向的综合思维能力。同时大多数人乃至决策者仍沉湎于眼前利益和现世可见的政绩，缺乏一种对后世高度负责的精神。因而，又从社会的层面阻碍了环境整体意识在设计者头脑中的确立。

整体意识原本就是艺术创作最基本的法则。泰戈尔曾说过：“艺术的真正原则是统一的原则”，统一的涵义本来就是将部分联成整体，将分歧归于一致。“在一张漂亮的面容上或在一幅画、一首诗、一支

[1] 国务院学位委员会第六届学科评议组编．学位授予和人才培养一级学科简介．北京：高等教育出版社，2013年．

歌、一种品质或互相联系的思想或事实的和谐中，人格内涵的统一原则或多或少地得到满足，为此，这些事物变成了确切的真实，进而从中得到欢乐。实在的完美显现是在和谐的完美之中，一旦出现杂乱无章的意识，实在的标准就会受到损害，因为杂乱无章是有违于实在的基本统一的”。[1] 可见，美的、和谐完整的形式体现，主要依赖于艺术创造者的整体意识。因此整体统一在任何一门单项的艺术创作要素中都是排在第一位的。具有整体意识，写作一篇文章才能主题鲜明、文笔流畅；具有整体意识，谱写一首乐曲才能旋律明晰、生动感人；具有整体意识，绘制一幅图画才能对比恰当、层次分明。

整体意识同样也是艺术设计创作最基本的法则。因为设计本身就是艺术与科学的统一体，审美因素和技术因素综合体现在同一件作品上。使美观实用成为衡量艺术设计的成败标准。艺术审美的创作主要依据感性的形象思维；科学技术的设计主要依据理性的逻辑思维。而艺术设计恰恰需要融汇两种思维形式于一体。如果没有整体意识是很难进入艺术设计创作思维的。在书籍装帧与商品包装的平面视觉设计中，如果没有整体意识，就很难做到视觉信息的精确传达，内容与装潢的表里一致；在日用器物的产品造型设计中，如果没有整体意识，就很难做到造型式样的美观新颖，使用与外观的高度统一；在建筑与室内的空间设计中，如果没有整体意识，就很难做到装修尺度的恰当合理，人与空间的氛围和谐完美。

在单项的艺术和艺术设计创作中具有整体意识，并不意味着具备了环境整体意识。由于创新和个性是艺术创作的生命，每一个艺术家和设计师在进行创作时总是尽可能地标新立异。尽管在完成的每一件作品中创作的整体意识很强，却不一定能与所处的环境相融汇。一件具象的古典主义雕塑，尽管本身的艺术性很强，造型的整体感也不错，而且人物的面部表情塑造的非常丰富，细部处理也很精致。但是却把它安放在高速公路边的草坪里，人们坐在飞驰的汽车里一晃而过，根本就不可能有时间细心地观赏。一件很好的艺术品放错了地方，说明公路规划的设计者缺乏设计的环境整体意识。城市街道两旁的绿地经常可以看到用铸铁件做成的栅栏，往往要被设计成梅兰竹菊之类具有一定主题的图案，如果单看图案本身也许很漂亮，但是安装在赏心悦目生机勃勃的绿色植物周围，不免喧宾夺主大煞风景。诸如此类不但不为环境生色反而影响环境整体效果的例子还很多。所有这些都是缺乏环境整体意识的表现。

[1] 泰戈尔：《一个艺术家的宗教》。

确立环境整体意识的设计概念，关键在于设计思维方式的改变。在很长一段时间里，艺术家和设计师总是比较在意自己作品的个性表现，注重于作品本身的整体性，而忽视其在所处环境中的作用。以主观到客观的思维方式进行创作，期冀环境客体成为作品主体的陪衬，而不是将作品主体融汇于环境客体之中。是艺术作品和设计实体服从于环境，还是凌驾于环境之上，成为时代衡量单项艺术和艺术设计创作成败的尺子。因此具备环境意识，具备环境整体意识的设计概念，是21世纪对每一个艺术家和设计师最起码的要求。

室内设计作为这样一个环境大系统中的子系统，自然也要在设计中运用环境整体意识的概念。室内设计者能否确立环境的整体意识概念，从本质上来讲，就是能否对物质世界时空运动形式在主观上有深刻的理解。

四维时空

卢克莱修在他的《物性论》中说："大自然……正如它靠本身而存在一样，是建立在两件事之上：一是有物体，二是也有一种虚空，即物体被放置并在其中运动的虚空"。正是 时空的运动构成了物质的世界。时空运动的变化使"自然界里绝没有两个完全相像的东西"。[1] 同样，在人工建造的环境中，时空运动依然也是所有物相存在的基础。

对于物质世界时空概念最明确的描述。来自于爱因斯坦的《相对论》。他所开创的现代物理学，其关键就是界定了世界的"四维性"。从而奠定了室内设计者确立环境整体意识概念最原本的基础。

为了较为完整地理解四维世界的概念，在这里我们引用一大段爱因斯坦在《相对论》中对四维时空的论述：

"不是数学家的人听到别人说起'四维性的'事物时就突如其来产生一种莫名其妙地震颤，产生一种跟想起鬼神时的感觉差不多。然而，再没有比把我们生存的世界描述为一个四维的时空统一连续体更为通俗的说法了。

空间是一个三维统一连续体。我们这样说是指有可能通过X、Y、Z这三个（坐标的）数字来描绘一个（静止）点的位置，并且在其附近有着无数的，其位置能够用诸如 X1、Y1、Z1这样的坐标数来描绘，这跟我们选用的第一个点的坐标数X、Y、Z的各自的值是一样的。由于后者的特性我们谈到'统一连续体'，并且由于存在三个

[1] 莱布尼茨：《单子论》。

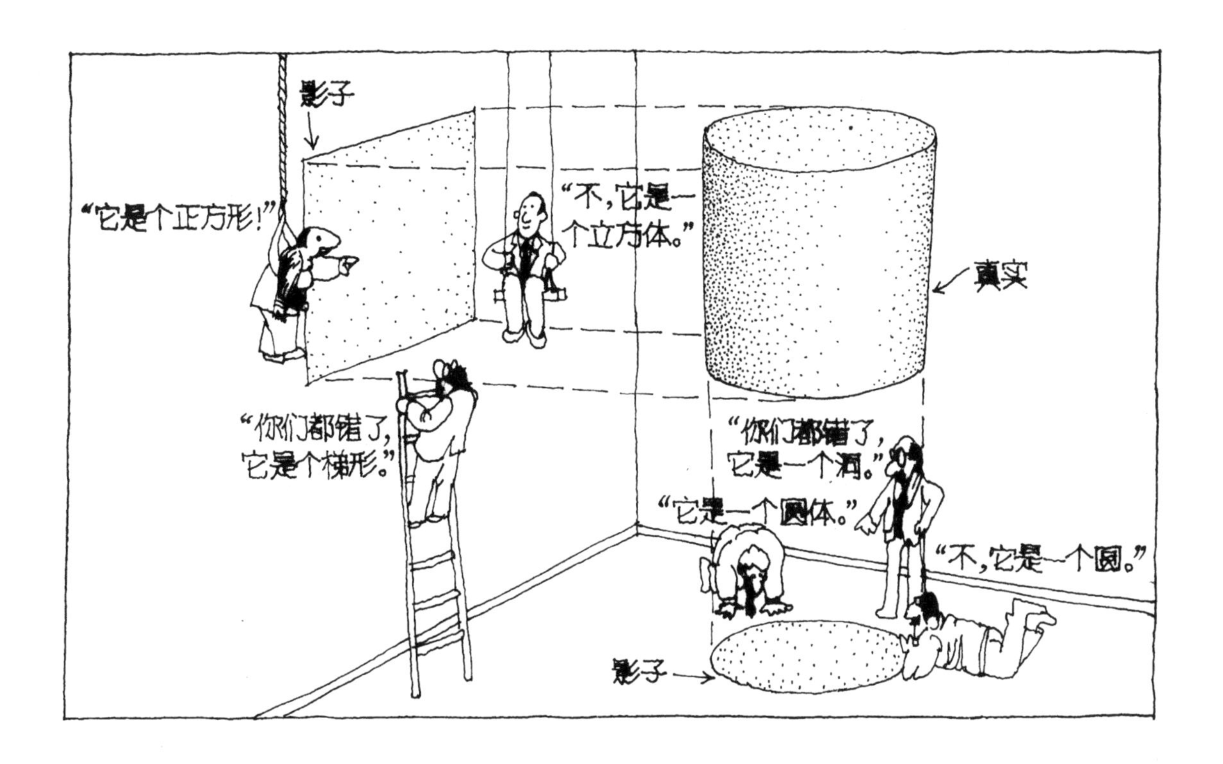

图1 如果没有丰富的三维空间想象力，又缺乏全面整体的观察，人们往往会对空间形体产生错误的判断（本图选自［美］柯特·汉克斯著《效率箴言》汪戎、郭树华、谌兰剑译，云南人民出版社2001年版）

坐标这一事实，我们就把空间说成是‘三维的’。

同样，被明科夫斯基简称为‘世界’的这个物理现象的世界，在时空意义上说自然就是四维的了。因为它是由单个的事件所组成的，而每个事件又是由四个数字来描述，即有三个空间坐标数X、Y、Z和一个时间坐标数（及时间值）T来描绘的。在这个意义上‘世界’也是一个统一连续体。因为只要我们愿意寻找，每个事件都有许许多多‘相邻的’事件，所以这个事件的 X1，Y1，Z1，T1四个坐标数就跟 X，Y，Z，T 最初考察的那个事件在量上略有不确定的区别。我们之所以不习惯在四维统一连续体的意义上来认识这个世界，就是因为在相对论产生以前物理学上存在的一种实际情况，即时间与空间坐标比较起来是起的一种不同的和更独立的作用。正是由于这个原因，我们已经习惯于把时间当作一种单独的统一连续体。事实上，根据古典力学的观点，时间是绝对的，即它是独立于位置和坐标体系的运动条件之外的。我们在伽利略转换的最终式子里看到了（T1等于七）这种绝对时间的表述。

对‘世界’的这种四维方式的考察是自然基于相对论之上的，因为根据这个理论，时间被剥夺了独立性”。

造型能力与表达能力

面对运动着的物质世界，设计者的设计创造从本质来讲，无非是人为运动的时空造型。这种创造需要设计者具备两种能力：意象的造型能力与实在的表达能力。设计者自身是否具备这两种能力，对掌握设计的方法具有至关重要的意义。

设计者能否接受造型能力与表达能力的训练，在设计的领域游刃有余，取决于设计者理解时空运动概念的先天素质与生活环境熏陶的后天养成。人的先天素质是有着明显差异的，就空间概念来讲，一般在10岁左右，具有三维空间的意识。绝大多数的儿童画之所以都表现为二维空间，很难看到带有三维的空间透视图画，这是因为在他们的意识当中世界原本就是这样的。一旦过了童年，很多人反而不敢画了，因为他们知道世界是立体的，用简单的二维方式表现肯定不像，而要画出三维的立体世界可不是那么容易的事，不经过严格的训练是绝对画不出来的。一部分人空间概念极强，在这方面具有相当的理解力，能够很快掌握在二维的纸面表现三维立体图像的技巧。一般来讲，具备这种能力的人也就具备了学习设计方法的基础。当然，空间概念的理解力也能够在后天的生活环境中培养，只是这种培养需要受训者付出更多的努力，同时方法还要得当。一般来讲四维时空的概念确立，更注重于置身实际空间感受的速写与测绘训练。

既然艺术设计的工作主要体现于人为运动的时空造型，那么只有对空间加以时间的目的性限定，才具有实际的设计意义。

空间三维坐标体系的三个轴X、Y、Z在设计中具有实在的价值。X、Y、Z相交的原点，向X轴的方向运动，点的运动轨迹形成线，线段沿Z轴方向垂直运动，产生了面。在面的概念上进行的空间构图设计就是二维时空的造型设计。整面沿Y轴向纵深运动，又产生了体。在体的概念上进行的空间构图设计就是三维时空的造型设计。体由于点、线、面的运动方向和距离的不同，呈现出不同的形态，诸如方形、圆形、自然形等等。不同形态的单体与单体并置，形成集合的群体，群体之间的虚空，又形成若干个虚拟的空间形态。在实体与虚空的概念上进行的空间构图设计就是四维时空的造型设计。

我们的设计工作，正是在对空间加以时间的目的性限定的时空运动中，具体分成为三大类型：二维时空的造型设计以视觉传达的平面设计为代表，涉及书籍装帧、商品包装、标志招贴、广告和摄影制作等；三维时空的造型设计以工业设计的产品造型为代表，涉及日常生活器物、家具、家用电器、交通工具等；四维时空的造型设计以环境艺术的室内设计与景观设计为代表，涉及建筑设施、室内装修、陈设展示、灯具照明、园林绿化等。

1.1.3 形式与功能

形式

“形式即事物的结构、组织、外部状态等”。“在哲学上形式与内容相对，组成辩证法的一对范畴”。[1] 我们在这里所说的形式具有美学的含义，即符合特定审美意识的空间构成形式。这种空间构成的形式，是人对空间形态外观的感觉，主观的空间形态感觉反映于大脑产生形象，形象所表达的形、色、质，以及形、色、质本身状态的变化，组成空间形式美的内容。

功能

功能一般指功效、作用。针对机件与器官而言，如椅子的功能；肝功能等。我们在这里所说的功能除了以上的含义外，还包括了与“结构”相对的功能概念：即有特定结构的事物或系统在内部和外部的联系和关系中表现出来的特性和能力。“任何具体事物的系统结构都是空间结构和时间结构的统一。结构既是物质系统存在的方式，又是物质系统的基本属性。是系统具有整体性、层次性和功能性的基础与前提。研究物质系统的结构和功能，既可根据已知对象的内部结构，来推测对象的功能；也可根据已知对象的功能，来推测对象的结构。从而实现对物质世界的充分利用和改造”。[2]

美感及美感的传达

就设计对象的内容而言，形式与功能是不可或缺的两个方面。形式作为设计对象外在的空间形态必须具备相应的美学价值；功能作为设计对象内在的物质系统必须具备相应的实用价值。

外在的空间形态所具备的美学价值体现于人的美感。美感即人对于美的主观感受、体验与精神愉悦。美感的获得来自于人的心理因素，即感觉、知觉、表象、联想、想象、情感、思维、意志等。由于人处于不同的时代、阶级、民族与地域，因此形成了人与人之间在观念、习惯、素养、个性、爱好等方面的差异，对同一事物形成的美感

---

[1]《辞海》，1999年版980页。

[2]《辞海》，1999年版1412页。

自然也就不同。然而人又具有共同的物质依据与生理、心理机能，以及在审美关系中的相同因素，又使美感形成共同性。因此美感的基本特点就表现为四个统一："客观制约性与主观能动性的统一，形象的直觉性与理智性的统一，个人主观的非功利性、愉悦性与社会的客观的功利性的统一，差异性和共同性的统一"。[1]

由于设计对象表现为多种空间形态，不同的空间形态所体现的审美取向具有相对的差异，传达给人的美感自然各不相同。以平面设计为代表的二维时空造型设计，以视觉传达为其表象的特征，主要以平面图形与文字的形象、构图和色彩进行创作，因此平面设计成为单一感官接受美感的设计项目。以产品设计为代表的三维时空造型设计，以视觉和触觉传达为其主要知觉的特征，主要以形体与线型的样式、质地和色彩进行创作，因此产品设计成为多元感官接受美感的设计项目。以室内设计为代表的四维时空造型设计，以视觉、触觉、听觉、嗅觉、温度感觉传达为其综合感觉的特征，主要以空间整体形象的氛围体现进行创作，因此室内设计成为人体感官全方位综合接受美感的设计项目。

室内空间形式美的体现

内在的物质系统所具备的实用价值取决于人的生理需求，人的自身尺度与对环境尺度的感受对实用功能具有决定意义。不同尺度的形态空间会形成不同的功能尺度意识，这种意识体现在设计上就形成了以不同尺度单位为基础的尺度概念：以km为尺度概念进行的城市设计；以m为尺度概念进行的建筑设计；以cm为尺度概念进行的室内设计，以mm为尺度概念进行的服装设计等等。

人的生理需求以生活中衣食住行的外在表象对应于设计的门类：单一需求构成专项功能的设计门类，如服装设计、家具设计。多样需求构成综合功能的设计门类，如：平面设计、染织设计。

室内设计的空间形式美主要体现于建筑界面实体与围合虚空所呈现的空间氛围。从专业的角度出发，室内设计是由空间环境、装修构造、装饰陈设三大部分构成的一个整体。空间环境的氛围是由建筑的地面、梁柱、墙体、天花、门窗等基本要素构成的空间整体形态及人的尺度感受，加上采光、照明、供暖、通风等设备的设计与安装，共同营造完成的。装修构造是组成空间的界面结构，由设计者运用不同的材料，依照一定的比例尺度、选择合适的色彩与质

[1]《辞海》，1999年版。

地对其进行的铺装。界面的装修构成了营造空间美的背景。不同的照明类型会对界面的造型和空间氛围的美感产生重大影响；装饰陈设包括对已装修的界面进行的装饰和用活动物品进行的陈设。由家具摆放、灯具选用、织物选择、绿化样式、日常生活用品、各类艺术品组合的陈设装饰构成了营造空间美的主体。装修与陈设装饰，一个犹如舞台，一个犹如演员。它们相辅相成地影响着空间环境的气氛。

可见，室内的审美是单位空间中所有实体与虚形的总体形象，通过人的视、听、嗅、触感官反映到大脑所形成的氛围感受来实现的。其中视觉在所有的审美感官中起的作用最大，因此构成典型室内六个界面的形、色、质就成为设计中主要考虑的审美内容。称其为室内的视觉形象设计。视觉形象设计一方面要注重界面本身的装修效果，另一方面更要注意空间中的陈设物与界面在不同视角形成的总体效果。

赏心悦目的空间氛围是室内设计艺术处理所追求的理想标准。要达到这样一种境界，空间限定要素本身的形态、比例、尺度、色质必须符合一般的审美标准。在我们目前的室内设计中，这样的艺术处理主要是通过界面的装修来实现的。由于单体界面一般表现为二维的空间形式，如果设计者头脑中的空间整体意识不是很强的话，就很容易在装修完成的空间中造成杂乱无章的效果，于是也就很难达到我们所希望的空间艺术氛围。要解决这个问题，一方面要加强设计者本身的四维空间意识；另一方面要树立“装饰陈设”是室内设计系统中必不可少的艺术组件的概念，缺少这个环节就不是一个完整的室内设计系统。空间总体艺术氛围的形成是空间中所有要素的综合反映，而绝不仅仅是简单的界面装修所能解决的。

室内设计的物质功能体现于人的体位运动尺度系统和物理的环境系统。人的不同行为直接影响两大系统的设置。

功能分区是构成室内空间形态的基础

室内使用功能所涉及的内容与建筑的类型和人的日常生活方式有着最直接的关系。按照人的生活行为模式，室内空间可分为三个大的类型，即：居住空间、工作空间、公共空间。每一类空间都有明确的使用功能，这些不同的使用功能所体现的内容构成了空间的基本特征。这些特征决定了室内设计的审美趋向以及设计概念构思的确立。

具体到每一个有着明确使用功能的空间，其建筑平面的划分又因人的体位运动尺度特点表现为“动”与“静”两种基本类型。人以不同的体位与速度移动，构成不同的行走动作，以不同行走动作特征出入特定空间的行为体现为“动”。这种以“动”为主的功能空间，在建筑平面上就是交通面积。人以站、坐、卧相对静止的动作特征停留在特定空间的行为体现为“静”。这种以“静”为主的功能空间，在建筑平面上就是使用面积。划分空间动静位置的工作就成为室内功能设计的主要内容。称其为室内设计的功能分区。功能分区的设计是构成室内空间形态的基础。

室内物理环境

与建筑空间结构相配的是室内物理的环境系统。所谓环境系统实际上是建筑中满足人的各种生理需求的物理人工设备与构件。环境系统是现代建筑不可或缺的有机组成部分，涉及到水、电、风、光、声等多种技术领域。这种人工的环境系统与建筑构造组成了室内设计的物质基础，是满足室内各种功能的前提。两者的结合构成了空间构造与环境系统。

尽管今天的建筑结构形式比之过去有了相当大的进步，但是还没有达到随心所欲创建内部空间造型的地步，受经济、材料、技术的制约，室内设计依然要充分考虑结构对空间造型的影响。

在以框架承重的建筑空间中柱网间距的尺度、柱径与柱高之比、梁板的厚度等，都对室内空间的塑造具有重要的影响力。利用框架承重本身的特点，在柱与梁上作文章已成为这类空间室内设计的一种常用手法。相对来讲，砖混结构的建筑在空间上留给室内设计的余地十分有限，因此在这类空间中界面的装饰就显得非常重要。同时建筑结构类型也会对门窗的样式产生直接的影响，横带窗，全玻璃落地窗只可能出现在框架承重的建筑中，传统建筑的门窗样式之所以注重周围的装饰，重要的一点也在于受当时建筑结构的限定，不可能在大的方面有更多的变化。

由采光与照明系统、电气系统、给排水系统、供暖与通风系统、音响系统、消防系统组成的人工环境系统，是空间结构与环境系统中更为重要的一翼。人工环境系统的设置不但对室内设计空间视觉形象产生影响，同时也受到建筑空间结构的制约。

光线的强弱明暗，光影的虚实形状和色彩对室内环境气氛的创造有着举足轻重的作用。自然光和人工光有着不同的物理特性和视觉形象，不同的采光方式导致不同的采光效果和光照质量。在采光与照明系统中：自然采光受开窗形式和位置的制约；人工照明受电气系统及灯具配光形式的制约。

电气系统在现代建筑的人工环境系统中居于核心位置，各类系统的设备运行，供水、空调、通讯、广播、电视、保安监控、家用电器等等都要依赖于电能。在电气系统中：强电系统的功率对室内设备与照明产生影响；弱电系统的设备位置造型与空间形象发生关系。

在给排水系统方面：上下水管与楼层房间具有对应关系，室内设计中涉及到用水房间需考虑相互位置的关系。

在供暖与通风系统中：设备与管路是所有人工环境系统中体量最大的，它们占据的建筑空间和风口位置会对室内视觉形象的艺术表现形式产生很大影响。

音响系统包括建筑声学与电声传输两方面的内容：建筑构造限定的室内空间形态与声音的传播具有密切关系；界面装修构造和装修材料的种类直接影响隔声吸声的等级。

消防系统包括烟感报警系统与管道喷淋系统两方面的内容，消防设备的安装位置有着严格的界定，在室内装修的空间造型中注意避让消防设备是一个较为重要的问题。

1.2 艺术的感觉

艺术的感觉在于认知的想象，想象的灵感来源于外界的刺激。不同强弱的刺激信息源与人的感知形成共鸣就产生了艺术的感觉。

1.2.1 存在与意识

就艺术感觉的产生而言，不同的艺术观有着不同的见解。艺术观所反映的本质属于哲学的范畴。我们在这里阐述的艺术感觉命题是基于唯物主义的哲学概念。也就是说，艺术主观感觉的意识是基于客观物质世界的存在。探讨存在与意识的关系，就是探讨艺术感觉产生的本源问题。

存在就是物质的同义词，相对于思维而言。思维和存在的关系问题是哲学的基本问题。意识是“与‘物质’相对应的哲学范畴。指高度发展的特殊物质——人脑的机能与属性，是客观世界在人脑中的主观印象。意识对物质的关系问题同样是哲学的基本问题。唯心主义哲学家将意识理解为物质世界的本源；唯物主义哲学家强调物质对意识的本源性。马克思主义哲学不仅肯定意识是人脑的机能，是客观存在的反映，而且强调人的意识一开始就是社会性的；意识不仅反映客观世界，并且创造客观世界，具有能动性。在哲学上，意识和思维有时是同义的概念，但意识一词的范围较广”。[1] 我们从存在与意识的理念出发来论证艺术感觉的产生问题，正是基于这样的认识。

艺术的感觉

一般认为，艺术的感觉是人的直觉，不少人把直觉归结于艺术思维的主要特征。所谓直觉“一般指不经过逻辑推理就直接认识真理的能力。在17~18世纪的西欧唯理论者把直觉看作理智的一种活动，或认为通过它即能发现作为推理起点的、无可怀疑而清晰明白的概念（笛卡儿）；或认为它是高于推理，并完成推理知识的理智能力，通过它才能使人认识到无限的实体或自然界的本质（斯宾诺莎）；或主张它是认识自明的、理性真理（如“A是A”）的能力（莱布尼茨）。现代西方的一些哲学家（如柏格森等），则从非理性主义的观点出发，认为直觉是一种先天的，只可意会而不可言传的“体验”能力。他们把直觉和理智对立起来，强调人的直觉和动物的本能类似，运用直觉即可直接掌握宇宙的精神实质。现代思维科学的研究认为，艺术与科学的认识与直觉有关。它是长期思考以后的突然澄清，或创造性思维的集中表现，也是一种重要的思维方式”。[2] 尽管对于直觉的理论探讨有着不同的见解，不少问题的答案或许还要等到对人脑感知外部世界机理研究的突破。但是存在决定意识的理念，还是应该作为我们研究这个问题的基础。

对物质世界的认知

我们面对的这个物质世界是异常丰富的，对存在的认识也许就变得永无止境。如果对艺术创作的历史进行简略的回顾，我们会发现人对物质世界存在的认知程度，包括人本身智力与技能的进化程度，几乎完全与艺术的表现形式同步。

人类在石器时代，对客观世界的认知完全处于一种蒙昧的状态，对自然现象的不可知所表现出的对图腾的崇拜，反而体现于不受自然形象的束缚，因此在艺术表现上极其大胆，简约、抽象的图形和纹饰成为原始社会典型的艺术样式。人们在石器时代所居住的岩洞里描绘的动物图形，陶器上粗犷豪放的几何形纹样装饰，不但线条流畅，而且色彩对比强烈。如果对比石器时代的装饰纹样，我们会发现远隔万里的华夏文明与地中海文明竟是如此的相似：中国历史博物馆藏的半

[1]《辞海》，1999年版155页。
[2]《辞海》，1999年版2453页。

坡遗址出土彩陶纹饰和雅典国家考古博物馆藏色萨利区迪米尼出土彩陶纹饰几乎如出一辙。当然我们不能排除迁徙交流的可能性。但至少目前还缺乏东方文明受外界影响的直接证据。

随着历史的进程，人类的生产方式有了长足的发展，铁器的使用开创了崭新的时代，从而在艺术上为我们留下了璀璨的农耕文明。纵观东西方的历史文化遗产，最辉煌的部分几乎都产生于这个时期。天文、地理、数学、医学等学科开始产生，人类对自然的认知开始以主观的臆想向客观的验证过渡。由于技术的进步、宗教的产生，人类的思想已逐渐被束缚于表象认知的各个圈层。在各类艺术表现上，基本是以还原自然界与社会生活现实为内容。即使宗教题材也摆脱不了物象的现实。以美术为例：西方世界以追求物象表层形、色、质的完美而达到了表象真实的登峰造极的程度；东方世界则以物象表层所传递的信息重新组构自身所要表达的意境。两者的表现形式虽然完全不同，但都摆脱不了自然与社会表象真实的束缚。

工业文明敲开了人类发展新时期的大门，全新的生产方式极大地解放了生产力，科学技术的飞速发展使人们挣脱了自然的羁绊，开始向改造自然的深度进军。人类的认知开始脱离物质世界的表象真实，表现在艺术上就是对以往传统的彻底背叛。于是，形形色色的现代艺术流派产生出来，其基本特征是对存在的物质世界从主观认知的理解给予个性化的解释与表白。这种认知已经完全脱离了现实的表象，更多地深入于物质世界的本源，但又难以表现物质世界所包容的全部。

物质世界的真实对人来讲更多地表现为视觉的感知，这种感知自然会体现于物质外在的形象。在所有的艺术门类中体现这种物象，以视觉作为表现形式的占了绝大部分。由于我们的眼睛所能看到的实际存在的物象就是所谓的真实，所以社会公众总是以视觉的真实，来评判视觉艺术作品的优劣，针对美术作品，人们总是说这个“像”或那个“不像”。这个“像”是人们以自己的生活经验所视进行的对照。如果艺术家运用的是抽象的语言，反映的是物质世界的本源要素，由于人们不能与存在的现实物象进行对比，看不到所谓的真实，于是就“不像”。只有艺术创作者的心灵所想与观者的思想产生共鸣，其作品才能被理解。音乐作为听觉艺术采用的是抽象语言，但由于人的听觉美感来源于人脑感知实体的原在共鸣，所以简单节奏与旋律的流行音乐远比抽象绘画容易被人理解。

技术的进步，人们能够借助于天文望远镜看到遥远的河外星系，借助于电子显微镜看到微小的细胞构造。既可以通过卫星在万里之外遥测地表的宏观图像，又能够通过高能加速器寻找基本粒子的微观奥秘。同一物体的宏观表象和微观表象在形态上有着巨大的差异，如果只以人的肉眼所见来辨别物质世界，显然不符合存在的真实。当看到卫星遥测拍摄的地貌图像和变幻莫测的云图，当看到电子显微镜放大千倍、万倍拍摄的花粉细胞图形，我们会惊异于大自然造化的神奇，其形、色、质的美感远胜于绘画大师费尽心机创造的抽象画作。如果我们的美术创作是从物质世界全部信息的概念出发，图形的表现就不存在具象与抽象的区别，图形的具象与抽象理念在人的视野无限扩展后已经发生了本质的变化。人正是通过主观能动地观察世界，对存在的现实进行不断的探索，从而发现了新的真实，这个真实反过来又决定了人的艺术创作意识。

通过对历史的回顾，我们不难发现艺术的感觉实际上就是人们在不断认知的过程中对存在真实的顿悟。所谓的灵感绝不可能脱离现实存在的反映而从人脑中凸现。存在决定意识的唯物主义哲学原理是探讨艺术感觉问题的基础。

1.2.2 表象与想象

既然存在决定意识的哲学理念是认识艺术感觉产生的基础，那么研究物质的客观世界与意识的主观世界之间物象信息交流的生成与转换就显得格外重要。在这里表象与想象在认知的过程中所起的作用是至关重要的。

表象

表象是“在感觉与知觉的基础上所形成的具有一定概括性的感性形象”。对于艺术家或设计师的艺术感觉而言，表象具有决定意义。这种感性形象是外部世界作用于创造者头脑最初的刺激信息源。表象“通过对记忆中保存的感觉和知觉的回忆或改造而成，是感性认识的高级形式，是对客观世界的直接感知过渡到抽象思维的一个中间环节”。[1] 对于艺术家来讲，表象所传达的信息仅具有审美的意义，对于设计师而言，不但涉及空间形态的审美，同时与时空的功能形态相关联。

想象

想象是“利用原有的表象形成新形象的心理过程。人脑在外界刺

[1]《辞海》，1999年版1476页。

激物的影响下，对过去存储的若干表象进行加工改造而成。人不仅能回忆起过去感知过的事物的形象（即表象），而且还能想象出当前和过去从未感知过的事物的形象。但想象的内容总是来源于客观现实。一般可分为创造想象与再造想象两种，它们对人进行创造性活动和掌握新的知识经验起重要作用”。❶ 要体现为空间形态、色彩、质地、气味、光影等要素。空间形态是以物质存在的实体构成的感性形象基础要素，具有形体、方向、尺度、比例的视觉感知特征。色彩与质地是表达抽象空间形态材质内容的实质要素，具有控制氛围、调节情绪的心理感知特征；前者为视觉感知，后者除了视觉感知外还表现为触觉感知。气味是感性形象中的虚拟要素，由于相当部分的物质是无味的，所以味觉感知属于动态的感知类型。光影所表达的是两种概念：影是由光照射物体被遮蔽所投射的暗像，或因反射而显现的虚像，在视觉感知中属于中介要素。影的产生柔化了形、色、质生硬的表象。光是能够引起视觉的电磁波，人的肉眼能够感知波长范围约在红光的0.77μm到紫光的0.39μm之间的电磁波，这个区段的电磁波就成为我们所熟知的光线。可以说，光线在人的整个主观感知体系中处于终极限定要素的地位。如果没有光线，视觉感知也就无从产生。当光线照射于物体，物体表层的形、色、质被人的感觉器官感知，就形成了我们所认知的物质表象。

空间形态表象的传递

不同空间形态的表象所传递的信息具有不同的特征。二维空间实体表现为平面，在艺术表达的类型中，绘画是典型的平面表象。设计门类中视觉传达的书籍装帧、海报招贴、包装标识属于平面表象。三维空间实体表现为立体，在艺术表达的类型中，雕塑是典型的立体表象。设计门类中产品造型的陶瓷、家具、交通工具属于立体表象。四维空间实际是时空概念的组合，它的表象是由实体与虚空构成的时空总体感觉形象。在艺术表达的类型中，戏剧影视是典型的时空表象。设计门类中环境艺术的建筑、景观、室内属于时空表象。空间形态愈简单，人的感知时间就愈短，得到的印象愈明确，要求的图形构成尺度比例关系愈严谨。空间形态愈复杂，人的感知时间就愈长，得到的印象愈含混，要求的图形构成尺度比例关系愈综合。可见，空间形态在表象的感知形象中具有重要的意义。

---

❶《辞海》，1999年版1435页。

表象的感知

每一个人都会有表象的感知，但并不意味每一个人都能够进行艺术创作。因为，如果只有表象的感知而不张开想象的翅膀，认知的表象就不可能转换为新的形象。在这里，想象具有决定的意义。我们经常能够在生活中发现一些画家或摄影师面对看似平凡的物象发呆，这是因为他们往往可以在这些平常的物象中发现新的创作灵感。敏锐的表象感知能力是新形象产生的基础，而丰富开阔的想象则是新形象产生的本质。

想象是由：对过去认知的回忆；当前的第一感觉；瞬时感悟未知形态的物象三部分知觉形态组成。

对过去认知的回忆，是对自身思想积累的发掘，这种积累每一个人都会有，但由于所受的家庭、学校、社会教育不同，在成人之前呈现出不同的积累类型。朴素的生活经验和书本知识的思想传授，是构成认知积累的基础，所谓“行千里路破万卷书”讲的就是这个道理。我们可以看到文学创作中的不少名作都是作者自身经验的写照。画家的写生，音乐家的采风，设计师的项目调研……都是做的这个工作。

第一感觉

当前的第一感觉，是指人接触新事物或新形象后最初的刺激强度。一般来讲，第一印象总是最深的，随着接触同一事物或形象的次数增多，刺激的强度会逐渐减弱。因此第一感觉的想象如果不能够迅即展开，往往会失去最佳的创作想象时机。我们知道，感觉是“客观事物作用于感觉器官而引起的对该事物的个别属性的直接反映。如视觉由光线引起，听觉由声波引起。是感官、脑的相应部位和介于其间的神经三个部分所联成的分析器统一活动的结果”。[1] 感觉是在生物的反映形式——即刺激反应性的基础上发展起来的。感觉属于认识的感性阶段，是一切知识的源泉。虽然，人类感觉在复杂的生活条件下和变革现实的活动中得到了高度发展，它的产生同时包含社会发展的因素，与自然动物简单的刺激反应有本质的区别；但是，生命体本源的刺激反应性所起的作用却是第一性的。因此，保持对事物的第一感觉，在想象的概念中是极其重要的环节。

[1]《辞海》，1999年版1935页。

联想

瞬时感悟未知形态的物象，实际上是认知回忆与强烈的第一感觉碰撞的产物。在这里联想起着关键的作用。联想属于一种对物象跳跃式思维的连锁反应。是由一事物想起另一事物的心理过程。是现实事物之间的某种联系在人脑中的反映，往往在回忆中出现。联想有多种形式。一般分为接近联想、类似联想、对比联想、因果联想等。在艺术创作中，联想具有强烈的主观意识。在充分调动自身思想贮藏的同时，往往能够在瞬时从一种形象转换到毫不相关的另一种形象，从而产生创作的冲动，将一个从未有过的形象表现出来。

在艺术设计中，创造的想象更多地表现为类似联想，这种联想的方式具有符号关系学的含义。这是一种以表象相似的概念延展开来的思维模式。《符号关系学》（Syneetics）的作者威利·果登（William Gordon）在这本书的"创造才能的发展"一章中描述了四种类型的相似——象征、直接、人体和幻想。

我们经常在讲解室内空间概念时以水杯与房间类比，这就是一种典型的象征相似。尽管水杯与房间的功能各不相同，但它们都是容器，表象不同，但两者的主要特征相似。直接相似是通过平行因素或者效果之间的比较。这种比较往往体现于自然形态和人工形态之间，如大树与高楼的结构关系；水流与人流交通的物理关系；花瓣开合与窗户启闭的控制关系。人体相似是以人的自身形态包括生理功能推演至与各种事物的类比。如人体结构与建筑结构的功能类比；人体生理的循环机制与建筑环境设施的循环机制类比；人体活动形态与建筑营造形态的类比。幻想相似则是把理想的条件作为思维的源泉。幻想我们的房间能够不用机械的方式强制控温，而像白蚁的巢穴一样自然恒温；幻想我们的房间如同蜗牛的壳一样方便，随身携带，随处可住。

对于艺术家和设计师而言，想象的空间不受任何约束，离开想象我们不可能进行任何创造。从表象的认知到想象的演绎，构成了艺术设计创作过程典型的概念思维模式。

1.2.3　思维与创造

表象与想象作为认知物质世界最基本的思维客体与主体，显然在新的物象创造中具有决定意义。然而，在艺术设计的领域仅具备这样的认知能力是远远不够的。我们在评价一个人是否具备艺术设计的创造能力时经常要提到"悟性"的问题，所谓悟性实际上就是观察客观世界的思维方式。也就是能否从表象到想象的认知成功转换到新形象

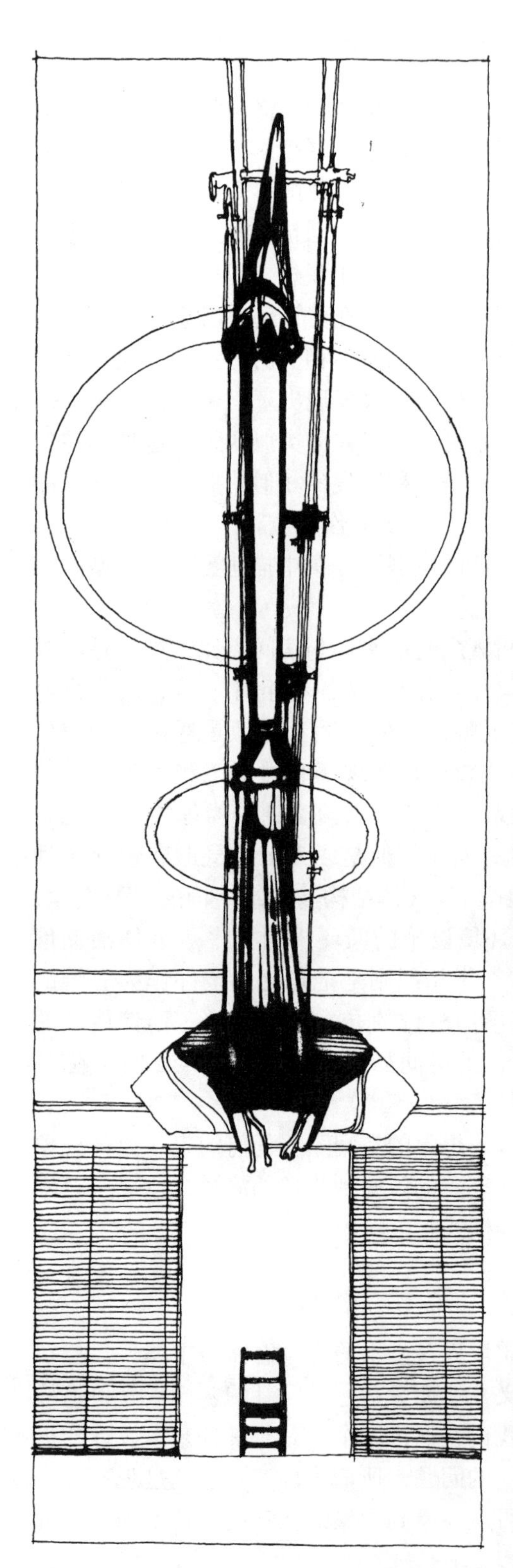

图2　甘特·杜麦尼格设计的“鸟状物”被设置于“宝石住宅”中。这件7m长，由2000个部件组成的高技术鸟型照明物同样是联想的创造物

图3　奥地利建筑师甘特·杜麦尼格设计的维也纳中央银行内部空间，其空间形象显然来自于人体器官的某种概念联想

的创造。这种创作思维的形象转换方法是一个艺术设计创造者必须具备的专业素质。

思维

思维："指理性认识或指理性认识的过程。是人脑对客观事物能动的、间接的和概括的反映。包括逻辑思维与形象思维，通常指逻辑思维。它是在社会实践的基础上进行的。认识的真正任务在于经过感觉而到达于思维"。[1] 由于我们的教育体系，无论学校、家庭还是社会，在培育人的思维认识进程中都偏重于逻辑思维而忽视形象思维。然而在艺术设计中，创造者的形象思维能力又显得格外重要。因此，我们在思维与创造的问题上将着重于形象思维模式的探讨。

人的所有活动都要借助于工具，使用工具是人脱离一般动物成为高级动物的显著特征。作为人脑的思维显然也要借助于工具，这个思维的工具就是语言。人之所以能够成为有智慧的生物，语言的发育具有决定的意义。语言成为人区别于其他动物的本质特征之一。就其本身的机制而言，语言是约定俗成的、音义结合的符号系统，与思维有着密切的联系，是人类形成思想和表达思想的重要手段。通过语言交流，人类得以保存和传递文明的成果，从而成为人类社会最基本的信息载体。

语言表达的基本形式是由人的声带震动发出不同音调的字词，通过不同民族特有的语法形式来表达某种同类事物。这种用声音表达的语言方式需要一定的语境来保证，"语言环境就是说话的现实情境，即运用语言进行交际的具体场合，一般包括社会环境、自然环境、时间地点、作（说）者心境、词句的上下文等项因素。广义的语境还包括文化背景。因此语言环境成为人们理解和解释话语意义的依据"。[2] 由于语境的限制通过声音的方式传递语言在很多场合受到限制，于是在人类文化发展的过程中就形成了各种不同的语言表达形式。

由声音转换为文字表达，成为人类自身语言最基本的外在表达形式。文字成为记录和传达语言的书写符号，从而扩大了语言表达的时空。作为人类交际功用的文化工具，文字对人类的文明起了很大的促进作用。正因如此，文字也就成为人类思维表达最重要的语言工具。

---

[1]《辞海》，1999年版2027页。
[2]《辞海》，1999年版481页。

艺术表达的语言来自于生活又高于生活。文学语言使用符号的文字表达，抽象的文字符号使一部文学作品预留的想象空间十分广阔。所有的事物描述必须经过大脑的记忆联想，才能产生具体的形象。由于每人的社会经历不同，同一文学作品的内容可能会产生无数种人与物的空间形象。形象的不确定性使文学极具艺术的魅力。所以越是名著越不容易用影视的手段表现。舞蹈语言是人类最原始的语言类型。舞蹈语言使用身体的动作表意，通过动作的姿态、节奏和表情传达，经过提炼、组织和艺术加工产生特定的形体语言。音乐语言使用一定形式的音响组合表达思想和情态，通过旋律、节奏、和声、复调、音色、力度、速度，以声乐和器乐的形式传递抽象的语言。绘画语言使用一定的工具在特定物质的平面上进行空间形态的塑造。通过构图、造型和设色等表现手段，创制可视形象。绘画语言既可表现具象又可表现抽象，属于典型的空间视觉表述语言。

艺术设计从物象的概念来讲，基本上属于不同类型空间的形态表述。从设计的角度出发必须选取适合于自身的语言表达方式。由于绘画语言的条件与之最为相近，所以在技术上采用的最为广泛。可以说，艺术设计主要采用视觉的图形语言工具进行思维。

思维的形式是概念、判断、推理等，思维的方法是抽象、归纳、演绎、分析与综合等。

概念

概念："反映对象特有属性的思维形式。人们通过实践，从对象的许多属性中，抽出其特有属性概括而成。概念的形成，标志人的认识已从感性认识上升到理性认识。科学认识的成果，都是通过形成各种概念来总结和概括的"。[1] 在艺术设计中最初的概念应该具有极其强烈的个性，往往成为控制整个设计发展方向的总纲。设计概念的生成反映了设计者本身的设计素质以及社会实践经验的积累。"社会实践的继续，使人们在实践中引起感觉和影响的东西反复了多次，于是在人们的脑子里生起了一个认识过程中的突变（即飞跃），产生了概念"。[2] 从理论上讲，表达概念的语言形式是词或词组。在设计中这种形式表现于空间形象的基本要素，或是一种风格的类型。概念都有内涵和外延。在设计中，概念的内涵表现为主观的功能与审美意识，外延表现为这种意识决定的客观物象。内涵和外延是互相联系和互相

---

[1]《辞海》，1999年版1595页。

[2]《毛泽东选集》第一卷285页人民出版社1991年版。

制约的。概念不是永恒不变的，而是随着社会历史和人类认识的发展而变化的。在设计中概念自然也不会一成不变，同一个设计项目会同时有不同的设计概念，那一种最好也是要根据当时当地人的特定需求综合判定。

判断

判断："对事物的情况有所断定的思维形式。任何一个判断，都或者是真的或者是假的。如果一个判断所肯定或否定的内容与客观现实相符合，它就是真的；否则，它就是假的。检验判断真假的唯一标准是实践"。[1] 这种概念是以逻辑思维的状态来界定的，然而在形象思维中情况有所不同，尤其是当艺术的成分作为设计内容的主要方面时，物象的判断就很难确定对与错。而只能是相对而言。判断都是用句子来表达。同一个判断可以用不同的句子来表达，同一个句子也可表达不同的判断。在设计中，正确的判断也只能是以相对完整的图形、图纸或部件。判断可按不同标准进行分类，如简单判断和符合判断，模态判断与非模态判断等。

推理

推理："亦称'推论'。由一个或几个已知判断（前提）推出另一未知判断（结论）的思维形式。例如：'所有的液体都是有弹性的，水是液体，所以水是有弹性的'。推理是客观事物的一定联系在人们意识中的反映。由推理得到的知识是间接的，推出的知识。要使推理的结论真实，必须遵守两个条件：（1）前提真实；（2）推理的形式正确。推理有演绎推理、归纳推理、类比推理等"。[2] 推理的概念更是以严密的逻辑为基础的。在设计中，推理的应用往往以人的行为心理在空间功能的体现上为主。而形象的设计则很难以这样的思维形式进行。

抽象

思维方法中的抽象"同'具体'相对。是事物某一方面的本质规定在思维中的反映"。[3] 在设计中抽象作为一种形象思维的意识，具体表现为抽象美概念的应用。这种抽象美是："排除了客观事物的具体形象，仅凭点、线、面、块和色彩等抽象形式组合而成的美。如工艺

---

[1]《辞海》，1999年版222页。
[2]《辞海》，1999年版846页。
[3]《辞海》，1999年版824页。

美术中的几何图案、建筑艺术、书法、抽象派绘画与雕塑等。抽象美有助于扩展艺术表现领域和手段的多样化，使人得到广阔、深远、朦胧的印象，产生联想、体味和补充，从而获得美感”。[1] 在设计的审美意识中具有典型意义。

归纳

归纳作为思维方法的一种，在设计中同样也具有广泛的意义。归纳：“从个别或特殊的经验事实出发推出一般性原则、原则的推理形式、思维进程和思维方法。同由一般性知识的前提出发得出个别性或特殊性知识的结论的推理形式、思维进程和思维方法的‘演绎’相对。一般说来，两者之间的区别是：归纳是由特殊推到一般，演绎是由一般推到特殊。在认识过程中两者是相互联系、相互补充的。演绎所依据的理由，来自对特殊事物的归纳，演绎离不开归纳；而归纳对特殊现象的研究，又必须以一般原理为指导，归纳也离不开演绎”。[2]

分析

分析：“与‘综合’相对。思维的基本过程和方法。分析是把事物分解为各个部分加以考察的方法，综合是把事物的各个部分联结成整体加以考察的方法。二者是辩证的统一，互相依存、互相渗透与转化。西方哲学史上，有的经验论者片面强调分析，有的唯理论者片面强调综合，分析与综合的统一，是辩证逻辑的基本方法之一”。[3]

创造与表达

创造是做出前所未有的事情。如发明创造。艺术设计本身就是一种创造。创造是人的创造力的体现。创造力：“是对已积累的知识和经验进行科学的加工和创造，产生新概念、新知识、新思想的能力。大体上由感知力，记忆力、思考力、想象力四种能力构成”。[1] 艺术设计创作是一种具有显著个性特点的复杂精神劳动，需极大地发挥创作主体的创造力以及相应的艺术表现技巧。

艺术传达是艺术设计创作过程的重要阶段之一。作者用一定的物质材料及形态构成，来实现构思成熟的形象体系，将其从内心世界投

[1]《辞海》，1999年版824页。
[2]《辞海》，1999年版1287页。
[3]《辞海》，1999年版333页。
[1]《辞海》，1999年版220页。

射到现实世界，化为可供人欣赏的外在审美对象，是作者实践性的艺术能力的表现。这种表现必须依靠大量信息的积累，包括各型各类的物质形象在头脑中的积淀。在设计者的设计生涯中始终需要不断补充这种积淀，这是一种类似充电的过程。人类创造力中的感知与记忆正是在外界不断的信息刺激中生成与积累的。

既然感知与记忆在创作的艺术感觉中如此重要，那么我们就有必要加强感知力与记忆力的训练与培育。记忆的最初阶段是一种瞬时记忆："亦称'感觉记忆'或'感觉登记'。属于记忆的一种类型。其特点是：（1）信息在此阶段上以感觉的形式被保持，基本上是外界刺激的复制品；（2）信息停留的时间短暂，大约只能保留1~2秒钟，时间稍微延长，就会变弱消失。有图像记忆和声像记忆两种主要形式"。[1] 我们注意到一种现象，在外出参观或考察时经常会使用照相机拍摄景物，如果摄影者只能按动快门匆匆拍摄，而没有时间仔细观摩对象，那么即使拍摄了成百上千的照片，仍然很难有一个全面的形象记忆。空间形象的记忆只有在连续瞬时记忆的时空积累中，加以四度时空的尺度、比例、图案分析，并用速写图形的方式记存，才能够记忆长久。

同时在设计创作中充分利用对比效应，也是增强思考与想象能力的有效方法。"对比效应：亦称'感觉对比'。同一刺激因背景的不同而产生的感觉差异。对比有两种：一是同时对比，如同一物体在大物体当中显得小，在小物体中显得大；一块灰布在白布上显得暗，而在黑布上显得亮。二是相继对比，如在吃糖以后吃橘子，感到更酸"。[2] 在设计中，设计者实际上始终处于对比效应的控制之中。空间、尺度、比例、色彩、材质几乎都是在不同的对比中产生应用效果的。创造力的培育是一个长期的过程，说到底它就是艺术感觉能力培养的最终目的。

艺术的感觉在常人看来似乎玄而又玄，实际上，从本质来讲这是一个哲学的认识论问题。在哲学上，感觉论："或称'感觉主义'。认为感觉是知识的唯一泉源的认识论学说。由于对感觉的解释不同，有唯物主义的感觉论和唯心主义的感觉论。前者（如伊壁鸠鲁、洛克、狄德罗）承认感觉来自客观物质世界，是客观物质世界作用于人的感官的结果。后者（如贝克莱、休谟、马赫）认为，感觉是主观自生的；或把感觉和存在等同起来，否认感觉来自客观物质世界（贝

---

[1]《辞海》，1999年版2019页。
[2]《辞海》，1999年版601页。

克莱）；或对客观物质世界的存在表示怀疑（休谟）”。[1] 我们显然是辩证唯物论者，既重视客观感觉的作用，同时也重视主观能动性的反作用。

1.3 科学的逻辑

科学的逻辑在于思维的规律，规律的产生来源于事物本质的属性。这种属性产生于运动时空内在的机制。科学逻辑的推理主要运用抽象思维的方式。抽象思维是人类特有的一种高级认识活动和能力。与感性直观不同，它以抽象性、间接性为特点，揭示事物的本质和内部联系；并从思维的抽象发展到思维的具体，在思维中再现事物的整体性和具体性。

1.3.1 分类与程序

事物发展过程中的本质联系和必然趋势，形成了自身所具有的规律。这些规律具有普遍性与重复性。它是客观的，是事物本身所固有的，人们不能创造、改变和消灭规律，但能够通过科学的研究认识规律，利用规律来改造自然界，改造人类社会。科学的任务就是要从感性认识上升的理性认识，揭示客观规律，指导人们的实践活动。由于我们面对的客观世界从宏观到微观异常复杂，我们所要揭示的规律纷繁多样。仅从大的分类来讲，规律就可分为自然规律、社会规律和思维规律。我们不可能漫无目的地面对研究的对象，必须对事物本身进行科学的分类，通过合乎思维逻辑的严密工作程序，最终达到我们的目的。

分类是进行科学研究最初的工作基础。这是由分类的概念特征所决定的。分类是“划分的特殊形式。以对象的本质属性或显著特征为根据所做的划分。以划分为基础，但和一般划分有所不同。划分一般比较简单，可以简单到采取二分法；而分类一般比较复杂，是多层次的，即由最高的类依次分为较低的类，更低的类”。[2] 尤其是室内设计这样的综合性、边缘性环境艺术设计学科，其划分绝不可能是简单的二分法。因为划分大都具有临时性，而分类则具有相对的稳定性，往往在长时期中使用。只有运用分类的方法才能应对综合学科的研究。

---

[1]《辞海》，1999年版1936页。
[2]《辞海》，1999年版333页。

多种基础的室内设计系统分类

作为室内设计这样一个综合性的设计系统其内容的分类可依据多种基础。

以空间使用类型进行的分类：

居住空间、工作空间、公共空间是按空间使用类型区分的三个大的方面，每一个方面都包括相当的内容。居住空间在建筑类型上有单体平房、平房组合庭院、单体楼房、楼房组合庭院以及综合群组等样式；在使用类型上有单间住宅、单元住宅、成套公寓、景园别墅、成组庄园等形式。工作空间的建筑类型相对简单，一类为适合白领阶层工作的办公楼房；一类为适合蓝领阶层工作的功能性较强的厂房车间。其使用类型则以功能为主进行分区的不同空间来界定。公共空间是内容最为丰富的一类，建筑形式变化多样，使用类型复杂多元。商场、饭店、餐厅、酒家、娱乐场、影剧院、体育馆、会堂、展览馆等等。

以生活行为方式进行的分类：

所有的室内空间都是以满足人的各种需求设置的。以人的生活行为方式界定室内设计系统的空间内容表现，在设计的思维逻辑方面显得更为合理。从这样一种概念出发，室内空间可以区分为：接待空间、休息空间、餐饮空间、娱乐空间、营销空间、工作空间、休闲空间、展示空间、视听空间、交通空间等等。

以空间构成方式进行的分类：

不论何种空间均是由不同形态的界面围合而成，围合形式的差异造就了空间内容的变化，按空间构成方式来区分内容，能够从空间的本质特征来营造符合功能与审美要求的环境。室内空间的构成方式受其形态的影响与制约，呈现出三种基本形式：静态封闭空间、动态开敞空间、虚拟流动空间。

以空间环境系统进行的分类：

针对自然界本身的变异以及人为造成的环境影响，而设置的空间构件与设备组成了室内环境系统。按空间环境系统区分的内容，有助于设计者从理性的概念出发，分析室内空间的环境系统对使用功能与艺术处理的影响，从而建立科学的设计程序，确立在设计的不同阶段与环境系统各专业协调矛盾的工作方法。室内空间的环境系统由六大部分内容组成。它们是：采光与照明系统、电气系统、给排水系统、供暖与通风系统、声学与音响系统、消防系统。

以空间装饰陈设进行的分类：

室内空间的装饰陈设包括两个方面的内容：对已装修的界面进行

装饰设计和用活动物品进行的陈设设计。明确按空间装饰陈设区分的内容，有助于设计者从空间整体艺术氛围的角度出发，提高空间的艺术品位。在装饰与陈设中运用的物品是极其丰富的，从大的方面可分为五类，即：家具、绿化、纺织品、艺术与工艺品、日常生活用品。

以上只是从设计的工作内容出发的室内设计分类举例。仅此，我们已经可以看出，分类的界定不同，研究的内容自然也就不同。人们总是从各异的分类角度去揭示事物更深的内涵。

设计程序

程序是按时间先后或依次安排的工作步骤。科学分类的工作方法要依靠严密的程序来保证。我们面对的信息时代正是数字化程序的结果。

由于室内设计是一个相对复杂的设计系统，本身具有科学、艺术、功能、审美等多元化要素。在理论体系与设计实践中涉及到相当多的技术与艺术门类，因此在具体的设计运作过程中必须遵循严格的科学程序。这种设计上的科学程序，在广义上是指从设计概念构思到工程实施完成全过程中接触到的所有内容安排；在狭义上仅限于设计师将头脑中的想法落实为工程图纸过程的内容安排。

按我们今天对室内设计的认识，它的空间艺术表现已不是传统的二维或三维，也不是简单的时间艺术或者空间艺术表现，而是两者综合的时空艺术整体表现形式。室内设计的精髓在于空间总体艺术氛围的塑造。由于这种塑造过程的多向量化，使得室内设计的整个设计过程呈现出各种设计要素多层次穿插交织的特点。从概念到方案，从方案到施工，从平面到空间，从装修到陈设，每一个环节都要接触到不同专业的内容，只有将这些内容高度地统一，才能在空间中完成一个符合功能与审美的设计。协调各种矛盾成为室内设计最基本的行业特点。因此，遵循科学的设计程序就成为室内设计项目成功的一个重要因素。

1.3.2 筛选与抉择

筛选与抉择是科学分类与程序工作中择优选择的概念。在这里使用“筛选”与“抉择”的词组无非是加重概念的含义。

筛：是一种用以分离粗细颗粒的设备。筛网，供筛选和过滤用的工业用织物。具有一定规格的网孔，以供小于该孔的粒子通过。通过筛网孔尺寸的大小就制定了选择的标准，标准即衡量事物的准则。由于设计中功能因素的限定，我们不可能随心所欲地选择，采用筛选这个词，也就是说，在室内设计中选择必须有特定标准的限制。

抉："挑出；挖出。《庄子盗跖》：'比干剖心，子胥抉眼'《史记·伍子胥列传》：'抉吾眼县（悬）吴东门之上，以观越寇之入灭吴也'。引申为撬开。《左传·襄公十年》：'县（悬）门发，郰人纥抉之以出门者'。杜预注：'言纥多力，抉举县门，出在内者'"。[1] 显然"抉"比之于"选"要艰难的多，具有强烈的主观意识和具体的动作概念。由于设计中审美因素的非真理性，反而加大了选择的难度，采用抉择这个词，也就是说，在室内设计中选择必须有更强的主观能动性。

选择

选择是"反应者对被反应者的特征、状况、属性的取舍。任一组织水平或结构水平上的物质系统所普遍具有的特性。生物有机体在反应上的选择是自然选择。人的反应的选择与动物的本能选择有质的区别，具有自觉性、目的性、自主性、能动性和社会性。在必然性基础上产生的多种可能性，是人的选择的前提和基础。人的选择的类型是多种多样的"。[2]

选择是对纷繁客观事物的提炼优化，合理的选择是任何科学决策的基础。选择的失误往往导致失败的结果。人脑最基本的活动体现于选择的思维，这种选择的思维活动渗透于人类生活的各个层面。人的生理行为，行走坐卧、穿衣吃饭无不体现于大脑受外界信号刺激形成的选择。人的社会行为，学习劳作、经商科研无不经历各种选择的考验。选择是通过不同客观事物优劣的对比来实现。这种对比优选的思维过程，成为人判断客观事物的基本思维模式。这种思维模式依据判断对象的不同，呈现出不同的思维参照系。首先要构成多种形式和各种可能的方案，然后才有可能进行严格的选择，在此基础上以筛选的方法找出最成功的一种类型。

对比优选

就室内设计而言，选择的思维过程体现于多元图形的对比优选。可以说，对比优选的思维过程是建立在综合多元的思维渠道以及图形分析的思维方式之上。没有前者作为对比的基础，后者选择的结果也

[1]《辞海》，1999年版820页。
[2]《辞海》，1999年版1267页。

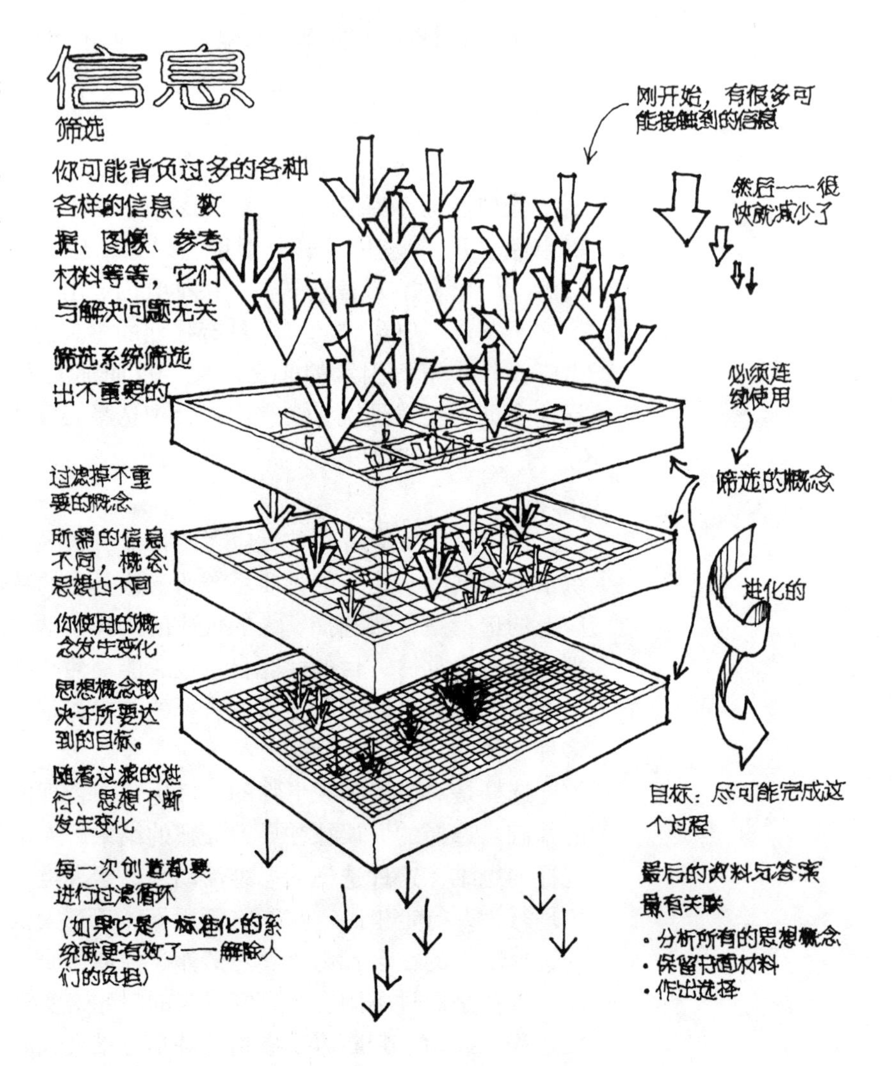

图4　众多的信息必须经过层层过滤，才能筛选出我们的所需（本图选自［美］柯特·汉克斯杰伊·帕里著，《唤醒你的创造力》雪梅维珊译，云南人民出版社2001年版112页）

不可能达到最优。一般的选择思维过程是综合各类客观信息后的主观决定，通常是一个经验的逻辑推理过程，形象在这种逻辑的推理过程中虽然有一定的辅助决策作用，但远不如在室内设计对比优选的思维过程中那样重要。可以说，对比优选的思维决策，在艺术设计领域，主要依靠可视形象的作用。

在概念设计的阶段，通过对多个具象图形空间形象的对比优选来决定设计发展的方向。通过抽象几何线平面图形的对比优选，决定设计的使用功能。在方案设计的阶段，通过对正投影制图绘制不同平面图的对比优选，决定最佳的功能分区。通过对不同界面围合的室内空间透视构图的对比优选，决定最终的空间形象。在施工图设计的阶段，通过对不同材料构造的对比优选，决定合适的搭配比例与结构，通过对不同比例节点详图的对比优选，决定适宜的材料截面尺度。

对比优选的抉择依赖于图形绘制信息的反馈，一个概念或是一个方案的诞生必须靠多种形象的对比。因此，作为设计者在构思的阶段不要在一张纸上用橡皮反复涂改，而要学会使用半透明的拷贝纸，不停地拷贝修改自己的想法，每一个想法都要切实地落实于纸面，不要随意扔掉任何一张看似纷乱的草图。积累、对比、优选，好的方案就可能产生。

1.3.3 系统与控制

系统是自成体系的组织；是相同或相类的事物按一定的秩序和内部联系组合而成的整体。由若干相互联系和相互作用的要素组成的具有一定结构和功能的有机整体。系统具有整体性、层次性、稳定性、适应性和历时性等特性。

整体性是系统最基本的特征。在一个系统中，系统整体的特性和功能在原则上不能归结为组成它的要素的特征和功能的总和；处于系统整体中的组成要素的特征和功能，也异于它们在孤立状态时的特征和功能。

层次性指系统中的每一部分同样可以作为一个系统来研究，而整个系统又是更大系统的一个组成部分。

稳定性指系统的结构和功能在涨落作用下的恒定性。

适应性指系统随环境的变化而改变其结构和功能的能力。

历时性指系统的要素及它们之间的相互作用关系随时间的推移而变化，当这种变化达到一定程度时就发生旧系统的瓦解和新系统的建立。

系统科学

系统的科学概念源于20世纪30年代奥地利生物学家贝塔朗菲（Ludwig Von Bertalanffy）提出的一般系统论（General System Theory）。并在后来成为系统科学的理论基础之一。一般系统论把所有可以称为系统的事务当作统一的研究对象进行处理，从系统形式、状态、结构、功能、行为一直探索到系统的可能组织、演化、生长或消亡，而不管这种系统究竟来自何种学科。这种基本思路与后来的控制论不同，控制论产生的初期汲取了一般系统论的许多重要概念或结论，因而在系统的观点上基本一致，但控制论主要对受控的系统感兴趣，创造条件把本来不受控的系统置于控制之下。

在20世纪70年代初，由于一般系统论和控制论的发展，开始形成我们今天所讲的系统科学（Systems Science）。系统科学处于自然科学与社会科学交叉的边缘地带，是20世纪末信息论、运筹学、计算机科学、生命科学、思维科学、管理科学等科学技术高度发展的必然产物。简单地说，系统科学就是立足于“系统”概念，按一定的系统方法建立起来的科学体系。由于控制论的方法论其地位和高度的综合性，所以控制论和系统科学在国际学术界有时是相提并论，甚至等同。

按照一般系统的定义，多个矛盾要素的统一体就叫系统。这些要素也叫系统成分、成员、元素或子系统。要对一个系统进行分析，必须获得有关该系统的四方面知识：结构、功能、行为、环境。

面对我们所处的世界，系统无处不在，地球是一个系统，同时又是太阳系的子系统；太阳系本身是一个更大的系统，但却是银河系这样一个更为巨大的系统中的子系统。就室内设计而言，它也是一个复杂的系统，空间界面是室内设计的要素，空间界面本身又是由地面、墙面、顶棚、门窗、设备、装饰物等子系统所构成，它们又能细分为形状、材质、色彩等等。

控制论系统

就设计的实用概念而言，需要的是控制论系统。“控制论系统当然是一般系统，但一般系统却不一定都是控制论系统。一个控制论系统须具备五个基本属性：

可组织性

系统的空间结构不但有规律可循，而且可以按一定秩序组织起来。

因果性

系统的功能在时间上有先后之分，即时间上有序，不能本末倒置。

动态性

系统的任何特征总在变化之中。

目的性

系统的行为受目的支配。要控制系统朝某一方向或某一指标发展，目的或目标必须十分明确。

环境适应性

了解系统本身，尚不能说可成为控制论系统。必须同时了解系统的环境和了解系统对环境的适应能力”。[1]

由此我们可以看出，一个能进行有效控制的控制论系统，必须具备“可控制性”和“可观察性”。这就是说，控制论必须是受控的，系统受控的前提是由足够的信息反馈来保证的。

一般系统论 、控制论一直到系统科学，都是在系统概念的基础上发展起来的。今天，系统的概念已经渗透到各类学科，可以说它是一种方法，是一把打开未知世界大门的金钥匙。在室内设计的领域有了系统概念，就可以通过有条不紊的归纳、类比、联想、判断来解决一个个设计上的难题。

系统归类后的分析是建立在创造性思维的模型基础之上的。这种模型是对客观事务的模拟、写照、描绘或翻版。它分为两种类型：一类为定性模型，一类为定量模型。定性模型分为三种：实物模型（木工模型、飞机模型、建筑模型、物理实验模型等）；概念模型（政治模型。心理模型、语言模型等）；直观模型（广告模型、方框图、程序框图等）。定量模型也分三种：数学模型（用代数方程、微分或差分方程、 积分方程或其他符号化方式表明系统要素间数量关系的模型）；结构模型（用几何或图论方法描述系统要素间因果数量关系的模型，如网络模型、决策树模型等）；仿真模型（利用计算机的数据处理和逻辑运算两大功能，用计算机能读懂的语言编写的程序表现的模型）。

在分析特定问题或描述指定事件时，控制系统论主张定性与定量的方法紧密结合，定性模型和定量模型相互参照印证才能得出科学的结论。这是因为缺乏定量分析、没有数据支持的定性模型是不科学和不可靠的。缺乏定性模型、没有逻辑推理的定量模型是片面和不完善的。

系统工程

20多年来“系统”概念在控制论、信息论、运筹学基础上，从一般系统论发展成为具有三个层次的系统科学：系统哲学或方法论、系统理论、系统工程。其中属于系统科学应用部分的系统工程对室内设计最具实用价值。所谓系统工程就是把系统科学的原理运用于工程和社会经济实际。

系统工程的主导思想就是通过系统分析、系统设计、系统评价、系统综合达到物尽其用的目的。系统工程既是组织管理技术，也是创

---

[1] 张启人：《通俗控制论》17页，中国建筑工业出版社，1992年版。

造性思维方法，又是现代科学技术的大综合。它与其他学科的联系十分紧密。

系统工程所采用系统科学原理的主要观点有：整体观点、综合观点、比证观点（即价值观点）、战略观点、优化观点。

系统工程的实施总是包含三个基本步骤。第一是提出问题；第二是通过建立模型，优化目标，进行系统分析；第三是按一定的评价标准（价值准则）将不同的措施方案加以解释评价，选择最优方案。

通过对系统科学和系统工程的分析，我们不难看出，“系统”概念对于室内设计所具有的重要意义。实际上，室内设计程序的科学实施必定是建立在系统科学和系统工程的理论基础之上，缺乏系统概念指导的室内设计必定会在某个环节出现漏洞，完成的工程项目也不会是一个完整的室内设计。

1.4 创造的基础

创造即做出前所未有的事情。只有通过人脑的思维，确定针对某种事物创造的发展概念和具体工作方法，通过艰苦的脑力劳动和所有必需的实践，才能完成特定的创造。可见，创造的基础在于人本身心智与体能发挥的潜在素质。

1.4.1 原创的动力

既然创造的基础在于人本身心智与体能发挥的潜在素质。那么如何发掘自身所具有的这种创造潜质，就成为每一个立志以创造为业的艺术设计师所最关心的问题。

创造的源泉是什么？原始性的创新动力到底来自何方？天才、生理、兴趣、意志、信仰…… 也许还可以举出更多。总之，这是一个有诸多争议尚未明确的命题。

所谓动力，无非是两种解释：可使机械运转做功的力量，如水力、风力、电力、热力、畜力等；比喻推动事物运动和发展的力量。显然前者是客观存在，后者是主观意识。在认识原创动力这样一个敏感问题上，持唯物辩证的态度应该是符合事物发展的基本规律。

人的天赋

在诸多的动力因素中，人的天赋应该是最具争议的。天赋——自然所赋予，生来所具有。天赋与天才在词义上有所不同：天才“特殊的智慧和才能。元稹《酬孝甫见赠》诗：‘杜甫天才颇绝伦，每寻诗卷似情亲’”。[1] 在人们一般的概念中，天赋与天才都是不经过艰苦专门学习或专业训练即可具备某种特殊能力的基本素质。我们不否认人的天赋，不否认天才的产生，因为人本身就存在着生理的差异，比如视知觉中的色盲或色弱。不可想象有色盲的人会成为用色彩表现自然的画家。人的身体素质各不相同，同样会表现出各方面的生理差异。就认知系统的司令部大脑而言，自然也会有记忆与反映的差异。通常我们总是用智商来恒定一个人智力的高低，用俗语来讲，就是一个人聪明与否的问题。“智商即‘智力商数’。表示人的智力发展水平。其计算公式为：

智力商数＝智力年龄÷实足年龄×100。

如某儿童智龄和实龄相等，依公式计算，智商等于100，即表示其智力相当于中等儿童的水平。智商在120以上的称作‘聪明’，在80以下的称为‘愚笨’。聪明即视听灵敏，聪明实际上也就是指特定个人接受外界信息的能力超常。所以从人的本质来讲，天才无非也是建立在感觉器官功能优异的基础上。智商基本上是相当稳定的，如两个六岁儿童的智商分别为80和120，在小学毕业后，他们的智商基本上仍分别为80和120”。[2] 可见，智商的高低既与大脑的生理发育有关，也与一个人婴幼儿期的教育关系重大。虽然这个时期的教育更多地表现为耳濡目染，但一个人的个性与智力基本形成于婴幼年龄。狼孩是这个问题最具实证的例子。当然我们也不否认后天的努力，但就实际情况而言，如果失去婴幼儿期的教育基础，后天的努力将会是极其艰巨的，只有非凡的自信心与意志力，同时还要有合适的外部环境才有可能成功。也许这就是所谓的命运。由于艺术设计创造直接涉及复杂的空间概念，所以要成为一个设计工作者就需要空间感知力超常的才能。

激励机制

在原创动力的诸种要素中，建立自身的激励机制是极为重要的。激励即激动鼓励使振作。激发人的动机的心理过程，有各种形式的激励手段。有效的激励手段必须符合人的心理和行为的客观规律。认知心理学认为，激励是一个复杂的过程，要充分考虑人的内在因素，如思想意识、需要、兴趣、价值等。

思想：“思考；思虑。《素问·上古天真论》：‘外不劳形于事，

---

[1]《辞海》，1999年版1479页。
[2]《辞海》，1999年版1691页。

内无思想之患'"。"思维活动的结果决定人们的思想。属于理性认识。亦称'观念'。人们的社会存在，具有相对独立性，对社会存在有反作用"。[1] 意识就其词意而言，具有"察觉"的含义。"《论衡·实知》'众人阔略，寡所意识，见贤圣之名物，则谓之神'"。"在心理学上，意识一般指自觉的心理活动，即人对客观现实的自觉的反映"。[2] 可见思想意识是一个主观的心理认知概念。在激励的机制中居于主导地位。

需要："有机体对一定客观事物需求的表现。人类在种族发展过程中，为维持生命和延续种族，形成对某些事物的必然需要，如营养、自卫、繁殖后代等的需要。在社会活动中，为了提高物质和精神生活水平，形成对社交、劳动、文化、科学、艺术、政治生活等的需要。人的需要是在社会实践中得到满足和发展的，具有社会历史性。它表现为愿望、意向、兴趣而成为行动的一种直接原因"。[3] 可见需要在人的生活中具有物质与精神的双重概念，在激励的机制中居于直接动力的位置。

兴趣："注意与探究某种事物或从事某种活动的积极态度与倾向。在社会实践中发生与发展"。[4] 显然兴趣在人的一生中会因为生活境域的不同而发生变化。有的人兴趣相对比较专一，尤其是孩提时代的专一兴趣会成为日后某种行业的原创动力。可见兴趣是行业技能天赋的直接动因，在激励的机制中居于助推动力的位置。

价值："凝结在商品中的一般的、无差别的人类劳动。商品三要素之一。是商品生产者之间交换产品的社会联系的反映，不是物的自然属性。商品要用来交换，各种商品之间必然有一个可以比较的共同基础。各种商品的使用价值以及创造它们的具体劳动性质不同，无法比较。只有撇开劳动的具体特点，化为抽象的、无差别的人类劳动，形成价值，才能相比。未经劳动加工的东西（如空气）和满足自己需要、不作为商品出卖的产品都不具有价值。价值通过商品交换的量的比例，即交换价值表现出来"。同时价值还可以"引申为意义。如：这是一本有价值的书"。[5] 可见价值是衡量人类劳动的唯一标准，虽然不同的价值观决定了不同的人类劳动取向。但就艺术设计原创动力的激励机制而言，价值最终的恒定作用则是毋庸置疑的。

---

[1]《辞海》，1999年版2027页。
[2]《辞海》，1999年版2453页。
[3]《辞海》，1999年版2404页。
[4]《辞海》，1999年版349页。
[5]《辞海》，1999年版266页。

意志与自信

建立自身的激励机制在客观上依赖于人的心理与行为要素。但在主观上则要靠意志与自信。

意志："自觉地确定目的，并根据目的来支配、调节自己的行动，克服困难，实现预定目的的心理过程。意志对行动的调节作用，包括发动和抑制两个方面。前者指促使人从事带有目的性的比喻行动；后者则指制止与预定目的相矛盾的愿望和行动。意志过程使人的内部意识向外部动作转化，体现出人的心理活动的主观能动性，是人类所特有的"。[1] 意志的这种主观能动作用在激励机制中非常明显，在很多情况下甚至是决定性的。坚强的意志力培养虽然有先天的因素，但更多的来自后天境域的磨练。

自信：自己相信自己。如：自信心。《旧唐书·卢承庆传》："朕今信卿，卿何不自信也"。[2] 虽然自信心的建立依靠人自身主观意志与客观技能的确立。但对于一个艺术设计的工作者来讲，更应该强调其主观性。就设计的原创动力而言，丧失自信意味着丧失一切。

1.4.2 积累的环境

人的创造能力的取得是一个渐进的积累过程。这个积累的过程实际上就是人的全部后天经历。在所有的后天经历因素中，积累的环境显得尤为重要。家庭、学校、社会是外部环境组成的三个主要方面。

家庭

家庭作为社会组成的细胞无疑是创造力培养积累环境中最为重要的方面。在先天因素中，人通过遗传基因密码的代代相传，在身体素质的各个方面承传了上一代优与劣的基础因子，从而造就了各人不同的生理与性格特征。这些特征在一个人的后天发展中必然起到关键性的作用。今天的科学还不能够准确揭示人的智力发育和家庭遗传之间的关系。但就后天因素而言，一个人婴幼儿期的智力发育对一生的影响则是决定性的，婴幼儿期是语言发育的关键时期，而语言又直接影响到健全思维能力的养成。同时在创造性的思维能力中，语言的作用也是极为重要的。可以说，在艺术设计创作中语言表达、空间感、形体知觉和色觉是创造力培养最主要的能力特征，所有这一切能力的获得都与家庭环境的好坏直接关联。"家庭作为内

[1]《辞海》，1999年版266页。
[2]《辞海》，1999年版2281页。

心感知范畴的直接实体，其突出特征便是爱，即内心寻求自身和谐的情感”。[1] 家庭环境最显著的特征在于它所营造的潜移默化的教育氛围。家庭成员之间的言行举动无不对年幼的一代造成影响，宽松和谐、启发诱导而非说教式、灌输式的家庭气氛，对创造力培养的作用是不可低估的。

学校

学校作为教育的直接机构理所当然地成为创造力积累的环境中最主要的场所。然而学校已经不可能对人的先天素质造成任何影响。后天素质的培养成为学校教育的主要模式。这种教育模式最显著的特征在于它的强制性。因为学习本身是开发人类智力的艰苦劳动过程，它与人的动物性的生理需求本质是相抵触的。所以学校必须依靠严格的管理，用定时的授课、作业、考试、升留级等手段达到预定的教育目的。需要严密逻辑的专业素质才能够在这里得到很好的训练，而艺术设计所必需的创造素质培养则很可能在这种环境中受到负面影响。如何协调两者之间的关系，就成为在学校建立良好积累环境的重要研究课题。艺术教育是全部教育体系中必不可少的重要环节，这是因为艺术教育对人的创造能力培养具有不可替代的作用。从学校教育的本质来讲无非是最大限度地启发人的创造力。而创新思维能力的培养又是艺术教育最大的长项。对中小学甚至未来的大学来讲，艺术教育并不是专门的职业培训，而是不可或缺的基础素质教育。可以说，什么时候我们建立了完整的学校艺术素质教育体系，什么时候我们的学校才会有良好的创造力培养环境。

社会

社会是一个大熔炉，家庭与学校的所学必须经过社会的检验。“认识从实践始，经过实践得到了理论的认识，还须再回到实践去”。[2] 创造的成果也只有得到社会实践的认可，才能最终成为物化的具有价值的产品。产生于头脑中的创造灵感通过各种语言的传达最终转化为实物的过程，成为创造的概念不断受到检验又不断得到修正的实践过程。人的创造力也只有经过这样的实践。才能不断得到更新，从而升华为更高层次的创造。“实践、认识、再实践、再认识，这种形式，循环往复以至无穷，而实践和认识之每一循环的内容，都比较地进到

---

❶ 黑格尔《法哲学》158。

❷《毛泽东选集》第一卷292页人民出版社1991年版。

了高一级的程度”。[1] 可以说，正是社会实践为我们提供了最好的创造力积累的环境。同时社会需求也成为人的创造力得以延续发展的直接动因。

模拟与物化空间的训练

在家庭、学校、社会的环境中艺术设计创造力的培养，必须经过客观外在的空间语言表达训练，并积累到一定的量，才能达到质的变化。这种空间语言表达的训练通常采取两种方式，一种是模拟空间的训练方式，另一种是物化空间的训练方式。

模拟空间的训练是一种用平面图形模拟立体空间的纸面二维训练方式，一般来讲受训者必须具备一定的绘画基础，能够将视觉感应的空间实体形象转化为二维的平面图像。传统的模拟空间训练采用绘画的素描、工程的制图以及画法几何的透视原理作图来进行。在今天，由于计算机技术的飞速发展，模拟空间的训练在很多方面已被其取代。当然，由于人的眼、手、脑配合速度在目前还是快于人与机的配合，所以模拟空间的训练使用传统的方法还是具有一定的长处的。

物化空间的训练是一种在实际的空间氛围中直接感受的实体四维训练方式。采用这种方式受训者需要具备一定的绘画、摄影、测绘知识。在这个受训的环节中实际的空间感受要成为表象的内在储存，也就是说要将空间感受到的形体、色质、尺度完整地转化为大脑的记忆。这种训练能够迅速缩短纸面操作与实体感觉之间的距离，从而确立起设计者完整的空间概念，为创造力的外延提供最大的发展余地。在学校教育中，物化空间的训练也可以通过空间构成的基础作业和设计类作业中的模型制作来实现，但这类作业缺乏实际尺寸的真实印象，并不能完全替代实际空间氛围感受所带来的训练效果。

1.4.3 意念的转化

艺术设计的创意和最终确立的设计主导概念，只有最后转化为产品才具有存在的社会价值。艺术的产品与艺术设计的产品有着本质的不同。艺术设计的创造力体现于最终形成的实用产品。既具有物质功能又具有精神功能。仅存在于头脑中或表现于纸面的创造对于艺术设计来讲是毫无意义的。这就是艺术家与设计家创造力体现的不同点。

---

[1]《毛泽东选集》第一卷296页人民出版社1991年版。

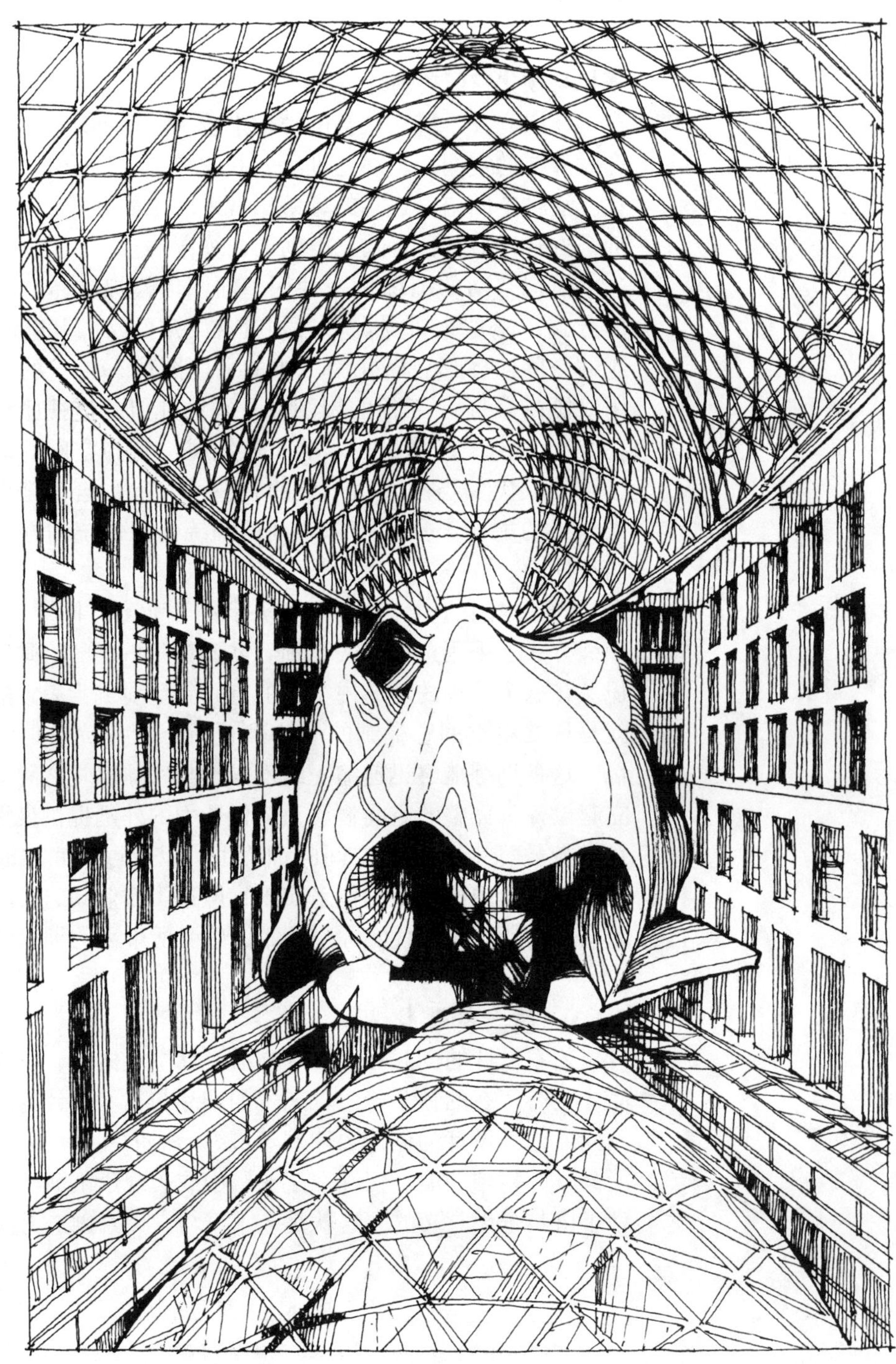

图5 特定的文化、社会、经济、技术背景必定产生与这相应的艺术样式。2001年5月竣工的德国柏林DG银行大厦中厅的这个怪物，一定很难被具有东方传统观念的业主所接受

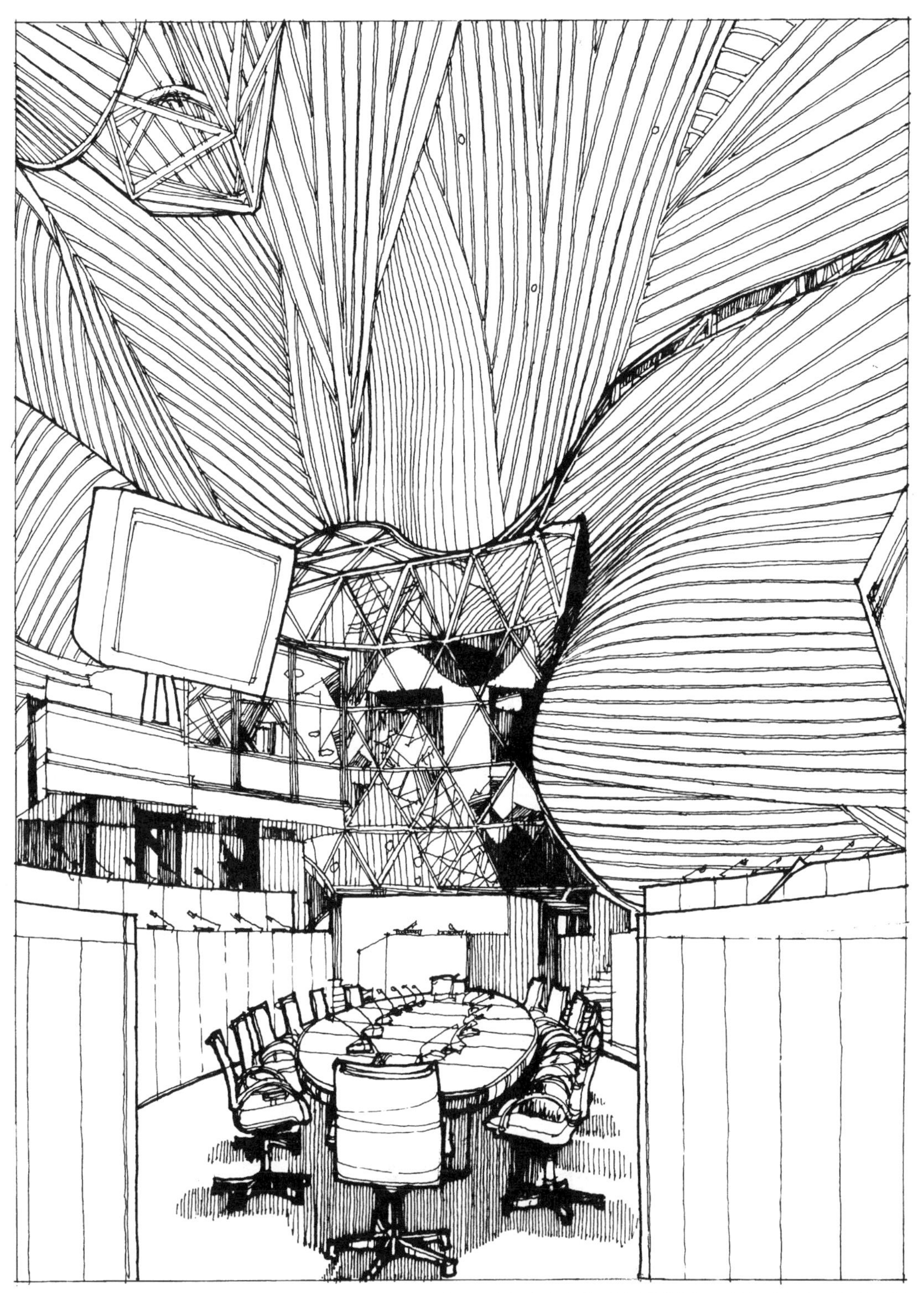

图6 由复杂曲线构成形同胃脏的DG银行大厦中厅会议空间

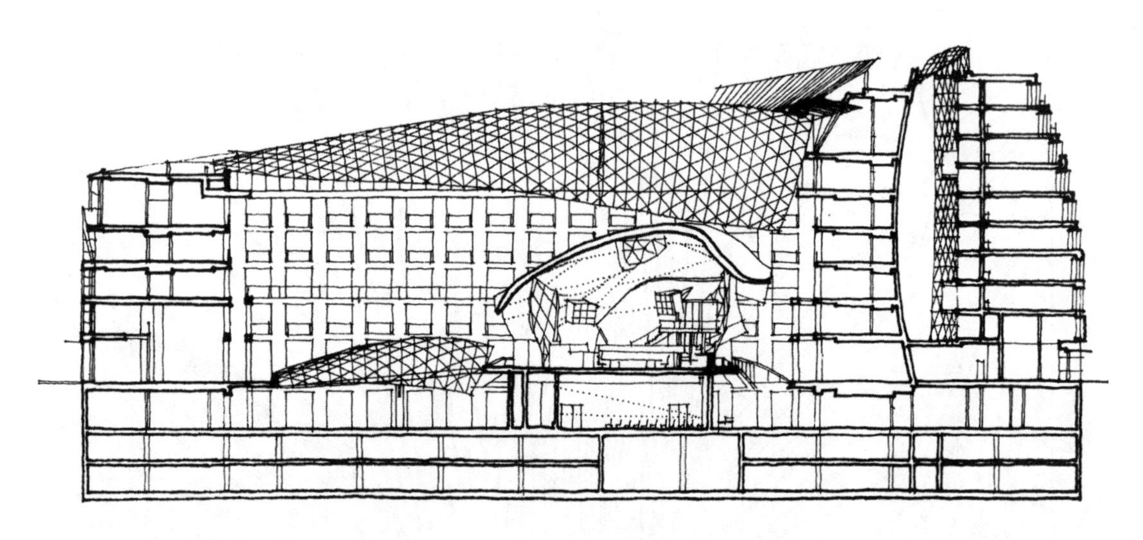

图7 DG银行大厦中厅剖面

转化的理念

设计是一个从客观到主观再从主观到客观的必然过程。在生活中我们接触到一件产品，由于产品本身存在的问题，使我们受到使用上的种种制约，于是改进它的功能就成为最初的设计动机。产品满足了理想中的基本功能，作为商品推向市场后还必须有漂亮的外观，最初打动消费者的并不是功能，功能只有在一段时间的使用后才能发现它的好坏。所以设计者的创造必须能够满足两方面的需求。可见这种创造力的基础是建立在全面的艺术素质和充实的生活经验之上的。艺术设计的创造力就是在认识产品的过程中步步积累与深化的。“认识的过程，第一步是开始接触外界事情，属于感觉的阶段。第二步，是综合感觉的材料加以整理和改造，属于概念、判断和推理的阶段。只有感觉的材料十分丰富（不是零碎不全）和合于实际（不是错觉），才能根据这样的材料造出正确的概念和论理来”。[1] 只有经过这样的认识过程，设计者的创造力才能得到最充分的发挥。也才能够最终完成设计意念的转化。

在设计概念向实际产品的转化过程中，作为设计者的创作理论基础来讲：确立文化、社会、经济、艺术、科学的理念显得尤为重要。

文化作为人类社会历史发展过程中所创造的物质与精神财富的总和，表现出无比深厚的内涵，不同地域的文化又呈现出完全不同的特征。文化积淀所反映出的传统理念，以及物化的风格样式，成为设计者取之不尽的创作源泉。

[1]《毛泽东选集》第一卷290页，人民出版社，1991年版。

社会是以共同的物质生产活动为基础而相互联系的人们的总体。人类是以群居的形式而生活的。这种生活体现在各种形式的人际交往联系上，就会产生丰富多彩的社会活动。社会活动的各种物质需求，带来了艺术设计者的创作机会。深入了解社会就成为设计者创造力完善的基础。

经济作为社会物质生产和再生产的活动，在它发展的不同阶段总是形成一定的社会经济制度，作为社会生产关系总和的经济基础，成为一个国家发展的根基。作为艺术设计者不了解经济运行的基本状态，就把握不住设计定位的方向。

艺术与科学是人类赖以发展最基本的文化保证，在哲学的理念上，艺术与科学是一个问题的两个方面。艺术的感性加上科学的理性就成为设计者无限的创造动力。

从虚拟到物化

设计意念的转化有一个从头脑中的虚拟形象朝着物化实体转变的过程，这个转变不仅表现于设计从概念方案到工程施工的全过程，同时更多地表现于设计者自身思维的外向化过程。这是一个设计概念从形成、发展到变成设计方案的图形化与实物化推敲渐进过程。这个过程：从抽象到表象、从平面到空间、从纸面图形到材料构造成为设计意念转化的三个中心环节。

从抽象到表象是设计意念从概念向方案转换的创意物化环节。抽象的设计概念在设计者的头脑中只是一个不定型的发展意向，它可能是一种理念、一种风格、一种时尚……就好像许多设计任务书中描绘的：某某设计要体现一种时代精神，在现代中蕴含传统的韵味……一句话好说，但要把它转化为具体的空间实物。则需要设计者艰苦的脑力劳动。在这里关键点在于设计概念表象特征的选取，也就是说要选择一个能够正确表达概念的物化形象，用一句专业的术语叫作——设计定位。设计者往往需要经过多方面的尝试才能最终确立，既要经过十月怀胎的艰辛，还要经受一朝分娩的阵痛。一旦孩子生下来，剩下的事就好办多了。

从平面到空间是设计意念从概念向方案转换的技术表达环节。创意物化的工作完成之后，摆在设计者面前的可能是一堆文案草稿，也可能是一件卡纸模型，要把它转换成可实施的方案还必须使用科学的空间表达技术手段。正投影制图、空间模拟透视图、实物模型成为传统的表达方式。计算机虚拟空间表现与实景动态空间模拟成为新型的表达工具。不论是何种方式，技术表达环节的最终目的除了让观者理解空间设计的意图之外，同时也是为了设计者自身实现从平面绘图概念向空间实施概念的转换。

从纸面图形到材料构造是设计意念从概念向方案转换的实施环节。当技术表达完成对实施空间的模拟之后。选择合适的材料与构造就成为最终完成设计意念的关键。纸面的图形与实际的材料构造之间还是有着相当大的差别。纸上谈兵与实际带兵毕竟是完全不同的两个概念，图画得好并不意味着能够选择合适的材料，进行理想的构造设计，材料选择和构造设计同样要经过实践的考验。

2　室内设计系统的特征

2.1　时空体系的概念

在环境艺术设计中时空的统一连续体，是通过客观空间静态实体与动态虚形的存在，和主观人的时间运动相融来实现其全部设计意义的。因此空间限定与时间序列，成为环境艺术设计最基本的构成要素。室内设计作为环境的设计，决定了它的设计系统也是由时间与空间的基本要素所构成。

2.1.1　时间的意义

作为人们熟知的概念：时间，自古以来就存在着各种不同的解释，哲学家、科学家、艺术家都对这个词倾注了巨大的热情。亚里士多德说："时间是运动和变化的量度"。康德说："时间是任何现象总和的首要正式条件"。托尔斯泰说："时间是没有一刻停息的永恒运动，否则就无法想象"。我们所讨论的"时间"是一个物理学名词，是建立在现代物理学时空观之上的。在这里，时间和空间是不可分割的，它们是运动着的物质的存在形式。空间是物质存在的广延性；时间是物质运动过程的持续性和顺序性。时间和空间是有限和无限的统一，就微观的具体单个事物而言，时空是有限的，时间是有起点和终点的一段或是其中的某一点。就宏观的宇宙而言，时空是无限的，时间无始无终。从有限时空的概念出发，时间是可以度量的。量度时间一般以地球自转和公转为标准，由此定出度量的单位：年、月、日、时、分、秒。

客观时间与主观时间

物理学中客观有限时间的严格量度界定与人的主观有限时间感受，其延续性的长短在知觉上会因人所处的环境不同而有所变化。正如日本的池田大作所说："所谓时间，我们通过宇宙生命的活动和变化，才能感觉到。从我们的体验来说，时间的运动也是根据我们生命活动的状态，有种种不同的变化。高兴的时候，时间就飞也似地过去；痛苦的时候，就会感到过的十分缓慢"。这种本质存在于可称之为对生命内在发动的强烈的主观时间感觉，在环境艺术设计中具有十分重要的意义。环境艺术设计的时空概念正是建立在人的这种主观时间感觉之上。

我们讲环境艺术设计是一门时空连续的四维表现艺术，主要点也在于它的时间和空间艺术的不可分割性。虽然在客观上空间限定是基础要素，但如果没有以人的主观时间感受为主导的时间序列要素穿针引线，则环境艺术设计就不可能真正存在。环境艺术设计中的空间实体主要是建筑，人在建筑的外部和内部空间中的流动，是以个体人的主观时间延续来实现的。人在这种时间顺序中，不断地感受到建筑空间实体与虚形在造型、色彩、样式、尺度、比例等多方面信息的刺激，从而产生不同的空间体验。人在行动中连续变换视点和角度，这种在时间上的延续移位就给传统的三度空间增添了新的度量，于是时间在这里成为第四度空间，正是人的行动赋予了第四度空间以完全的实在性。在环境艺术设计中，第四度空间与时间序列要素具有同等的意义。

行动速度在时空序列中的意义

在环境艺术设计中常常提到空间序列的概念，所谓空间序列在客观上表现为建筑外部与内部空间以不同尺度的形态连续排列的形式。而在主观上这种连续排列的空间形式则是由时间序列来体现的。由于空间序列的形成对环境艺术设计的优劣有最直接的影响，因此从人的角度出发时间序列要素就成为与空间限定要素并驾齐驱的环境艺术设计基础要素。

既然时间序列要素表现为人在空间中的主观行动。那么人的行动速度在这里就具有至关重要的意义，因为行动速度直接影响到空间体验的效果。人在同一空间中以不同的速度行进，会得出完全不同的空间感受，从而产生不同的环境审美感觉。登泰山步行攀越十八盘和坐缆车直上南天门的环境美感截然两样。因此研究人的行进速度与空间感受之间的关系就显得格外重要。

人的行动速度受三种因素的影响：身体生理因素，生活节奏因素，交通工具因素。而这三种因素又与人所处历史时代、环境类型、空间功能有着直接的联系。

在工业革命以前的年代，人的行动主要依靠步行。陆地仅有的代步工具是由人所驯化的动物拉的车。速度只能以动物的生理条件为依据。就是最快的赛马每小时充其量达到65km。一般的马车也只能在每小时10km左右徘徊，而人每小时的步行速度平均只有 5km。由于人工环境的聚居形态，城镇一般总是限定在人一小时能够到达的范围，所以那个年代的城镇一般总在以人为中心的10km范围内。在这样的空间范围内，人是以较慢的速度和相对平行的视角，来观察和体验他们所处的空间环境。因此，人工环境中建筑之间的尺度相对紧凑，同时需要有耐人寻味的细部和丰富多彩的装饰来满足审美的需求。

工业革命以后的100多年中，随着蒸汽机、内燃机、喷气发动机的发明，人的行动速度在火车、汽车、飞机等交通工具的带动下成倍的提高。城市的规模也随之膨胀，出现了以汽车行驶速度为尺度的超大型城市集群。以一小时的车程从城郊居住地赶往市内办公，几乎成为现代化超级城市上班族标准的生活模式。像美国这样的国家，汽车速度已成为人工环境外部空间设计的标准度量。为了提高速度和避免拥挤而兴建的高架公路与立交桥高速行驶系统，又大幅度地提高了人在行动中的观察视角。行进速度和视角的变化，促使人工环境外部空间设计：更多地注意建筑的整体造型与色彩的变化，更多地注意空间实体之间的联系和轮廓线的节奏韵律变化，从而根本改变了传统的外部空间审美标准。

在人工环境的内部空间中，人的步行速度依然是时间序列要素的标准度量。不同之处只在于步行速度的快慢和停留时间的长短。在建筑内部空间使用功能较为单一的年代，人在空间中的行进速度和停留时间相对一致。而在当代，由于内部空间的使用功能复杂多元，步行速度和停留时间就呈现出相当的差距。正是这种差距使内部空间的设计出现了完全不同的艺术处理手法。

从时间序列要素的角度出发，在当代的环境艺术设计中主要存在着速度的矛盾，也就是说，人与车的矛盾。高架立交桥上飞驰的车中坐的人和桥下步行的人，完全是两种不同的空间体验，会得出截然相反的审美感受。前者心旷神怡，后者紧张压抑。因此处理好人车矛盾成为环境艺术设计重要的课题。

时间序列要素中最重要的一点是速度。从速度的概念出发来考虑人工环境的空间设计，是当代环境艺术设计师必备的素质。（彩图：1、2、3、4、5、6、7）

2.1.2 实体与虚空

空间造型是艺术设计的基本内容 。造型的手段从理论的高度去描述，则是空间的构成要素在运动中的数字化限定，简称空间限定。从空间限定的概念出发，以环境艺术设计为例，其设计的实际意义就是研究各类环境中静态实体、动态虚形以及它们之间关系的功能与审美问题。

空间限定要素

抽象的空间要素点、线、面、体，在环境艺术设计的主要实体建

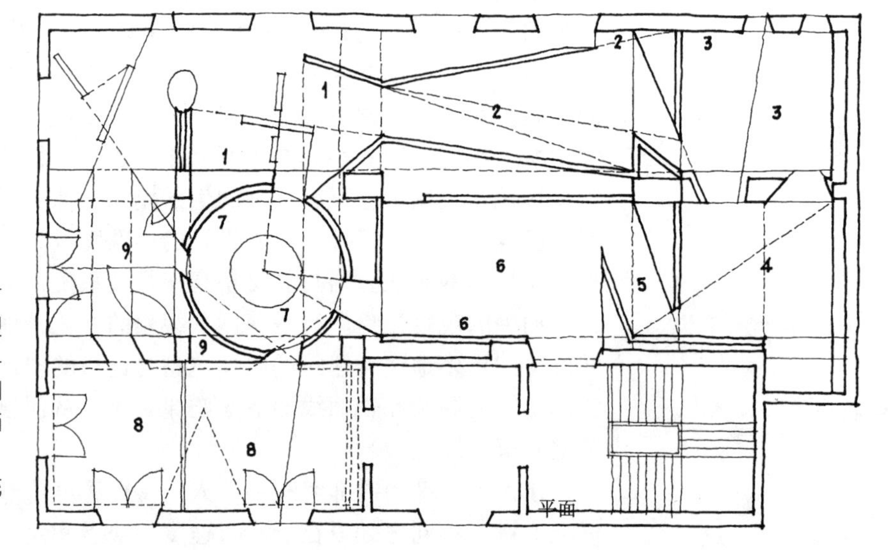

图8 展览场所是运用时间序列要素营造的典型空间，从平面布局的漏斗形构图能够明显感觉到时空变换的导引作用（西班牙某展馆）
图中1~9为展览空间的流程顺序。

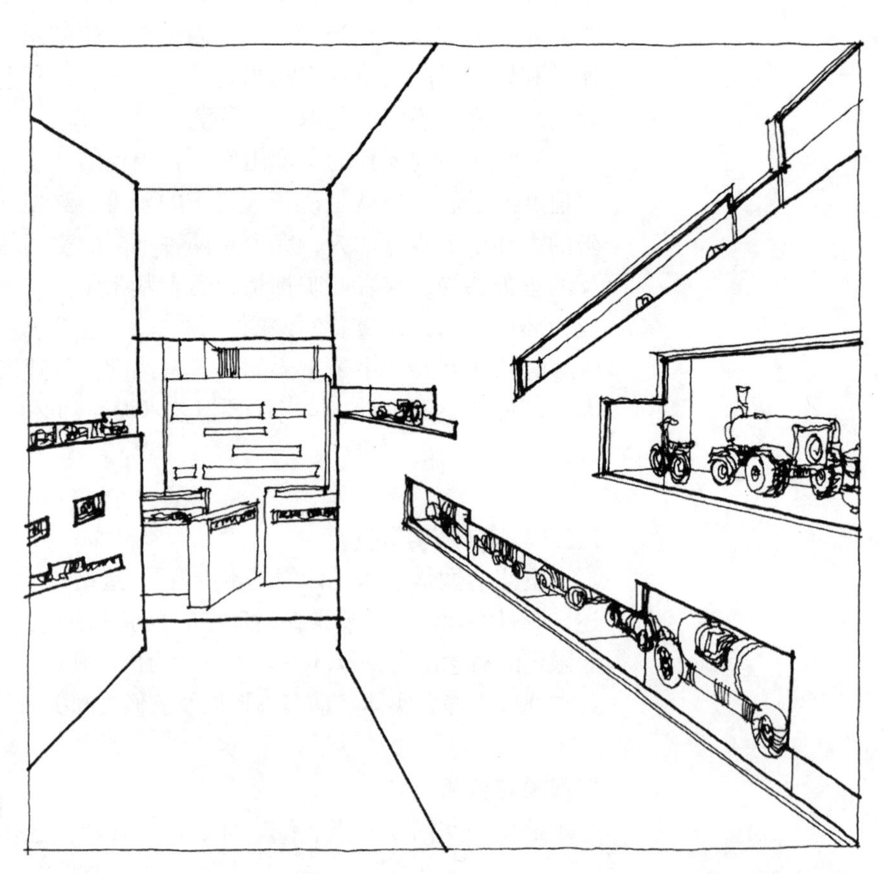

图9 墙面的横向窄条展窗加强了时空运动的感觉

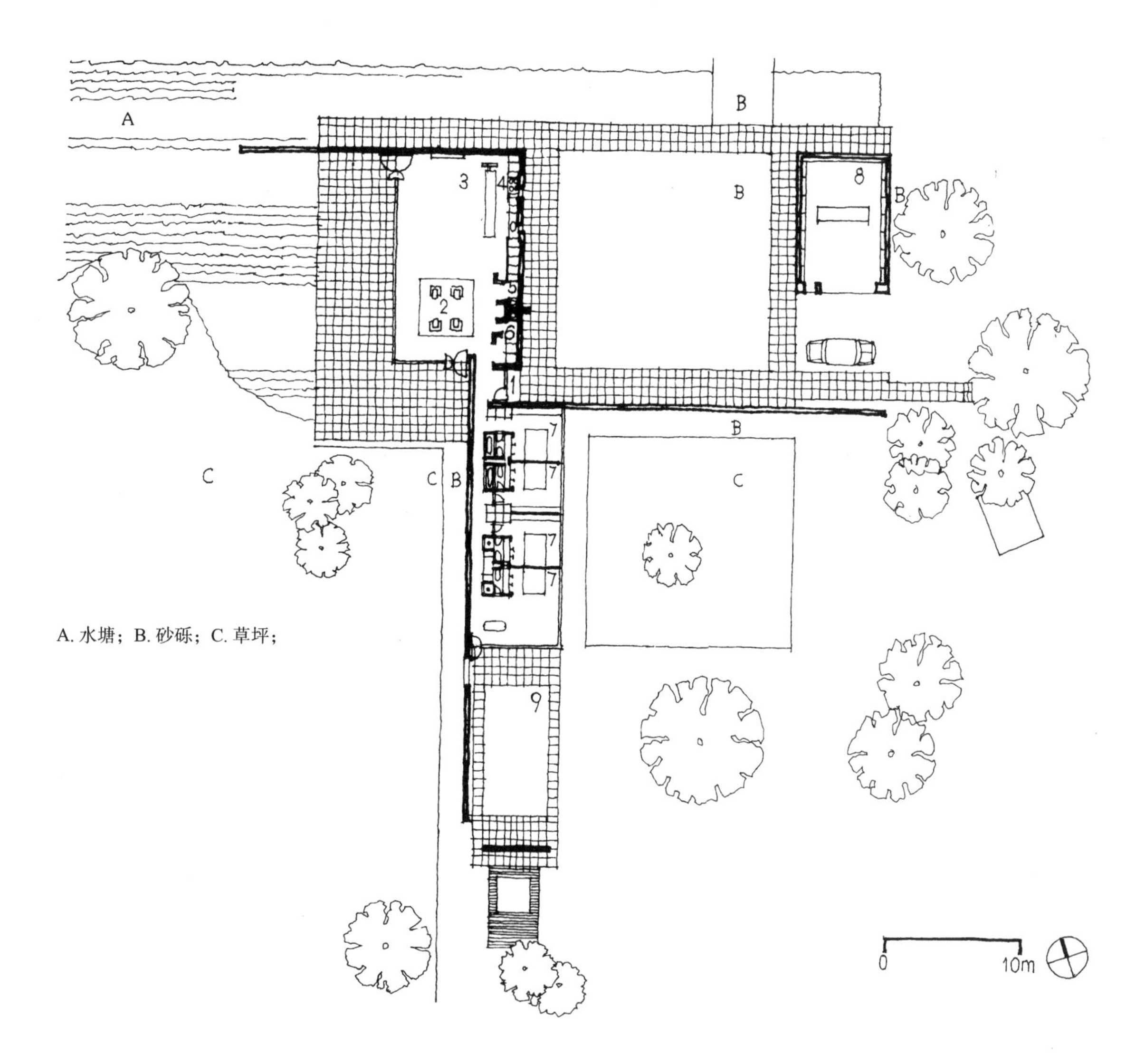

A. 水塘；B. 砂砾；C. 草坪；

图10 Skywood House总平面。坐落于英国米德尔斯伯勒的Skywood House采用凝练的空间限定手法，以三个方向的实体墙面和通透的大玻璃，围合出封闭与半封闭、开敞与半开敞的八个相对独立的空间。从这个典型的实例不难看出墙体分隔在空间限定中的重要作用。在这里，“场”效应的强弱与实体界面的围合度直接相关

1.入口；2.起居区；3.餐饮区；4.厨房；5.杂物间；6.壁柜；7.卧室；8.车库工作间；9.游戏池

图11 Skywood House 起居室外环境

筑中，表现为客观存在的限定要素。建筑就是由这些实在的限定要素：地面、顶棚、四壁围合成的空间，就像是一个个形状不同的盒子。我们把这些限定空间的要素称为界面。界面有形状、比例、尺度和式样的变化，这些变化造就了建筑内外空间的功能与风格。使建筑内外的环境呈现出不同的氛围。

由空间限定要素构成的建筑：表现为存在的物质实体和虚无空间两种形态。前者为限定要素的本体，后者为限定要素之间的虚空。从环境艺术设计的角度出发，建筑界面内外的虚空都具有设计上的意义。而由建筑界面围合的内部虚空恰恰是室内设计的主要内容。正如老子语："三十辐，共一毂，当其无，有车之用。埏埴以为器，当其无，有器之用。凿户牖以为室，当其无，有室之用。故有之以为利，无之以为用。"这段文字形象而又生动地阐述了空间的实体与虚空，存在与使用之间辩证而又统一的关系。显然，从环境的主体——人的角度出发：限定要素之间的"无"，比限定要素的本体"有"，更具实在的价值。

图12 Skywood House 入口内庭

时间和空间都是运动着的物质的存在形式。环境中的一切现象，都是运动着的物质的各种不同表现形态。其中物质的实物形态和相互作用场的形态，成为物质存在的两种基本形态。物理场存在于整个空间，如电磁场、引力场等。带电粒子在电磁场中受到电磁力的作用，物体在引力场中受到万有引力的作用。实物之间的相互作用就是依靠有关的场来实现的。场本身具有能量、动量和质量，而且在一定条件下可以和实物相互转化。按照物理场的这种观点，场和实物并没有严格的区别。环境艺术设计中空间的“无”与“有”的关系。同样可以理解为场与实物的关系。

建筑中表现为实物的空间限定要素呈四种形态：地面、柱与梁、墙面、顶棚。

地板面是建筑空间限定的基础要素。它以存在的周界限定出一个空间的场。

柱与梁是建筑空间虚拟的限定要素。它们之间存在的场构成了通透的平面，可以限定出立体的虚空间。

墙面是建筑空间实在的限定要素。它以物质实体形态存在的面，在地面上分隔出两个场。

顶棚是建筑空间终极的限定要素。它以向下放射的场构成了建筑完整的防护和隐蔽性能，使建筑空间成为真正意义上的室内。

作为实物的空间限定要素，使建筑成为一个具有内部空间的物质实体。当建筑以独立的实物形态矗立于环境之中，它同样会产生场的效应，从而在它影响力所及的范围内形成一个虚拟的外部空间。如果在一个矩形地平面的四角，以相同尺度和体量建造四栋高楼。只要处于矩形地平面一侧直线上，楼与楼之间的距离在其场效应范围内，那么就具有柱与梁同样的限定功能。几幢建筑密集平行排列，同样会对其外部空间产生类似墙面的限定功能。当不同尺度体量和造型样式的建筑，同处于各自场效应相切的范围内，就会以不同的空间限定方式对环境造成不同的影响。

尺度与动态虚形

空间限定场效应最重要的因素是尺度。空间限定要素实物形态本身和实物形态之间的尺度是否得当，是衡量环境艺术设计成败的关键。协调空间限定要素中场与实物的尺度关系，成为环境艺术设计师最显功力的课题。

以场的概念构造的空间动态虚形，在实际的设计中往往不如空间的静态实体那么容易把握。在室内设计中，动态虚形主要体现于实体界面所限定的空间形态，就像是一只水杯，杯体是圆柱形的，水体自然也成为圆柱形，杯体如果是圆台形的，水体自然也会变成为圆台形。不同的空间形态自然会对进入空间的人产生不同的心理感受。所以室内设计师空间概念的着眼点并不在实体而在于虚形，这是室内设计空间概念确立的本质。

另一方面光照与色彩也是动态虚形空间概念体现的关键要素。这一点将在下节作详细分析。

2.1.3 光源与色彩

光源与色彩是空间造型最终得以在人的视觉中显现的物理要素。由于光源与色彩的物化形态不是以实际物体作为表象。正如《新华字典》最通俗的解释：光——“照耀在物体上能使视觉看见物体的那种物质，如灯光、阳光等”。色——“由物体发射、反射的光通过视觉而产生的印象”。正是由于光与色的这种物质属性，作为室内设计的重要物理要素，往往在设计者的主导设计概念中缺失，其原因也是在于光与色的这种虚拟表象。

光源

光的来源对于室内设计来讲是非常关键的一个环节。应该说，在人类漫长的发展历史中光源完全取自于天然，太阳光与火成为光源唯一的物质形态。只有当电光源成为室内照明的主要形式后，人类才摆脱了自然的束缚，室内的空间造型方式才发生了本质的变化。

光作为人眼可见的电磁波，是以直线投射的方式传递着它的能量，当光线碰到不同物体的遮挡就会改变方向，呈现出反射、折射、衍射三种状态。镜面的反射效果最强，玻璃与水则会折射光，只有当光束通过一个狭缝时它才会扩散，缝越狭扩散面越宽，这就是衍射。正是利用了光的这些特性，才创造了各种类型的室内照明形式。

当人类以阳光与火作为光源的时候，只能利用光的直接照射来完成室内的照明，白天以开窗的方式，夜晚以点火的方式来满足需要。在工业化以前的年代，人类主要是用天然的材料来营建房屋，由于受到建筑材料与构造的限制，开窗的样式受到极大的制约，利用阳光照明在绝大多数的情况下只能完成光的第一次投射所产生的效能。虽然世界各地的不同民族在建筑开窗利用阳光照明的方式上创造了不少能够产生二次反射的形式，但终究受到自然与技术条件的局限而未能成为室内照明的主流样式。至于夜晚的点火照明，则因为火的向上燃烧特征和光效较低的先天不足，光的一次投射几乎成为夜晚室内照明的唯一样式。

电光源

电光源的出现促成了室内照明的一次革命，使用电光源制造的灯具形式功能多样，能够满足一次直接照明、二次反射照明、多次漫反射照明的种种需要，从而为室内空间氛围的营造开创了一个崭新的天地。对比现代室内与古典传统室内在空间视觉形象上的区别可以明显看出，由光线照射多样性衍生的特殊空间氛围，已成为当代室内空间设计系统最具代表性的视觉形象标志。光环境的概念正是建立在这样的物质基础上。

自从电光源成为室内照明的主角以来，室内的空间装饰才发生了本质的变化。可以说正是由于电光源的应用，以界面为主的传统室内装饰才得以向空间转换。对于这一点在不少人的设计观念中还没有得到真正的确立。对比世界上一些优秀的室内设计，我们的差距在很大程度上是照明的处理方式。也就是说，更多地将照明理解为环境系统的功能要素而非装饰要素。在过去的不少工程当中也只是从照明的技术要求去控制照度，而很少考虑到光环境的装饰照明效果。有些项目的配光计算虽然在照度上达到了要求，但从艺术的角度去看却往往差得很远。在电光源的时代仅做到明亮是比较容易办到的，而要有装饰的效果就必须有照明的层次、深度和重点，一句话，要有光的空间感。

色彩

不同波长的光照所产生的颜色，构成了空间丰富的视觉感受，这种视觉感受在室内系统的空间形象设计中处于第一的位置。进入任何一个空间，给人的第一感觉肯定是光与色的印象。在当代的室内设计中，光与色的设计是不可分离的。室内光源点的分布在很多情况下并不是均衡的，同样的色质在不同强度光照的投射下所产生的色彩感觉也完全不同。室内设计是空间环境的设计，组成整体空间形象的物质实体除了传统的六个界面之外，更多的内容是陈设物品。在同一光源下，这些物品由于所处的位置、本身的材质、固有的色彩、再加上投射的阴影，所以反映的色彩是极其复杂的。同是白色乳胶漆的涂刷，顶棚与墙面就是完全不同的色阶。因此，室内色彩的选择是非常不容易的。

就色彩本身的特征而言，它是由各种物体吸收与反射光量的不同而产生的物理视觉现象，依照光波长短的排列，色彩按照红、橙、黄、绿、青、蓝、紫的顺序构成了色彩学上的光环。红色的光波最长，紫色的光波最短。色彩在绘画上往往给人以不同的感受，红、橙、黄具有温暖、热烈的感觉，因此称为暖色；青、蓝、紫具有寒冷、沉静的

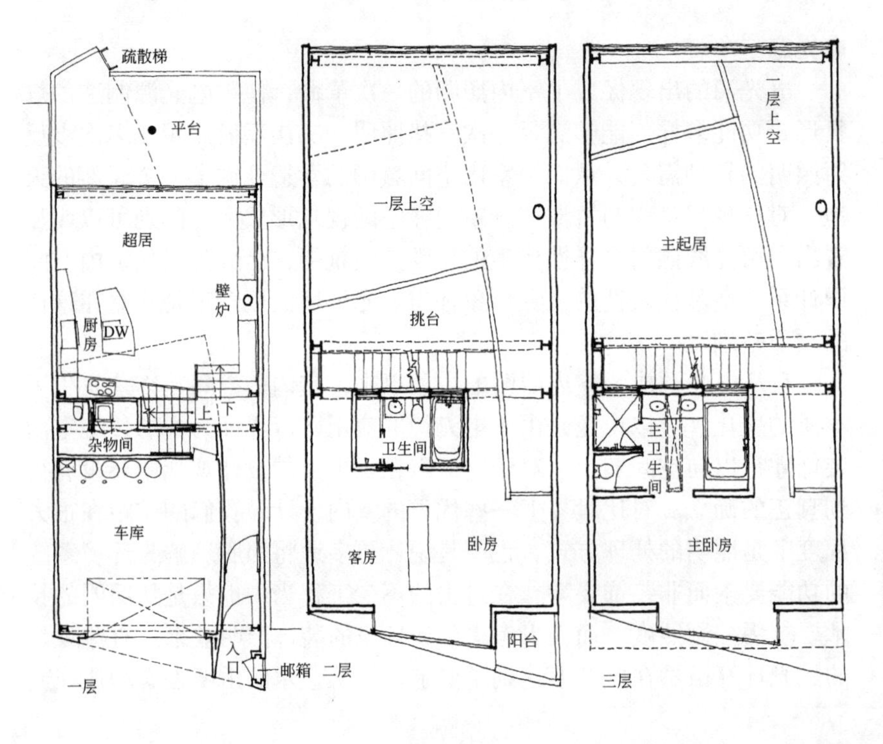

图13 采光是住宅设计中十分重要的环节，充足的阳光为家居生活带来勃勃的生机。美国旧金山的某住宅就其建筑平面的总体形态来讲，在美国同类建筑中十分普遍。但由于二、三层挑台的错层处理手法，使南向的玻璃窗成为一个完整的透光界面，室内的空间氛围随之一改旧貌

图14 从三层挑台看窗外

图15　沐浴在阳光中的就餐环境

图16　北望起居室与二层挑台

图17　起居室主座位区

感觉，因此称为冷色。利用色彩的这种特性，在各类设计中总是根据具体的功能需要，选择合适的色彩表现方式。

室内设计的空间特殊性，决定了它的色彩表现方式。由于室内是一个完全包容人的活动的空间实体，由地面、墙面、顶棚所构筑的实体组成了最大的着色界面。人的色彩感觉主要来自于这些界面，室内的主色调就是由这些界面的色彩倾向所决定的。由于人的室内活动还是以相对静态的活动为主，适合于人的行为心理，一般的室内界面色彩主要是以明亮的、中性的、含灰的色调为主。只有在一些特殊的空间场所，或是一些特殊的个性需求空间，才使用纯度较高或色彩倾向明确的颜色。陈设物品在室内扮演着色彩调配者的角色。一般来讲，总是利用家具、织物、装饰品的色彩倾向来协调与界面的关系，或是统一协调，或是强烈对比。当然更多的时候是一种色彩的弱对比，尤其是冷暖色调的弱对比。利用高纯度色彩的器皿和艺术品摆件来突出主题，以色彩的方式营造视觉中心，也是常用的手法。可以说，在室内色彩的运用上：界面是第一层次，家具与装饰织物是第二层次，器皿与艺术品是第三层次。当然人的着装色彩同样会对室内色彩产生影响，而且是不小的影响，只是由于人的动态活动的不确定因素不易被设计者掌握，所以只有在一些特殊的展示或表演场合才会被设计者使用。

2.1.4 尺度与比例

"大自然在最基础的水平上是按美来设计的"。"自然在她的定律中向物理学家展示的美是一种设计美"。[1] 尺度与比例正是衡定这种设计美的要素。

尺度作为尺寸的定制，比例作为尺度对比的结果，在空间造型的创作中具有决定的意义。造型的表现是点在空间中运动的距离定位。二维空间中的平面矩形是点在X轴与Y轴的运动中连接构成四个完全平行线的结果，三维空间中的立方体则是这个矩形的四个端点同时向Z轴运动后定位的结果。如果点的运动没有任何时间的限制而随意定位于空间中的某个位置，那么就不可能形成任何有意义的造型。主观地限定空间中点的运动轨迹，同时又将它定位于特殊的位置，就成为有意识的空间造型设计活动。当它与人生活中的某种具体功能发生联系，就产生了设计的实际意义。点在运动中的有意识定位取决于人为确定的空间功能与形象，而理想空间功能与形象的取得，则是由两点之间准确适宜的尺度所决定的。

[1] [美] A.热著，熊昆译，《可怕的对称》10、15页，湖南科学技术出版社，1992年版。

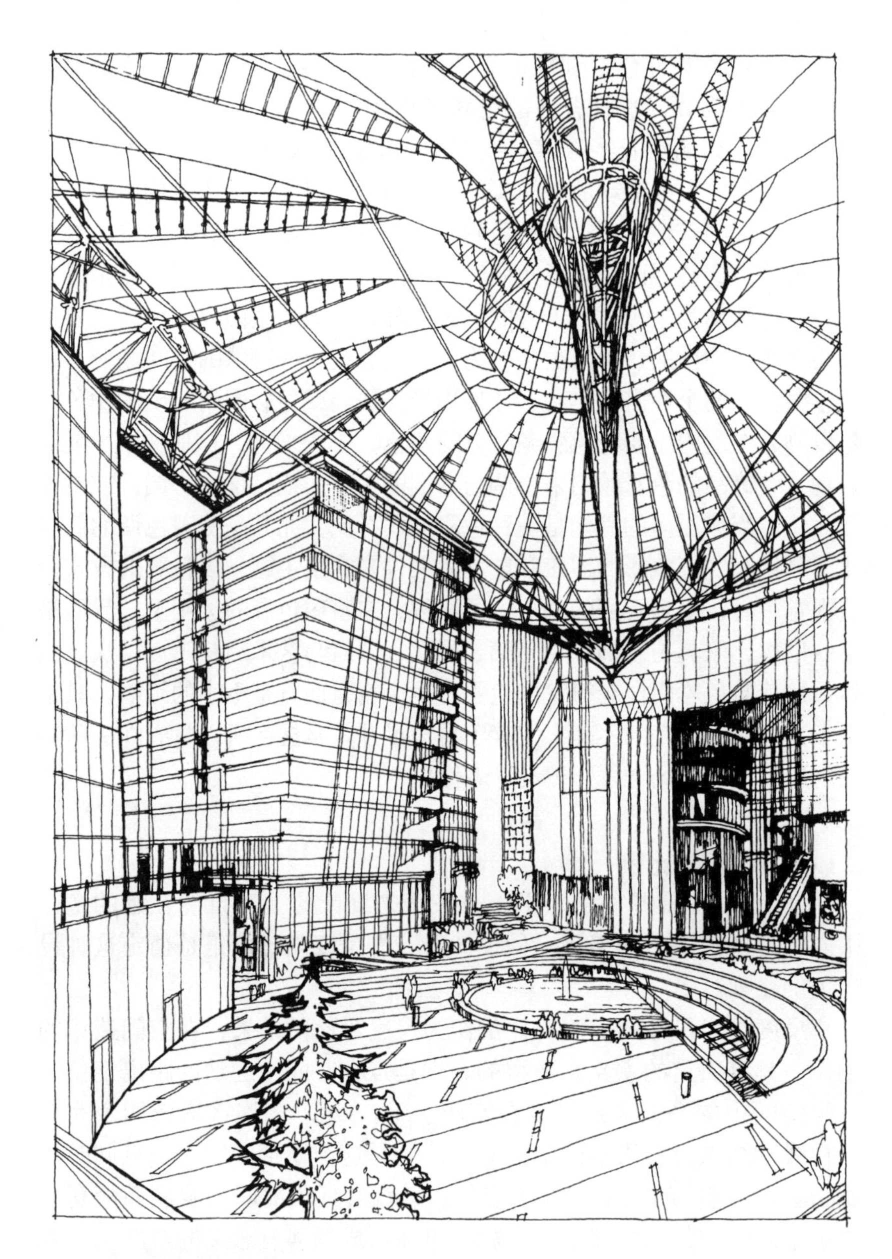

图18 德国柏林Sony中心超常尺度的顶棚淡化了建筑内外环境的界限

尺度与比例的主观意识

尺度与比例是时空概念的客观存在，对于设计者来讲，只有将它转换成主观的意识才具有实际的意义。这种将客观存在转换为主观意识的最终结果就是一个人尺度感的确立。人的某种尺度感的获得主要来自于人体本身尺度与客观世界物体的对比，当这种对比达到一定数量的积累时，就会使人产生对某种类型物体的固有尺度概念，从而形成某个人特有的尺度感。以建筑为例：尺度是以人体与建筑之间的关系比例为基准的，由此产生的建筑各部分之间的大小关系与这种基准有着直接的联系。人们总是按照自己习惯和熟悉的尺寸大小去衡量建筑的大小，于是就出现了正常尺度与超常尺度、绝对尺度与相对尺度的问题。在建筑设计中通过不同的尺度对比处理，就会产生完全不同的空间艺术效果。

要作为一个特定专业的设计者，必须具备该类专业所需的单位尺度概念。对于一个人来讲，这种尺度概念一旦确立就很难改变。城市规划设计者需要确立以km为单位的尺度概念；建筑设计者需要确立以m为单位的尺度概念；室内设计者则需要确立以cm为单位的尺度概念。不同专业的设计者之所以不容易跨行业转换成为全能设计者，也在于尺度概念转换的困难。

对于室内设计来讲 室内空间视觉形象是空间形态通过人的感觉器官作用于大脑的反映结果。界面围合的空间样式，围合空间中光照的来源、照度、颜色，界面本身的材质，围合空间中所有的装饰陈设物，综合构成了空间的总体形象。平面布局中功能实体的合理距离，墙面顶棚装修材料的组合，装饰陈设用品的悬挂与摆放，都与尺度的比例有着密切的关系。

从视觉形象的概念出发，空间形象的优劣是以尺度比例为主要标准的。因此把空间形象与尺度置于同一系统是合乎逻辑的。

在空间形象与尺度系统中，尺度的概念包含了两方面的内容。一方面是指室内空间中人的行为心理尺度因素，这种因素主要体现在与人的行为心理有直接联系的功能空间设计上。由于室内尺度是以人体尺度为模数，人的活动受界面围合的影响，其尺度感受十分敏锐，从而形成以cm为单位的度量体系。这种体系以满足功能需求为基本准则，同时影响到内部空间中人的审美标准。

尺度比例与空间构图

尺度的另一概念是指室内界面本身构造或装修的空间尺度比例。这种主要满足于空间立面构图的尺度比例标准，在空间形象审美上具有十分重要的意义，同时装修材料在这里也扮演着尺寸度量的角色。

室内最显著的特点在于它是一个由界面围合而形成的虚空。人活动于这个空间，但主要的视觉感受却来自于界面。界面的尺度比例是否协调对空间形象的审美起着重要的作用。就设计者而言，界面空间构图的专业素质，是设计者基本艺术素养的体现。这种艺术素养的形成主要来自于美术类的专业基础训练。这种素质体现于室内设计就在于对特定空间界面材料构件的尺度与比例选择：面积的大小、线型的

图19 室内空间比例尺度失调的例子 (《建筑心理学入门》 中国建筑工业出版社 1988年版)

粗细、长宽比的确定、两种材料的衔接位置、不同材质的心理尺度对比……可以说某种特定的空间样式，只能有一种最合适的空间构图，也只有与之相配的尺度比例才能最终实现这种构图。设计者的工作就在于找出这种最佳的尺度比例。

目前作为尺寸的度量体系，在世界上通行着两个大的系统，这就是公制系统与英制系统。两个度量系统之间的换算十分麻烦。之所以不能够统一于公制，主要原因在于相当大数量的工业标准最初是以英制标定。在建筑材料系统中也存在这样的问题。在美国，室内设计师尺度概念的建立在很大程度上得益于英制的整数概念，几乎所有的装修材料都以数字简单的整数作为单位标定。这样，当设计者置身于空间时，就可以材料的单位尺寸来衡量空间的大小，甚至数一数地面瓷砖的数目就能够马上推算出房间的准确面积。所以设计者对材料尺度的准确掌握，成为确立空间尺度比例概念的一个有力工具。

（彩图：8、9）

2.2　设计系统的要素

室内设计的空间多维性、专业内容的边缘性、综合性决定了系统的复杂性。从设计的理念出发：按照空间设计要素、构造设计要素、界面设计要素、装饰设计要素进行分类是符合系统控制概念的。

2.2.1　空间设计要素

2.2.1.1　空间类型

不论何种室内空间均是由不同形态的界面围合而成，围合形式的差异造就了空间内容的变化，按空间构成方式来区分内容，能够从空间的本质特征来营造符合功能与审美要求的环境。室内空间的构成方式受其形态的影响与制约呈现出三种基本形式。

（1）静态封闭空间

静态封闭空间具有如下特征：

- 以限定性强的界面围合；
- 内向的私密性尽端；
- 领域感很强的对称向心形式；
- 空间界面及陈设的比例尺度协调统一。

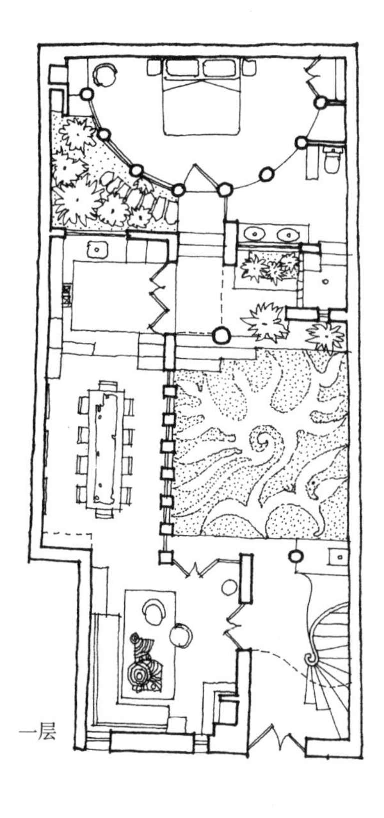

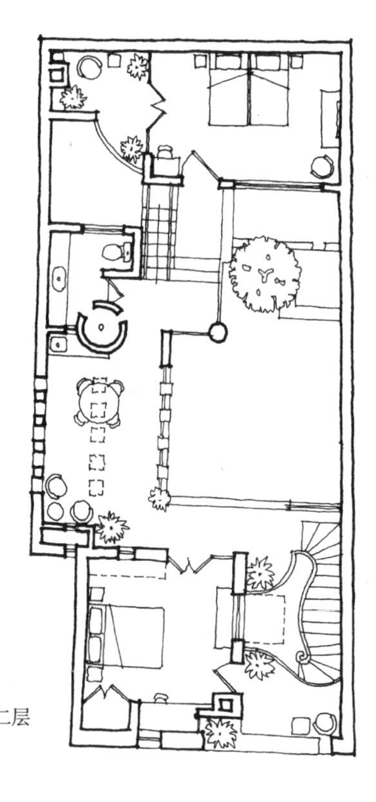

图20　墨西哥“两个设计师的2号住宅”是一个运用多种空间类型组合的住宅。变化丰富的平面，紧凑的空间构图，使这个并不很大的住宅充满了生活的情趣

图21 “两个设计师的2号住宅”精致的内庭院

图22 “两个设计师的2号住宅”从一层起居室看餐厅与内庭院

图23 以构造体块不规则组合的内部空间具有动态的封闭感

图24 以实体梁架和虚形光照组构的空间具有明显的开敞感

（2）动态开敞空间

动态开敞空间具有如下特征：

• 界面围合不完整，某一侧界面具有开洞或启闭的形态；

• 外向性强，限定度弱，具有与自然和周围环境交流渗透的特点；

• 利用自然、物理和人为的诸种要素，造成空间与时间结合的“四度空间”；

• 界面形体对比变化，图案线型动感强烈。

（3）虚拟流动空间

虚拟流动空间具有如下特征：

• 不以界面围合作为限定要素，依靠形体的启示，视觉的联想来划定空间；

• 以象征性的分隔，造成视野通透交通无阻隔，保持最大限度交融与连续的空间；

• 极富流动感的方向引导性空间线型；

• 借助于室内部件及装饰要素形成的“心理空间”。

在三种基本形式下，其空间内容依结构、尺度、材料及界面几何形体的变化。演化出千姿百态的样式。

（彩图：10、11、12、13）

2.2.1.2 空间组织

室内的空间设计主要靠对空间的组织来实现，空间组织主要表现于空间的分隔与组合。根据空间特点，功能与心理要求以及艺术审美特征的不同，室内空间的分隔与组合表现为多种类型。

空间的分隔与组合

空间分隔在界面形态上分为绝对分隔、相对分隔、意象分隔三种形式。

以限定度高的实体界面分隔空间，称为绝对分隔（限定度：隔离视线、声音、温湿度等的程度）。绝对分隔是封闭性的，分隔出的空间界限非常明确，具有全面抗干扰的能力，保证了安静私密的功能需求。 实体界面主要以到顶的承重墙、轻体隔墙、活动隔断等组成。

以限定度低的局部界面分隔空间，称为相对分隔。相对分隔具有一定的流动性，其限定度的强弱因界面的大小、材质、形态而异，分隔出的空间界限不太明确。局部界面主要以不到顶的隔墙、翼墙、屏风、较高的家具等组成。

非实体界面分隔的空间，称为意象分隔。这是一种限定度很低的分隔方式。空间界面虚拟模糊，通过人的“视觉完形性”来联想感知，具有意象性的心理效应，其空间划分隔而不断，通透深邃，层次丰富，流动性极强。非实体界面是以栏杆、罩、花格、构架、玻璃等通透的隔断，以及家具、绿化、水体、色彩、材质、光线、高差、音响、气味、悬垂物等因素组成。

空间分隔具有以下几种典型的方法：

• 建筑结构与装饰构架

利用建筑本身的结构和内部空间的装饰构架进行分隔，具有力度感、工艺感、安全感，结构架以简练的点、线要素组成通透的虚拟界面。

• 隔断与家具

利用隔断和家具进行分隔，具有很强的领域感，容易形成空间的围合中心。隔断以垂直面的分隔为主；家具以水平面的分隔为主。

• 光色与质感

利用色相的明度、纯度变化，材质的粗糙平滑对比，照明的配光形式区分，达到分隔空间的目的。

• 界面凹凸与高低

利用界面凹凸和高低的变化进行分隔，具有较强的展示性，使空间的情调富于戏剧性变化，活跃与乐趣并存。

• 陈设与装饰

利用陈设和装饰进行分隔，具有较强的向心感，空间充实层次变化丰富，容易形成视觉中心。

• 水体与绿化

利用水体和绿化进行分隔，具有美化和扩大空间的效应，充满生机的装饰性使人亲近自然的心理得到很大满足。

空间的组合

空间组合其有以下几种形式：

• 包容性组合

以二次限定的手法，在一个大空间中包容另一个小空间，称为包容性组合。

• 邻接性组合

两个不同形态的空间以对接的方式进行组合，称为邻接性组合。

• 穿插性组合

以交错嵌入的方式进行组合的空间，称为穿插性组合。

• 过渡性组合

以空间界面交融渗透的限定方式进行组合，称为过渡性组合。

• 综合性组合

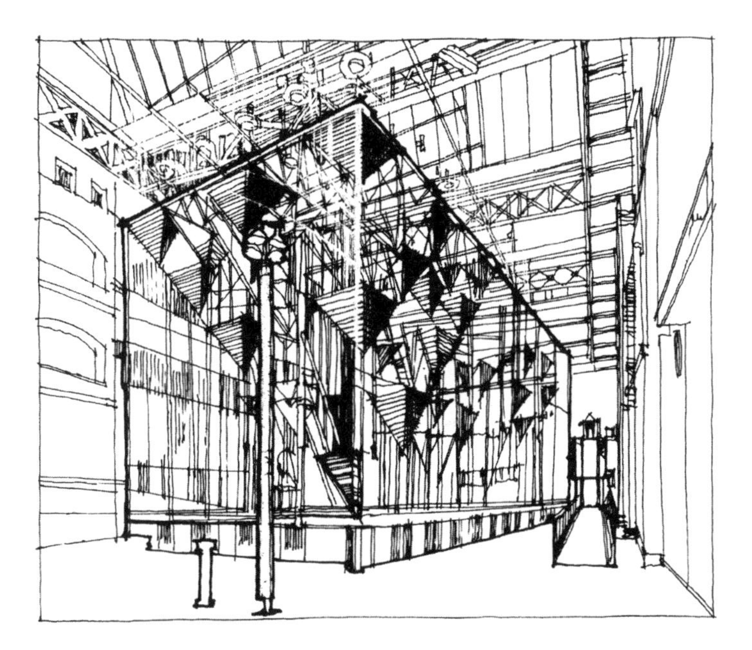

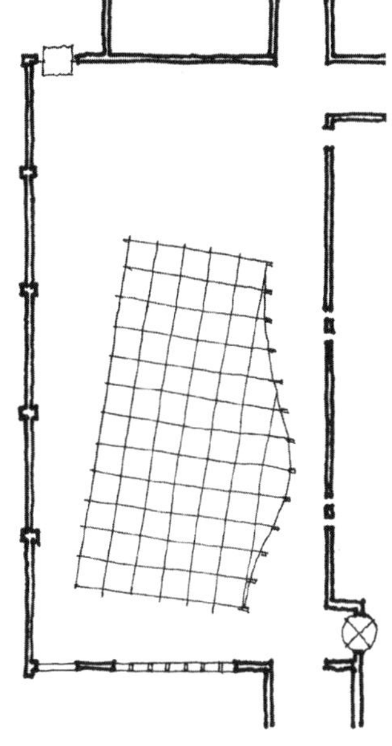

图25 随着技术的进步，大尺度的室内空间不断涌现，包容性组合成为当代经常运用的空间样式

图26 在同一空间中往往是几种不同的空间组合样式同时出现，这是当代建筑室内空间的典型特征

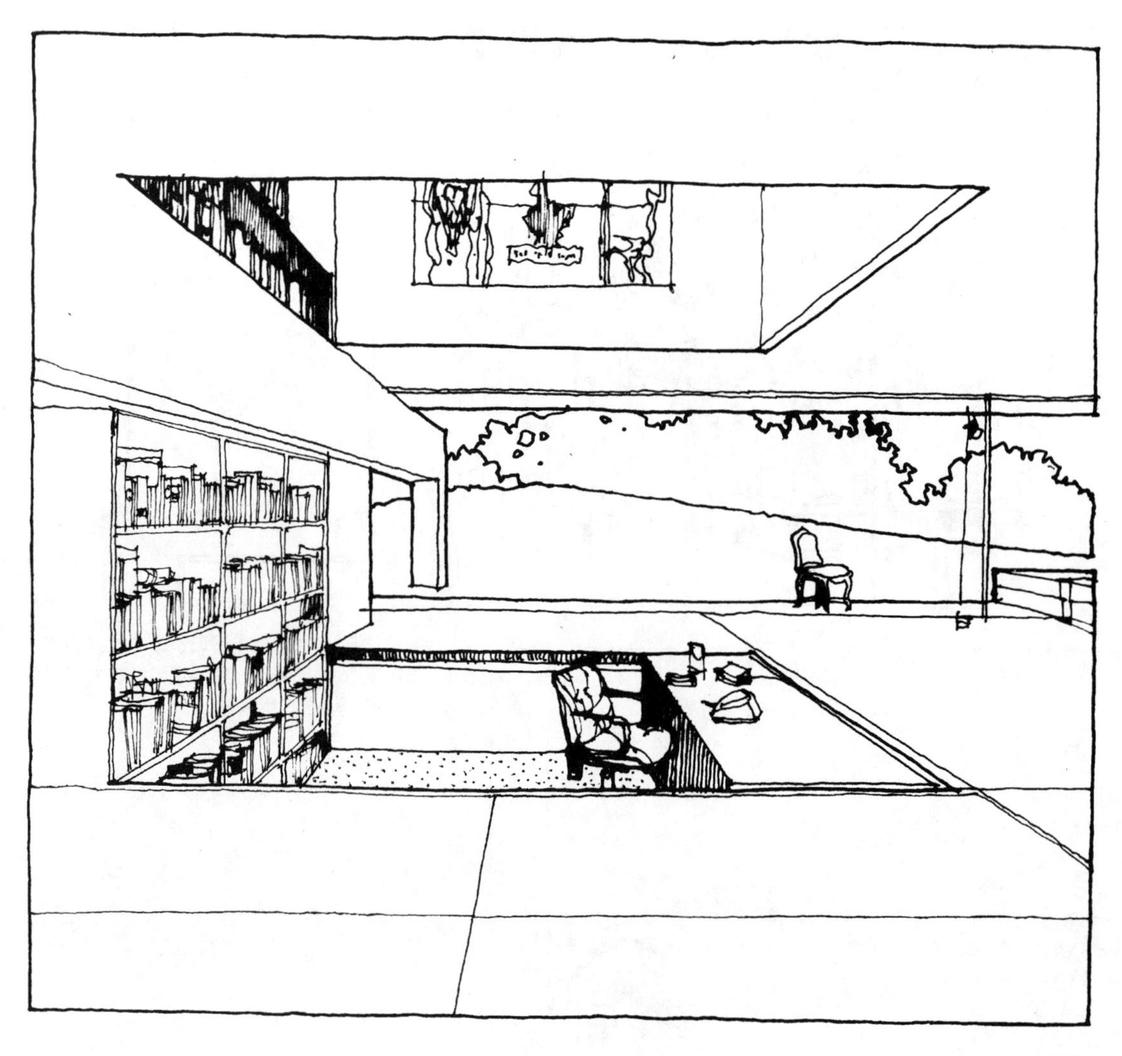

图27 桌面平行于地面，就坐于桌前的人视线随之变得异常深远，这是一种非常奇特的心理感受，这种空间组合的变化来自于业主特殊的视觉心理需求。可见，空间的组合并没有必须遵循的一定之规

综合自然及内外空间要素，以灵活通透的流动性空间处理进行组合，称为综合性组合。

（彩图：14、15、16、17、18、19、20、21、22、23、24、25、26、27）

2.2.2 构造设计要素

2.2.2.1 结构

结构作为抵御外力使建筑物能够存在的物质实体，是构造设计的基础要素。力的传输方式构成了建筑结构的基本样式。建筑的结构与材料有着密不可分的关系，传统的木构造与石构造是以天然材料作为结构体系；现代的框架构造是以矿物资源加工生产的钢材与混凝土材料作为结构体系。

在工业革命之前漫长的年代中，建造房屋使用的主要是天然材料。有趣的是，东方世界选择了木材作为建筑的材料，而西方世界则选择了石材作为建筑材料。木构造建筑以框架作为装饰的载体，从而发展出东方建筑以梁架变化为内容的装饰体系，形成天花藻井、隔扇、罩、架、格等特殊的装饰构件；石构造建筑以墙体作为装饰的载体，从而发展出西方建筑以柱式与拱券为基础要素的装饰体系。两种材料都以自身特质的变化，在发展中形成了不同时期的造型样式。可以说天然的石材与木材结构代表了古典样式的时代特征。

现代科学技术为人工合成材料提供了广阔的发展天地，我们面临的是一个琳琅满目异彩纷呈的材料世界。但是，最能代表这个时代的是钢材与玻璃。钢铁工业曾经是19~20世纪一个国家力量的象征。由钢铁冶炼技术支撑的各类钢材生产，为建筑业提供了营造空间的最大自由度，钢结构至今仍然是应用广泛的先进建筑构造。玻璃以其纯净的透明度作为最优的透光材料，随着制作技术的发展，刚度、厚度、面积尺度都有了长足的进步，与钢结构结合成为我们这个时代最具代表性的建筑特征。

作为室内设计师总是希望自己的设计与众不同，个性十足。就室内设计的对象而言，这种个性的显现更多表现于装饰与陈设的范畴，要想在空间样式上有重大的突破却十分困难。因为室内设计总是受到建筑结构的制约，于是不得不把设计的重点放在界面的装修与陈设的艺术设计上。这也是装饰概念成为室内设计主导概念的原因。但是，如果有了新型的结构材料与结构方式就可能从根本上改变空间的样式，一旦材料与结构成为空间样式的主导造型要素，任何额外添加的装修都可能是多余的。我们注意到近十年来在世界上由工厂加工大型建筑构件来装配房间的建筑项目越来越多。最典型的例证是机场航站楼的建筑，仅中国境内的三个大型航站楼：北京、上海浦东、香港赤蜡角都是这种模式的建筑。材料与结构的更新使空间的样式发生了很大的变化。同时也为室内设计提出了新的课题。

（彩图：28、29、30、31）

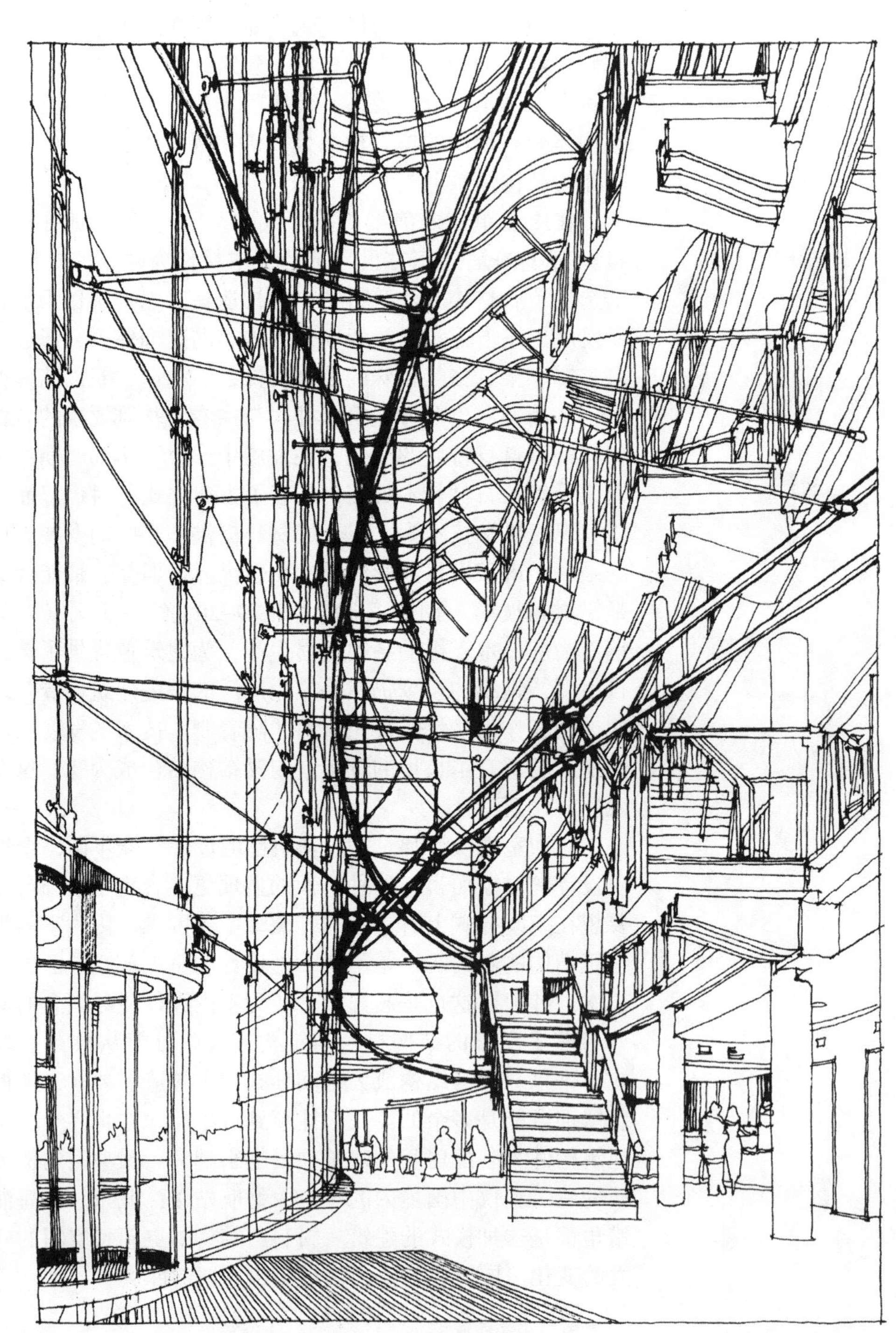

图28　钢架与玻璃使材料自身的形态一览无余，流畅线型造就的空间犹如酣畅恢弘的交响乐（爱尔兰都柏林Fingal County Hall）

图29　建筑结构成为室内空间的主体，标识性与空间的限定性共存

图30　在现代建筑中，由于结构技术的进步，柱与梁已不是传统概念中的样式，但是在空间限定的界面围合中，其分隔基点的作用并没有改变

图31 美国拉斯韦加斯街道拱廊的立柱具有树形象征的意味。在室内空间结构立柱往往会成为装饰的重点。这是因为结构柱特殊的空间限定位置使它成为视觉关注的焦点

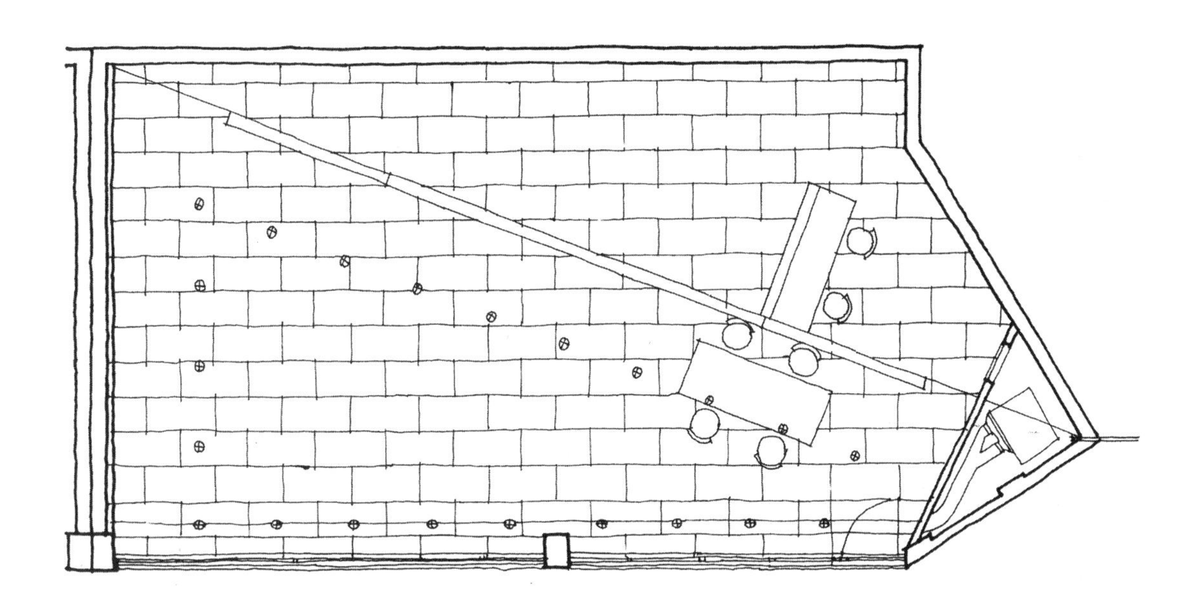

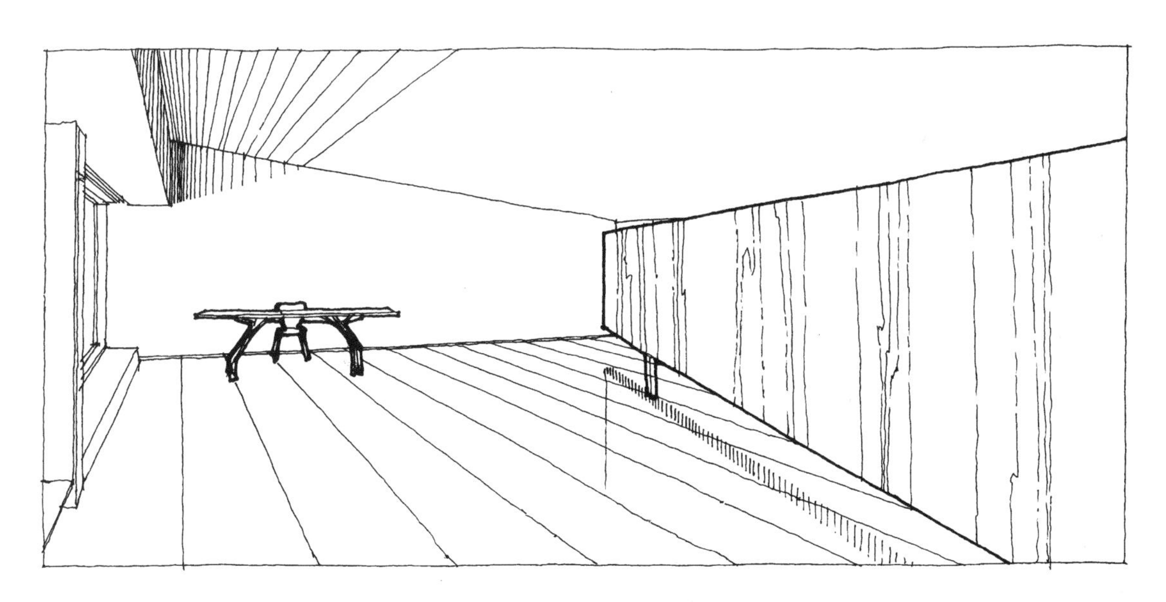

图32、图33 在室内空间中墙面的位置与方向，成为改变空间形象和交通组织的主要因素（葡萄牙波尔图Clcrigos画廊）

图34 顶棚的形态、材质、构造、样式会造就不同的空间感受（美国纽约某住宅）

2.2.2.2 界面

界面围合是空间形象构成的主要方面，同时也是结构设计的主体要素，界面由地面、柱梁、墙体、顶棚构成。

地面是室内空间限定的基础要素。它以其平整的基面、周界限定出空间的平面范围。作为人们各类室内活动和家具器物摆放的基面，它必须要有牢固的构造和耐磨的表面，以保证足够的安全性和耐久性。

柱与梁是室内空间虚拟的限定要素。它们在地面上以轴线阵列的方式，构成了一个个立体的虚拟空间。它是建筑的结构部件，其间距尺寸与建筑的结构模数相关，成为室内围合分隔的基点。

墙面是建筑空间实在的限定要素。它以其实体的板块形式，在地面上分隔出两个完全不同的活动空间。不同材料构成的墙面既是室内空间围合最主要的部件，同时也是建筑的支撑构件，它为室内空间提供了围护及私密性，成为装饰的主要界面。

顶棚是室内空间结构终极的限定要素。它是内部空间围合的遮盖部件，以其向下防护的隐蔽性，使建筑空间成为真正意义上的室内，在视觉上它对空间的形象起着不可忽视的重要作用。

（彩图：32、33、34）

2.2.2.3 门窗

门窗是室内空间限定的过渡要素。它打断了连续的墙面，在视觉上把不同的空间联系起来，成为室内外的中介。

交通与防护是门的功能；采光、通风、观景则是窗的用途。门窗的位置、尺寸、式样构造都会使它们的功能发生变化。

（彩图：35、36、37、38）

图35、图36 门窗与墙面的功能合而为一，满足展示空间多方面的需求。美国纽约利用街边的旧铺面房改建的用于展示建筑和美术作品的展室

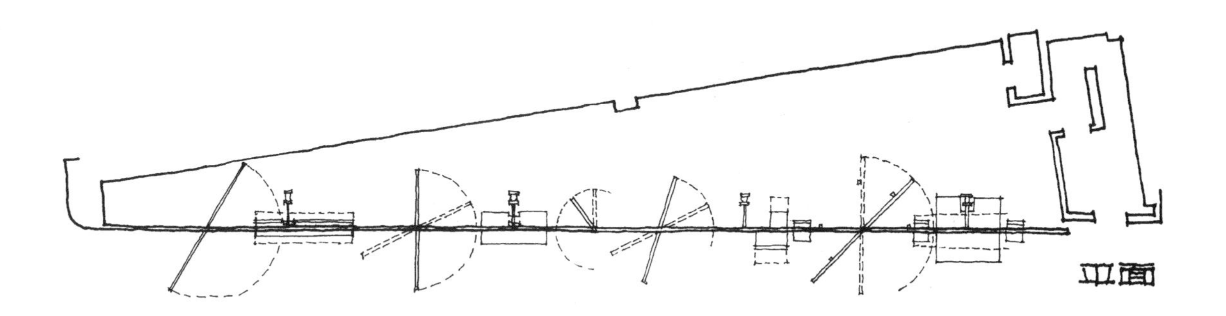

2.2.2.4 楼梯

在结构设计的要素中楼梯属于垂直交通体系的概念，在满足室内上下交通的功能需要之外。由于楼梯本身造型变化丰富，又经常被当作室内空间造型的主体。

在传统的室内空间中，交通是以人的水平移动方式来实现的，而在现代，由于建筑形式与体量发生的变化，出现了大量以人的垂直移动作为主要交通方式的空间。由于传统的楼梯、轿厢式升降梯，电动滚梯和观景式升降梯的大量使用，使人的视线移动角度有了大范围的提高。一些不被注意的界面很可能成为被观赏的主要方面。而在设计中往往会忽视这种变化，因为在传统的室内空间概念中人的视线总是自下而上，这种观念根深蒂固，即使设计者平时画图时有平面图的俯

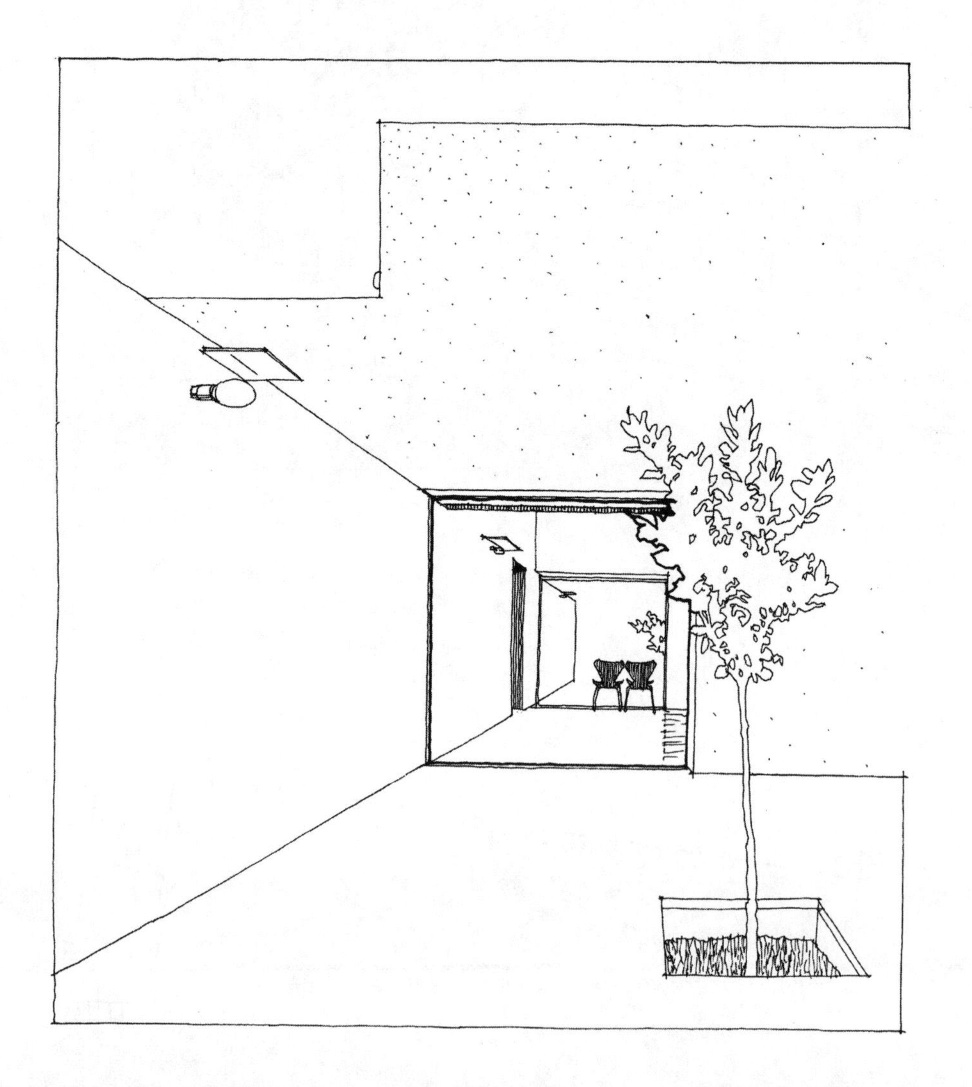

图37　空间围合的完整界面以视觉通透的玻璃作为界定时，其内外界面相互延伸，限定度降至最弱，窗与墙的功能兼而有之

视习惯，但要把它转换为实际空间中的完整形象，也是一个较为困难的过程。所以楼梯类的垂直交通构件对于空间装饰的影响是十分巨大的，作为设计者必须要有充分的认识。

（彩图：39、40、41、42）

2.2.3 界面设计要素

2.2.3.1 界面与装修

一幢建筑的结构施工完成后，所有的室内界面总是裸露着结构材

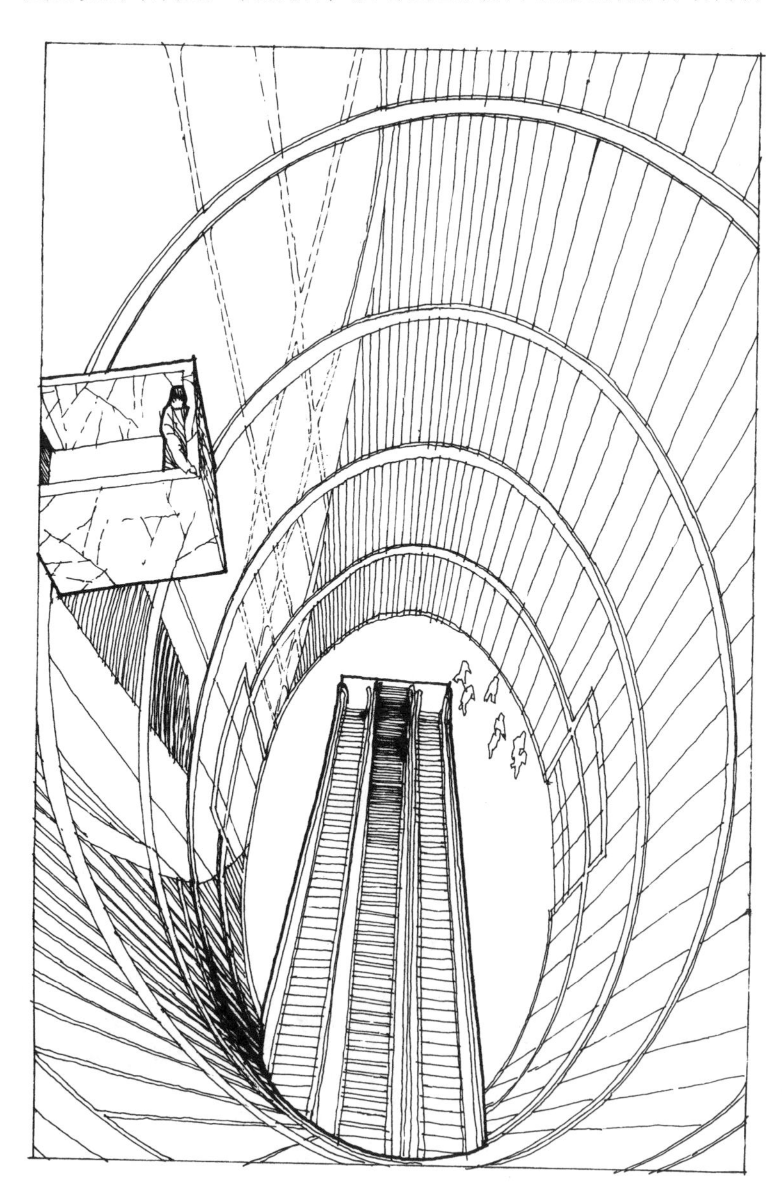

图38 在空间围合十分严密的情况下，楼梯往往处于十分明显的视觉位置，无论功能还是形态都是空间处理的重点（秘鲁克瑞迪托银行）

料的本来面目，如砖石、混凝土、木材之类。使用适合于人在近距离观看和触摸的各种质地细腻、色彩柔和的材料进行界面的封装，称之为装修。装修的目的更多地是为了满足人的视觉审美感受。

2.2.3.2 空间构图

由于装修主要是在室内空间的界面上进行，因此装修设计需要合理的选材，并依照一定的比例尺度，在这里空间构图具有十分重要的意义。室内界面装修的空间构图，首先必须服从于人体所能接受的尺度比例，同时还要符合建筑构造的限定要求。在满足以上的基础要素之后，运用造型艺术的规律，从空间整体的视觉形象出发，来组织合理的空间构图。

从技术的层面来讲结构和材料是室内空间构图界面处理的基础。而理想的结构与材料，其本身也具备朴素自然的美。

（彩图：43、44、45、46）

图39 以界面装修为主要内容的室内装饰处理（美国某住宅）

2.2.3.3 装修材料

装修材料的种类十分丰富，主要分为天然材料与人工合成材料两大类，最常用的是以下几种材料：

• 木材

木材用于室内设计工程，已有悠久的历史。它材质轻、强度高；有较佳的弹性和韧性、耐冲击和振动；易于加工和表面涂饰，对电、热和声音有高度的绝缘性；特别是木材美丽的自然纹理、柔和温暖的视觉和触觉是其他材料所无法替代的。

（彩图：47）

• 石材

饰面石材分天然与人工两种。前者指从天然岩体中开采出来，并经加工成块状或板状材料的总称。后者是以前者石渣为骨料制成的板

图40 在空间构图中界面本身的尺度、比例、材质、色彩需要综合协调考虑

块总称。

饰面石材按其使用部位分为三类：一为不承受任何机械荷载的内、外墙饰面材；二为承受一定荷载的地面、台阶、柱子的饰面材料；三为自身承重的大型纪念碑、塔、柱、雕塑等。

饰面石材的装饰性能主要是通过色彩、花纹、光泽以及质地肌理等反映出来，同时还要考虑其可加工性。

（彩图：48）

• 金属

在自然界至今已发现的元素中，凡具有好的导电、导热和可锻性能的元素称为金属，如铁、锰、铝、铜、铬、镍、钨等。

合金是由两种以上的金属元素，或者金属与非金属元素所组成的具有金属性质的物质。如钢是铁和碳所组成的合金，黄铜是铜和锌的合金。

黑色金属是以铁为基本成分（化学元素）的金属及合金。有色金属的基本成分不是铁，而是其他元素。例如铜、铝、镁等金属和其他合金。

图41 素混凝土的室内装饰效果与某些石材相类似

金属材料在装修设计中分结构承重材与饰面材两大类。色泽突出是金属材料的最大特点。钢、不锈钢及铝材具有现代感，而铜材较华丽、优雅，铁则古拙厚重。

（彩图：49、50、51）

• 塑料

塑料是人造的或天然的高分子有机化合物，如合成树脂、天然树脂、橡胶、纤维素酯或醚、沥青等为主的有机合成材料。这种材料在一定的高温和高压下具有流动性，可塑制成各式制品，且在常温、常压下制品能保持形状不变。

塑料有质量轻，成型工艺简便，物理、机械性能良好，并有抗腐蚀性和电绝缘性等特征。缺点是耐热性和刚性比较低，长期暴露于大气中会出现老化现象。

• 陶瓷

陶瓷是陶器与瓷器两大类产品的总称。陶器通常有一定的吸水率，表面粗糙无光、不透明，敲之声音粗哑、有无釉与施釉两种。瓷器坯体细密，基本上不吸水，半透明，有釉层，比陶器烧结度高。

（彩图：52、53）

• 玻璃

玻璃是以石英砂、纯碱、石灰石等主要原料与某些辅助性材料经1550~1600℃高温熔融、成型并经急冷而成的固体。

玻璃作为建筑装修材料已由过去单纯作为采光材料，而向控制光线、调节热量、节约能源、控制噪声以及降低建筑结构自重、改善环境等方向发展，同时用着色、磨光、刻花等办法提高装饰效果。

（彩图：54、55、56）

材料是装修设计的基础。随着科技的发展，新型的材料不断涌现。设计者需要注意材料市场的变化，掌握不同材料的应用规律，从而促进装修设计水平的提高。

2.2.3.4 界面处理手法

• 形体与过渡

界面形体的变化是空间造型的根本，两个界面不同的过渡处理造就了空间的个性。

室内的界面形体是以不同的形式处于同一空间的不同位置，需要通过不同的过渡手法进行处理。

（彩图：57、58、59、60、61、62）

• 质感与光影

材料的质感变化是界面处理最基本的手法，利用采光和照明投射于界面的不同光影，成为营造空间氛围最主要的手段。

质感的肌理越细腻则光感越强，界面的色彩亮度越高。不同质感的界面在光照下会产生不同的视觉效果。

（彩图：63、64、65、66、67、68、69）

• 色彩与图案

在界面处理上，色彩和图案是依附于质感与光影变化的，不同的色彩图案赋予界面鲜明的装饰个性，从而影响到整个空间。

在室内空间中，色彩的变化与质感有着密切的关系，由于天然材料本身色彩种类的限制，以及室内界面色彩的中性基调，一般的室内色彩总是处于较为含蓄的高亮度的中性含灰色系，质感一般倾向于毛面的亚光系列构成。

图案是界面本身所采用材料的纹样处理，这种处理主要应考虑纹样的类型、风格，以及单个纹样尺寸的大小、线型的倾向与整体空间

图42 在室内空间，图案的处理不仅限于界面，同时也体现于整体的空间形态

的关系。

（彩图：70、71、72、73、74、75、76）

• 变化与层次

界面的变化与层次是依靠结构、材料、形体、质感、光影、色彩、图案等要素的合理搭配而构成的。

（彩图：77、78）

2.2.4 装饰设计要素

装饰设计是设计者通过对进入室内空间所有物品的最佳选择与调配达成的。装饰设计包括固定界面装饰与活动陈设装饰两类。家具、灯具、织物、日用器物、艺术品是进行装饰设计的主体物。

2.2.4.1 界面装饰

界面装饰是在两个层次上进行的。装修设计实际已完成了第一层次的装饰，在装修完成的界面张贴、悬挂、铺设成为第二层次的装饰。就陈设装饰设计而言，界面装饰只是装修设计的补充，并不是所有的空间界面都要进行装饰。

一般来讲，界面装饰主要表现为两类：即织物装饰与艺术品装饰。

（彩图：79、80、81、82、83）

2.2.4.2 物品陈设

• 家具布置

家具的摆放布置本身就是一门艺术，它是室内陈设装饰最主要的内容。家具通过与人相适应的尺度和优美的造型样式，成为室内空间与人之间的一种媒介性过渡要素。它使虚空的房间变得适于人们居住、工作、活动。

家具摆放位置是否得体除去对其使用功能产生影响外，更重要的是奠定了室内陈设装饰的基调。尤其是依墙而立的家具，对墙面的装饰构图起到了不可替代的控制作用。家具摆放在室内陈设装饰中的重要性，如同画家对画纸的要求。

常用家具类型：椅凳、沙发、床、桌、架、柜橱。

• 灯具选型

灯具的主要作用是用于室内的照明，灯具的光照与造型同时对室内装饰起到重要的作用。今天我们所用的灯具基本上都使用电光源，就室内而言，常用的有两大类：白炽灯和荧光灯。白炽灯光色偏暖，外形紧凑，尺寸较小，适合作点光源。用它照明的室内，空间层次丰富，立体感强。白炽灯是由电流通过灯丝加热发光，可以通过电阻的变化调节亮度，但发光率较低，只有20%，剩余的全是热量，使用寿命也较短。荧光灯是产生漫射光线的线型光源，外形为长管状，也有环形或U形灯管，适合作平均的面光源。荧光灯是利用低压汞蒸气放电产生紫外线，使附着在管内壁的荧光粉获得能量，产生可见光，可以通过改变荧光粉的品质来控制光色，使之具有不同冷暖的变化，荧光灯的发光率较高，只产生少量热，使用寿命也较长。

灯具选型要考虑其光照的类型，光照基本上有如下类型：

（1）直接照明

直接照明：90%的光线直接投射到被照物上。特点是亮度高而集中。利用灯型的变化，适用于一般空间的大面积照明或局部工作照明。

（2）间接照明

间接照明：也可称为反射照明，光线先投射到界面，然后再反射到被照物上。特点是光线柔和、没有较强的阴影、适合于安静雅致的空间。

（3）漫射照明

漫射照明：光线从光源的上下左右均匀投射，主要靠不同的半透明材料做成灯泡或灯罩遮挡光线，使其产生漫射效果。特点是光线稳定柔和，适用于多种场所。

（4）混合照明

综合各类灯具及配光的照明。

常用的灯具类型：

吊灯、吸顶灯、壁灯、地灯、台灯。

• 绿化陈设

将植物引入室内，使内部空间兼有自然界外部空间的因素，达到内外空间的过渡。借助绿化使室内外景色通过通透的围护体互渗互借，可以增加空间的开阔感和变化，使室内有限的空间得以延伸和扩大。

由于室内绿化具有观赏的特点，能强烈吸引人们的注意力，因而常能巧妙而含蓄地起到提示与指向的作用。

利用室内绿化可形成或调整空间，而且能使各部分既能保持各自的功能作用，又不失整体空间的开敞性和完整性。

现代建筑空间大多是由直线形和板块形构件所组合的几何体，感觉生硬冷漠。利用室内绿化中植物特有的曲线、多姿的形态、柔软的质感、悦目的色彩和生动的影子，可以改变人们对空间的印象，并产生柔和的情调，从而改善大空间的空旷、生硬的感觉，使人感到尺度宜人和亲切。

绿化陈设的配置形式：

（1）孤植

单株栽植是采用较多、最为灵活的形式，适宜于室内近距离观赏。其姿态、色彩要求优美、鲜明，能给人以深刻的印象，多用于视觉中心或空间转折处。应注意其与背景的色彩与质感的关系，并有充足的光线来体现和烘托。

（2）对植

对植是指对称呼应的布置。可以是单株对植或组合对植。常用于入口、楼梯及主要活动区两侧。

（3）群植

一种是同种花木组合群植。它可充分突出某种花木的自然特性，突出园景的特点；另一种是多种花木混合群植。它可配合山石水景，模仿大自然形态。配置要求疏密相间，错落有致，丰富景色层次，增加园林式的自然美。一般是姿美、颜色鲜艳的小株在前，型大浓绿的在后。

（4）固定与移动配置

固定形式是指将植物直接栽植在建筑完成后预留出的固定位置，如花池、花坛、栏杆、棚架及景园等处。一经栽培就不再更换。

移动形式是将植物栽植于容器中，可随时更换或移动，灵活性较强。

（5）特定形式的配置

以特定形态的方式配置，如：攀缘、下垂、吊挂、镶嵌、挂壁以及盆景、插花和水生植物的配置形式。

• 日用品陈设

每个室内都有一大堆日常所用的物品，随便乱堆不仅起不到装饰作用，而且使用起来也特别不方便。如果能够按照不同的用途在墙面、柜架、台面上有秩序的悬挂摆放，其装饰的作用是很明显的。

常用的物品：家用电器、食具、酒具、文具等。

• 艺术品陈设

在室内，艺术品陈设本身的作用就是装饰。但也并不是任何一件艺术品都适合特定的室内，也不是越多越好。当家具就位，织物悬挂铺设停当，日用品摆放齐整，就可以在适当的位置选择一些合适尺寸、造型的艺术品进行装饰。墙面上多用绘画与摄影作品，台面上多用雕塑或工艺品，只要空间的视觉感舒适即可。艺术品在室内的装饰作用主要是点缀，过多过滥反而不美。

常用艺术品：绘画、摄影、雕塑、工艺品。

（彩图：84、85、86、87、88、89、90、91、92、93、94、95、96、97、98、99、100、101、102、103）

2.2.4.3 织物装饰

织物以它不可替代的丰富色泽和柔软质感，在室内装饰中独树一帜，举足轻重。装饰织物的组合，是由室内功能即实用性、舒适性、艺术性所决定的。室内装饰织物按用途可分为以下七类。

• 隔帘遮饰类

包括窗帘、门帘、隔帘、帷幕、帐幔、屏风等。

• 床上铺饰类

包括床单、床罩、被褥、蚊帐、床围、枕套等。

• 家具蒙饰类

包括凳罩、椅罩、沙发罩、靠垫、台布、电器罩等。

• 地面铺饰类

包括手工编织、机织、针刺、枪刺、簇绒等地毯。

• 墙面贴饰类

包括无纺、针刺、机织等墙布。

• 陈设装饰类

包括壁挂、灯罩、摆饰等艺术欣赏品。

• 卫生餐厨类

包括毛巾、浴巾、浴帘、餐巾、餐垫等。

在实际应用中起主导作用的主要是前四类：窗帘、床罩、家具布和地毯。一是由于它们的普及性，二是由于它们的实用范围较广，只要这四类组合得体，其他的织物装饰问题则容易解决。

装饰设计一般遵循：统一与对比、主从与重点、均衡与稳定、对比与微差、节奏与韵律、比例与尺度的艺术处理法则。

2.3 行为心理的因素

人的空间使用是构成其行为心理变化的主要因素。研究人在空间中活动的行为心理对室内设计具有重要意义。而环境心理学正是研究环境的各种因素如何影响人的问题。噪声作用、空间使用、人际交往的密度、建筑与城市的设计，都是环境作用于人——从而对人的行为心理产生影响的本质问题。

2.3.1 空间与人的行为

对于人的活动而言，室内是一个包容的空间，人在这个包容的空间中活动，其行为必定会受到某种限定。“空间一旦固定，也就有了限定生活方式的能力”[1]。这种限定在某种程度上限制了人的活动自由，从而产生一系列矛盾与问题。问题的核心在于人际空间的距离远

[1] [日]小原二郎、加藤力、安藤正雄编，张黎明、袁逸倩译，高履泰校《室内空间设计手册》31页，中国建筑工业出版社2000年版。

近——邻近性，这是一个社会心理学在环境行为心理研究方面的重要问题。也是室内设计专业涉及环境行为心理的主要方面。“人际行为的基本方面之一，是我们对自己周围空间的使用。我们与其他人站得有多近？当站得很近或站得很远时意味着什么呢？人们在使用人与人之间的距离上有什么不同吗？这些问题都涉及到：邻近性，这个词是指个人对空间的使用［霍尔（E.T.Hall），1959年；索玛（R.Sommer），1969年］。从1959年霍尔的工作以来，在这个领域进行了大量研究。总的研究表明：人们在个人空间使用上是相当一贯的；民族的、种族的和性别的区别是存在的；我们站的距离的确经常影响着感情和意愿的交流”。[1] 显然个人空间的概念是空间与人的行为联系最直接的方面。“每一个人都生活在一个无形的空间范围圈内，这个空间范围圈就是他感到必须与他人保持的间隔距离。在某些场合，当你侵犯和突破另一个人的范围圈时，对方就会感到厌烦不安，甚至引起恼怒。我们也称这种伴随个人的空间范围圈为‘个人空间’”。[2]

心理空间需求

在室内，人所处的位置总是与特定的功能需求发生关系，如果功能需求不强，这种位置又总是与室内空间中的物质实体发生联系。一根立柱、一块挡板往往像磁石一样吸引人们靠近。偌大的报告厅如果不是什么精彩的表演，而是枯燥的例行会议总是角落的地方先坐满人，接着从后排两侧向中间包抄，直至最后填满所有座位。空间中的人总是时刻调整着自己与别人之间的距离，在调整位置的同时又总是选择不同的物体作为个人空间的心理依靠。室内空间中人的行为以及所导致的心理活动，主要表现于不同尺度空间中人与人的交往距离。

“从心理学的角度上来讲，一个人对空间需求的欲望是有限的。当一个人的个人空间大于它所需要的空间时，它就会感到凄凉、孤独和寂寞；当一个人的空间小于它所需要的空间时，或者当它的空间范围圈受到侵犯时，它就会感到烦躁不安”。[3] 这一切都是由个人空间的领域感所造成的。空间的大小需求与人的交往距离总是根据当时所处的情境发生着微妙的变化。“接近有两种相当不同的意义。我们与自己喜欢的人，有密切关系的人或是由性吸引的人站得近些；但是当侵入某人的空间时，站得近也可能是一种侵犯行为——比如，他正在

---

[1]［美］J.L.弗里德曼、D.O.西尔斯、J.M.卡尔史密斯，高地、高佳等译，周先庚校《社会心理学》603页，黑龙江人民出版社，1985年版。

[2] 汪福祥编译《奥妙的人体语言》26页　中国青年出版社　1988年版。

[3] 汪福祥编译《奥妙的人体语言》35页，中国青年出版社，1988年版。

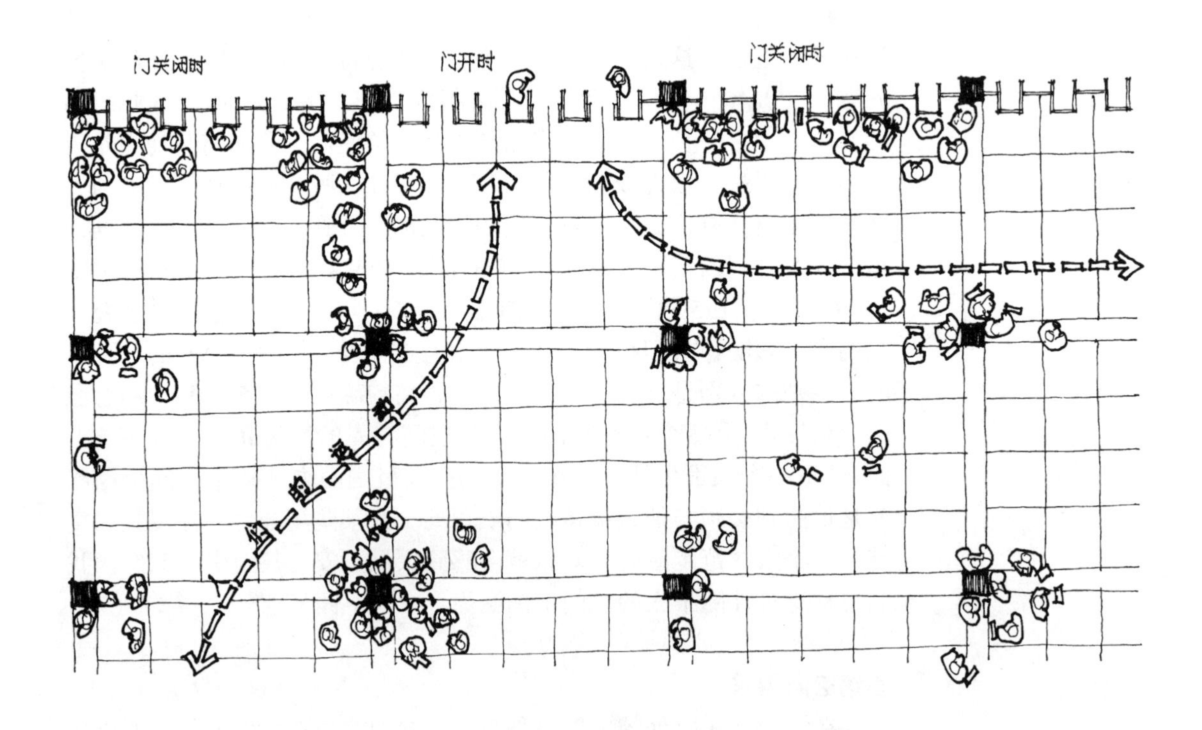

图43　在一个日本火车站上，人们等车时所选择的位置（《建筑心理学入门》，中国建筑工业出版社，1988年版）

图书馆读书，你故意坐在他旁边。另一方面，不能证明，我们对某一特定量的领域具有先天的需要——它取决于情境”。[1] 舞厅中拥挤的人群与候车室拥挤的人群完全是两种概念：前者陶醉于异性的舞伴，关注于音乐的旋律与节奏，旁若无人的心理感受与后者紧张排队候车的情境形成鲜明的对照。同样的拥挤却产生了各不相同的空间领域心理感受。显然个人空间的领域距离是会随着情境的改变而扩大与缩小的。

行为特征

人的行为特征是由自身的动作、特定的生活习惯以及人群的集合方式所构成，同是一个开门的动作，有人习惯于推，有人则习惯于拉。为了避免出现失误，我们经常可以看到门把手旁边贴出“推”与“拉”的字样。圆形的门把手，有人习惯于顺时针旋转，有人则习惯于逆时针旋转，参观展览或逛商店，有人习惯于右行，有人则习惯于左行。所有的这些动作与习惯一旦与空间发生联系就必然对设计产生重大的影响。研究空间与人的行为之间的关系，有意识地利用人的行为心理特征进行室内设计，才能有相对的设计发展深度。

[1]［美］J.L.弗里德曼、D.O.西尔斯、J.M.卡尔史密斯，高地、高佳等译，周先庚校《社会心理学》631页，黑龙江人民出版社，1985年版。

2.3.2 人的体位与尺度

人的体位与尺度是研究行为心理作用于设计的主要内容。有必要对人的体位与尺度和室内的关系进行分析。人在室内的活动通常保持着四种基本的体位。即：站立体位、倚坐体位、平坐体位、卧式体位。不同的体位形成人的不同动作姿态，不同的动作姿态与不同的生活行为结合，就构成了每一种特定的生活姿态。这些生活姿态又决定了空间与家具的形态和尺度。

体位姿态

人的体位同时呈现动与静两种姿态，从站到坐再到卧是一个动态到静态的逐次递减过程。人长期站立保持不动是非常困难的一件事，因此站立体位的主要表现是动态的走，而又以下肢的活动为主。在这种姿态中动是主要方面，静则是次要方面。站立体位是与空间界面接触最小的一种姿态，因而是单位尺度空间中容纳量最大的体位；坐姿体位处于相对的静态，无论是倚坐还是平坐，活动的部分主要是上肢，要以坐姿体位实现在空间中的移动只有在交通工具或带轮的椅凳上。正是由于人的坐姿体位才产生了相应的坐具，诸如椅、凳、沙发之类。倚坐体位主要指人在座具上的姿态。平坐体位则是人在空间界面上的自然坐态。卧式体位则是人体相对松弛的姿态，在这种姿态中静是主要方面，动则是次要方面。然而卧式体位却是与空间界面接触最大的一种姿态，因而是单位尺度空间中容纳量最小的体位；因此在卧室或客房的室内平面设计中，只有床的位置确定后才能考虑其他家具的摆放。

室内空间模数

人的体位与尺度的关系同时也反映于室内的空间模数。模数作为两个变量成比例关系时的比例常数，通常含有某种度量的标准的意义。在建筑与室内的设计中，建筑模数与室内模数所代表的内容是不尽相同的。建筑模数主要针对建筑物的构造、配件、制品和设备而言，室内模数则与人的体位状态在空间活动中的尺度相关联。按照国家标准100mm的基本单位作为基本尺度模数，则室内设计的空间模数应该是100的3倍数即300mm。这个数字的取得主要依据人的体位姿态与相关行为的尺度，同时又与室内装修材料的规格尺寸相吻合。中国成年人的平均肩宽尺寸一般在400mm左右，肩宽尺寸在四种体位的室内平面中具有典型意义，肩宽尺寸加上空间活动的余量，两侧各增加100mm就是600mm，600mm的1/2正好是300mm。这个数字之所以能够担当室内尺度模数，是与它在人的行为心理与室内的平面、立面设计中具有的控制力相关。

区域距离

空间中的区域距离是一个典型的涉及到行为心理的问题，“区域距离，也是一种空间范围圈，指的是社交场合中人与人身体之间所保持的距离间隔”。[1] 不同民族和文化的区域距离在尺度上是不同的。一般来讲，非洲人的区域距离尺度感相对较小，澳洲人的区域距离尺度感相对较大，中国人和美国人的区域距离尺度感觉相类似。但即使是同一类人其区域距离的尺度也取决于不同的场合。区域距离的尺度按照人与人交往的亲疏程度，分为四类区域，即：密切区域、个人区域、社交区域、公共区域。

密切区域：

这个区域的空间距离在150～600mm之间。而300mm以内的空间则属于人的核心范围圈，这个范围圈属于亲密区域距离，只有感情相近的人才能够彼此进入。拥抱爱人、双亲、配偶、孩子、近亲和密友，一般都在这个区域内进行。

个人区域：

这个区域的空间距离在600～1200mm之间。这是个人在与人交往中所保持的一般距离间隔。通常在酒会、办公室集会、社交场所和友谊聚会时彼此所保持的距离。

社交区域：

这个区域的空间距离在1200～3600mm之间。其中1200～2100mm为近社交区域，这是人们近距离接触的尺度，在办公室的同事之间站立谈话时，通常总是保持这样的距离。而2100～3600mm为远社交区域，这是与陌生人交往所保持的一般距离间隔。

公共区域：

这个区域的空间距离在3600mm之外。这是人们在较大的公共场合所保持的距离间隔。通常出现在会议报告、学术演讲和公众讲话等场合。

以上的区域距离显然都与300mm有着倍数关系。

室内设计的平面功能配置主要由交通空间与功能空间两部分组成。交通空间的通道宽度尺寸是以人的站立体位作为度量的标准。室内单人通道的最小尺寸为600mm，合理的适宜尺度为900mm；室内双人通道的低限尺寸为1200mm，高限尺寸为1500mm；室内公共通道

---

[1] 汪福祥编译《奥妙的人体语言》，29页，中国青年出版社，1988年版。

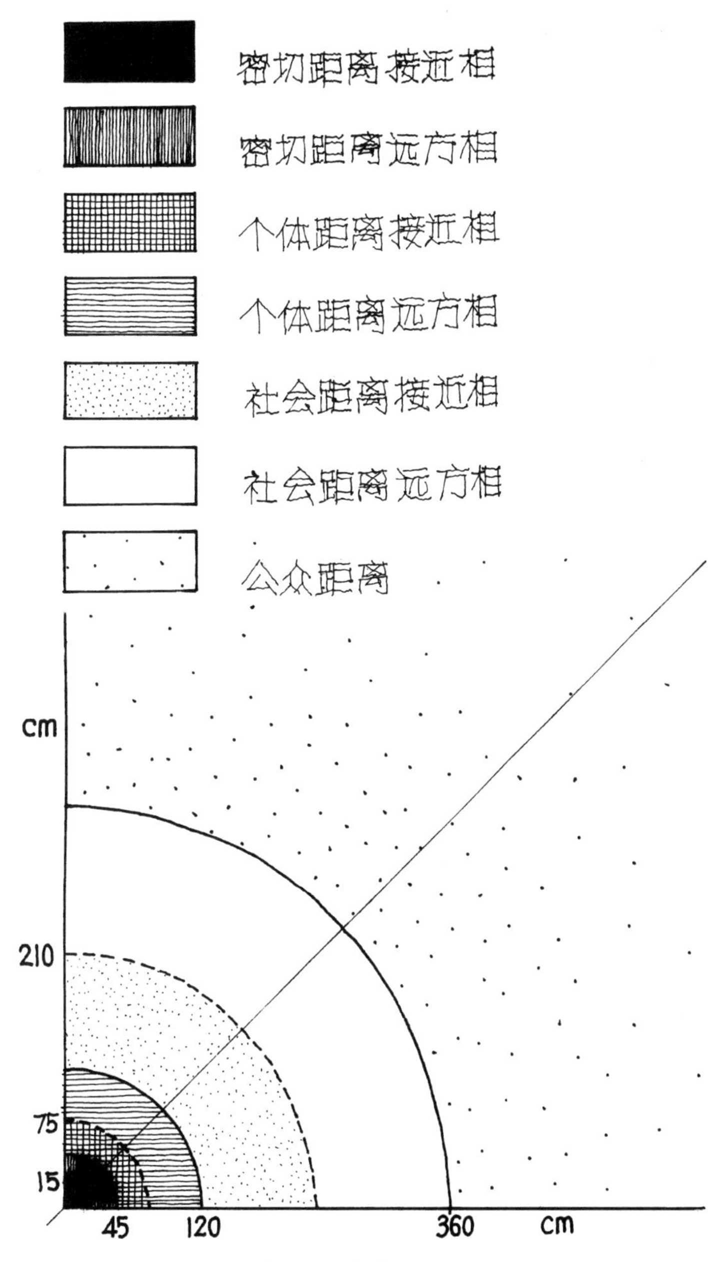

图44 空间距离的分类（《环境心理学》，中国建筑工业出版社1986年版）

的低限尺寸为1500～2100mm，高限尺寸为2100～2700mm；2700mm以上室内通道就仅限于特大型的交通空间，如机场和车站。所有的这些平面通道宽度尺寸也都与300mm有着倍数关系。

室内设计的立面构件尺度同样也与300mm的距离有着直接的联系。以办公空间的隔断为例：900mm的隔断仅能够阻挡桌面的物品防止其掉落；1200mm的隔断正好处于坐姿体位人的水平视线，低头可用心于桌面工作，抬头可看到桌外景物；1500mm的隔断遮蔽了坐姿体位人的视线，却遮蔽不了站立体位人的视线；1800mm的隔断能够遮挡一般站立体位人的视线；2100mm的隔断则能够遮挡几乎所有站立体位人的视线。

2.3.3 行为心理与设计

室内相对于人的空间包容性成为设计中行为心理制约的重要因素。界面围合所形成的空间氛围通过形态、尺度、比例、光色传达的信息，构成了设计所要利用的空间语言。这种空间语言包含着两种含义：一种是室内空间的物化实体与虚空自身所具有的，另一种则与人的行为心理有关。这种“空间语言是人类利用空间来表达某种思想信息的一门社会语言，属于无声语言范畴”。[1]这种无声语言如同物理学中“场”的概念。人体就像是一个电磁场的发散源，每人都被一个无形的气泡所包围，与身体愈近，场的效应就愈强，由此形成了个人空间的特有领域，由这种领域感产生的空间语言就成为制约人的行为规范的心理效应。“根据人类学家艾德华・T・霍尔（Edward T・Hall）的研究成果，我们得出这样一个概念，即我们每个人都被一个看不见的个人空间气泡所包围。当我们的‘气泡’与他人的‘气泡’相遇重叠时，就会尽量避免由于这种重叠所产生的不舒适，即我们在进行社会交往时，总是随时调整自己与他人所希望保持的间距”。[2]利用人的这种行为特征心理进行合理的室内空间环境设计，就成为设计中深入探讨的课题。

涉及行为心理的设计问题主要归结为：距离感、围护感、光色感。一般来讲这三种感觉的产生，在室内设计的相关专业技术设计中都有相对应的物质界定：距离感对应于室内空间平面使用功能的尺度比例选择；围护感对应于室内空间竖向界面的形式；光色感对应于采光照明的类型样式。设计者一般只是注意到技术的或是审美的解决要素，而往往忽略人的行为心理要素。从严格的意义上讲，只有深入到研究人的行为心理的层面，并最终实施于特定的空间，才是完整的室内设计。

距离感

距离感是个人空间领域自我保护的尺度界定。在“人的体位与尺度”一节中我们已经对这个问题有了初步的了解。由于人体本身就是一个能量的发射场，距离人的身体越近场的效应就越强。因此人们总是根据

[1] 汪福祥编译，《奥妙的人体语言》，24页，中国青年出版社，1988年版。

[2] ［美］阿尔伯特J・拉特利奇特，王求是、高峰译，大众行为与公园设计，中国建筑工业出版社，1990年版。

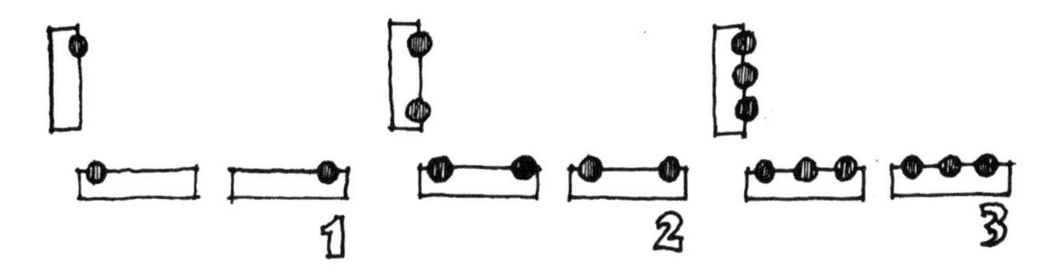

图45 涉及行为心理典型的就座次序模式：1. 首先选择空凳的一端，2. 其次选择凳子的另一端，3. 最后，不得已才坐在前两者之间（《大众行为与公园设计》，中国建筑工业出版社，1990年版）

亲疏程度的不同，来调整交往的间距，这种距离感就是一个行为心理的空间概念问题。室内本身就是空间围合的强制限定，人在室内的活动就远不如室外那么自由。尤其是公共小空间所产生的人贴人的拥挤问题，实际上已经冲破了心理空间最后的防线，像电梯或车厢之类的空间就成为此类问题产生的典型场所。人们在这种空间通常总是想方设法转移自己的注意力，电梯中注视着楼层号码的闪动，车厢里尽可能找可依靠的角落或将视线转向窗外的街景，以维持自身领域的心理平衡。距离尺度界定是一个室内设计的敏感问题，平面分区的位置，家具形制的大小都与人的行为心理相关。我们注意到三人沙发往往只是两端坐人而中间空出，所反映的就是这样一个问题。在每一个特定的室内场所，空间的距离感都是人心理尺度的反映，在这里一切都得适度，也不见得空间越大越好，一旦超出了人体感应场的范围，同样会感到很不舒服。总之，距离感是室内设计中涉及行为心理最重要的方面。

围护感

围护感是个人空间领域感的物化外延。这种渴望围护的感觉是人与生俱来的天性，最初的生存空间来自母体的围护，继而转换为襁褓的围护、摇篮的围护、栅栏童床的围护，乃至到学龄前的儿童仍然喜欢于钻洞的行为。而在成人后这种围护感的获得主要来自于外界物品。其围护的依赖心理主要表现在纺织品的利用方面，因为与人体接触最直接的纺织成品是服装，内衣甚至被称为第二皮肤。这是作为成人围护感获得的第一层次。但是由于服装完全与人吻合，适合于人的所有体位活动方式，在人的心理感觉上服装同属于内在的自我，完全是自我形象的物化体现。因此与人有着一定距离的家具包括室内界面与装饰织物就成为外在围护感获得的主要方面，虽然它处于第二层次。我们注意到在公共餐厅用餐，大多数人总是愿意选择靠墙或靠窗的位置。会场中也总是先坐角落再靠墙边。办公桌的习惯摆放方式总是与墙成围合状的90° 夹角，背对门设置的办公桌肯定是最不受欢迎的。所有这些现象都说明围护感是设计中重要的行为心理因素。在通道与功能空间、隔断与家具尺度以及织物样式和陈设物品摆放的选择上都要予以充分的注意。

光色感

光色感是个人空间领域产生的心理限定。“严格说来，一切视觉表象都是由色彩和亮度产生的。那界定形状的轮廓线，是眼睛区分几个在亮度和色彩方面都决然不同的区域时推导出来的。组成三度形状的重要因素是光线和阴影，而光线和阴影与色彩和亮度又是同宗”。[❶] 正是因为光色感是视觉表象最直接的影响要素，因此它对人的行为心理造成的反应也是最强烈的。室内设计中光环境营造的优劣直接影响人的行为，正因为此，光色感的控制成为室内设计关键的环节。自然的光色来自于太阳光线的照射，周而复始的昼夜变化形成了明暗的交替，从而成为人体生物钟调节的依据。人的睡眠需要在黑暗的状态下进行就是受控于由光的明暗反映于人体的生物钟现象。有些人的生物钟现象十分敏感，只要亮着灯就绝对睡不着觉。可见光对人的行为产生的影响有多大。在饲养场，就是通过人为改变明暗交替的时间来缩短鸡的生物钟，从而达到多产蛋的目的。在传统的人工照明中运用最多的是直接照明，虽然直接照明的光效率最高，但是由此产生眩光而引起的不良心理反应也最大。卧室的主要功能是睡眠，作为照明最适宜的光线是漫反射，所以按睡眠作为主要功能设计的旅店中的客房就很少设置直接照明的顶灯。改变光线照射的方式实际上就是为了迎合人的行为心理需求。

由光线照射产生色彩所引发的心理感应，同样是室内设计关注的问题。“人们所看到的色彩究竟以何种表象出现，不仅要取决于它在时间与空间中的位置和关系，而且还要取决于它的准确的色彩以及它的亮度和饱和度”。[❷] 问题在于设计中如何确定位置与关系，如何把握色彩的度量，显然只能取决于人对色彩的心理认知。“一个肯定的事实是，大部分人都认为色彩的情感表现是靠人的联想而得到的。根据这一联想说，红色之所以具有刺激性，那是因为它能使人联想到火焰、流血和革命；绿色的表现性则来自于它所唤起的对大自然的清新感觉；蓝色的表现性来自于它使人想到水的冰冷。” 由于“色彩的表现作用太直接、自发性太强，以至于不可能把它归结于认识的产物”。[❸] 所以在人对色彩反映的生理机制尚未得到完全科学证实的情况下，很难准确界定出不同人群所需的色彩评价标准。有关个人色彩感觉的测试也只能建立在主观心理感应的基础上，诸如色彩的冷暖、对色彩的喜

❶［美］鲁道夫·阿恩海姆，《艺术与视知觉》454页，中国社会科学出版社，1984年版。
❷、❸［美］鲁道夫·阿恩海姆，《艺术与视知觉》469页，中国社会科学出版社，1984年版。

好等等……因此，室内设计色彩的选择在受到主观心理观念制约的前提下，在相当大的程度上具有一定的随机盲目性（图46、47、48、49、50）。

（彩图：104、105、106、107）

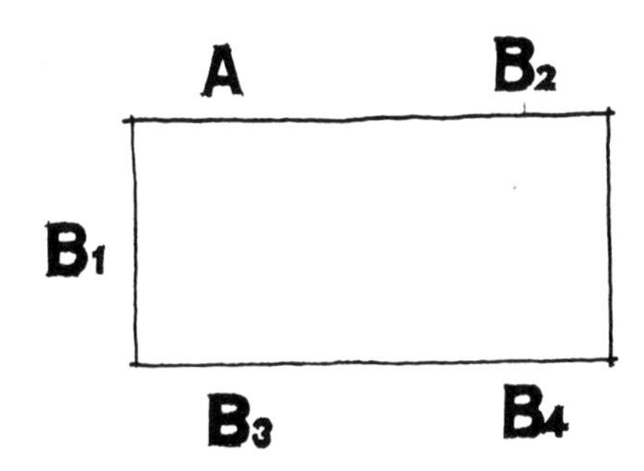

图46 就座谈话位置的行为心理特征：假设A同B谈话，那么，B可以采取四种不同的位置。相对A来讲，B1是边角位置；B2是合作位置；B3是竞争、防御性位置；B4是独立位置（《奥妙的人体语言》中国青年出版社 1988年版）

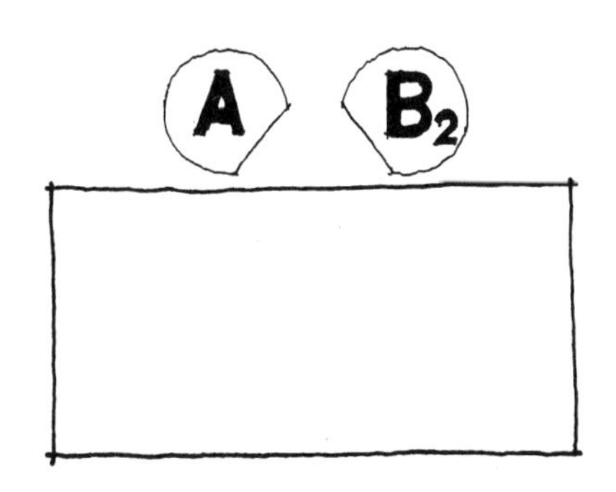

图47 合作位置：目的一致，地位相同，有益于合作的位置（《奥妙的人体语言》中国青年出版社 1988年版）

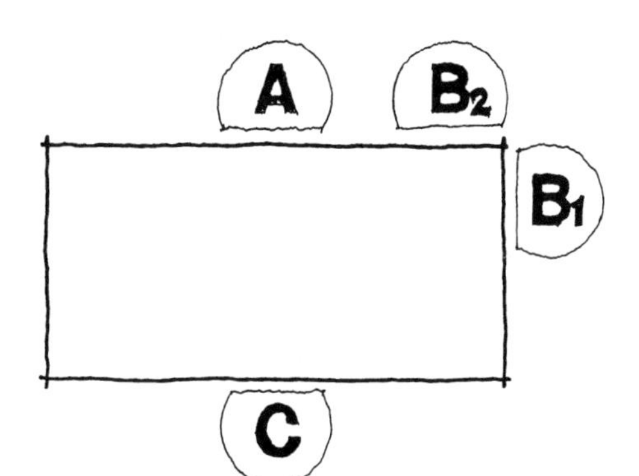

图48 A为主方位置，C为客方位置。B2位具有与A合作的意味，B1位则具有陪同C的含义（《奥妙的人体语言》中国青年出版社 1988年版）

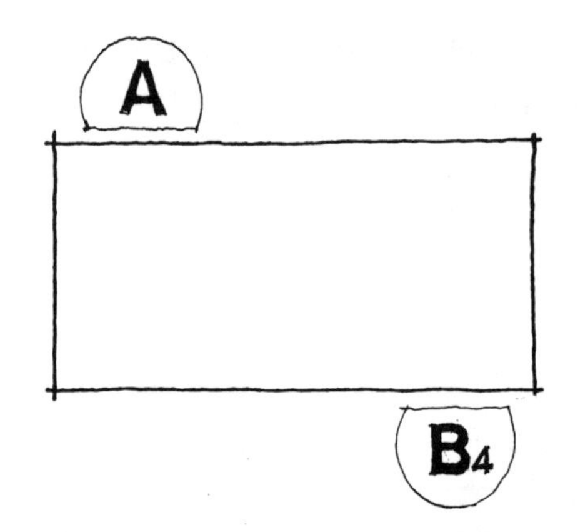

图49　竞争、防御性位置：与对方隔桌相望就座，会造成一种防范性的竞争气氛，易使双方都坚持自己的观点，因为，桌子本身就形成A与B4的防护屏障。(《奥妙的人体语言》中国青年出版社　1988年版）

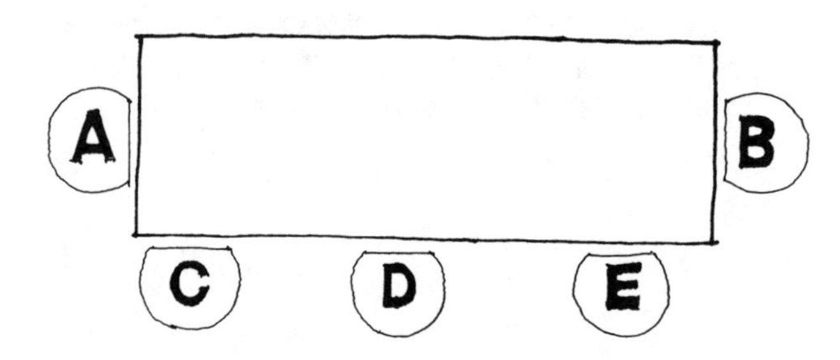

图50　在长方桌上，A总是一个最有影响力的位置。与同等阶层的人开会时，假如坐在A位置上的人不是背向门的话，那么他最具有统观全局的势力。然而，如果A坐在那里，后背朝门，那么B的位置就是最重要的了，同时也构成了他对A的最大竞争力。如果我们假设A为最强位置，B为次强，然后是C和D。这样，你就可以此来安排其他的座位了

图51　显示地位的座位样式：求人办事的一方坐在人家的对面总是显得渺小，而对方却显示出压倒一切的优势(选自《奥妙的人体语言》，中国青年出版社，1988年版）

彩图1、彩图2　定时开放的人工瀑布使同一空间的窗景在不同的时间段呈现出完全不同的景象（日本大阪梅田空中庭园）

彩图3　连绵不绝的采光灯带造就了连续的四维时空（日本大阪心斋桥商业街）

彩图4　地面的导引标志构思来源于时间序列的概念（新西兰奥克兰SKYCITY）

彩图5　等距离的梁柱以其鲜明的节奏昭示着时间序列的存在（日本奈良药师寺）

彩图6　色彩鲜明的阵列标识同样扮演着时间序列要素的角色（法国巴黎蓬皮杜文化中心）

彩图7　上下滚动的扶梯与静止的人物运动造型形成相对的动态序列（澳大利亚布里斯班某专卖店）

彩图8　放大数百倍的超尺度怀表产生了不同凡响的空间效果（澳大利亚墨尔本中心）

彩图9　超现实不成比例的两件物品造就了戏剧化的空间视觉体验（澳大利亚黄金海岸步行街商店）

彩图10　洞穿的界面延续的旗帜营造了动态开敞的空间（新西兰奥克兰机场航站楼）

彩图11　纵横交错的镜面不锈钢滚梯造成了时空变幻的动态视觉空间（香港九龙塘又一城购物中心）

彩图12　机翼造型的装饰构架限定出两组就餐环境（新西兰奥克兰机场航站楼）

彩图13　飘忽不定的曲线界面限定出动感十足的空间（韩国首尔ASEM会展中心）

彩图14　大小不同的相同字母在透明的玻璃界面形成既分隔又通透的深远空间意境（奥地利维也纳某专卖店）

彩图15　材质与线型分隔出的休憩空间（澳大利亚黄金海岸某购物中心）

彩图16　色彩与灯光分隔的购物空间（新西兰罗托鲁阿某超市）

彩图17　弧形点线组构的快餐环境（香港九龙塘又一城购物中心）

彩图18　采用光色意象分隔的就餐环境（意大利罗马至佛罗伦萨高速公路旁的快餐店）

彩图19　建筑构件分隔的空间（澳大利亚布里斯班机场候机楼）

彩图20　装饰构架分隔的空间（澳大利亚黄金海岸PACIFIC FAIR购物中心）

彩图21　利用高柜背面贴画模拟书架分隔的空间（德国柏林某酒店前厅）

彩图22　透光柜台与地面的反射共同营造出一个浪漫的酒吧环境（新西兰罗托鲁阿MILLENNUM酒店）

彩图23　色彩对比形体变化的展台组构出丰富的立面造型（香港生产力促进局展厅）

彩图24　点状的立柱装饰陈设配以鲜明对比的色彩形成礼品店浓郁的商业氛围（澳大利亚黄金海岸某礼品店）

彩图25　涌泉绿化光影的虚拟限定在大型室内步行街中形成的视觉中心（澳大利亚黄金海岸某室内步行街）

彩图26　由圆锥形共享大厅和砖塔共同构筑的包容性空间组合（澳大利亚墨尔本中心）

彩图27　变幻的光影、交错的形体形成穿插流动的综合性空间组合（香港九龙塘又一城购物中心）

彩图28　木构造以梁架为载体演化出独特的装饰构件样式（中国苏州古典园林建筑）

彩图29　石构造浑厚的墙体为雕塑提供了理想的表演舞台（梵蒂冈圣彼得大教堂）

彩图30、彩图31　装配式的钢结构营造出宏大的室内空间，装饰风格为之一新（香港赤蜡角国际机场航站楼）

彩图32　界面围合，由地面、柱梁、墙体和顶棚通过材料以不同的造型、构图、色质共同组构（澳大利亚堪培拉国会大厦）

彩图33　立柱在建筑与室内均扮演着空间限定的重要角色（梵蒂冈圣彼得大教堂前广场柱廊）

彩图34　连续密集排列的牌坊（柱梁构造）构筑了导引性极强的走廊（日本京都伏见稻荷大社）

彩图35　落地的隔扇似门似窗，闭合之后成为内外空间的中介与过渡（日本京都龙安寺）

彩图36　圆形的铅条玻璃花窗透射出的光色为教堂营造出神秘的空间氛围（法国巴黎圣母院）

彩图37　运用现代工艺创造的玻璃花窗体现出别样的韵致（澳大利亚悉尼QVB商场）

彩图38　现代建筑的大玻璃窗在内外空间的交流中有着极强的视觉渗透力（澳大利亚黄金海岸NOVOTEL酒店）

彩图39、彩图40　向下观看的旋转楼梯呈现出美妙的律动（梵蒂冈西斯廷教堂与博物馆·日本东京艺术大学美术馆）

彩图41　大型购物中心的滚梯成为共享空间中的主要景观（香港九龙塘又一城购物中心）

彩图42　旋转坡道与滚梯造就了独具特色的空间形象（梵蒂冈西斯廷教堂与博物馆）

彩图43　室内的空间构图与建筑的构造有着直接的关系（澳大利亚悉尼歌剧院）

彩图44　在现代建筑的室内，视觉导引系统在空间构图中起着十分重要的作用（韩国仁川机场航站楼）

彩图45　对称的界面构图是室内空间普遍采用的手法（澳大利亚堪培拉国会大厦）

彩图46　地面与墙面的轴线对位是取得空间构图完整性的重要手段（澳大利亚堪培拉国会大厦）

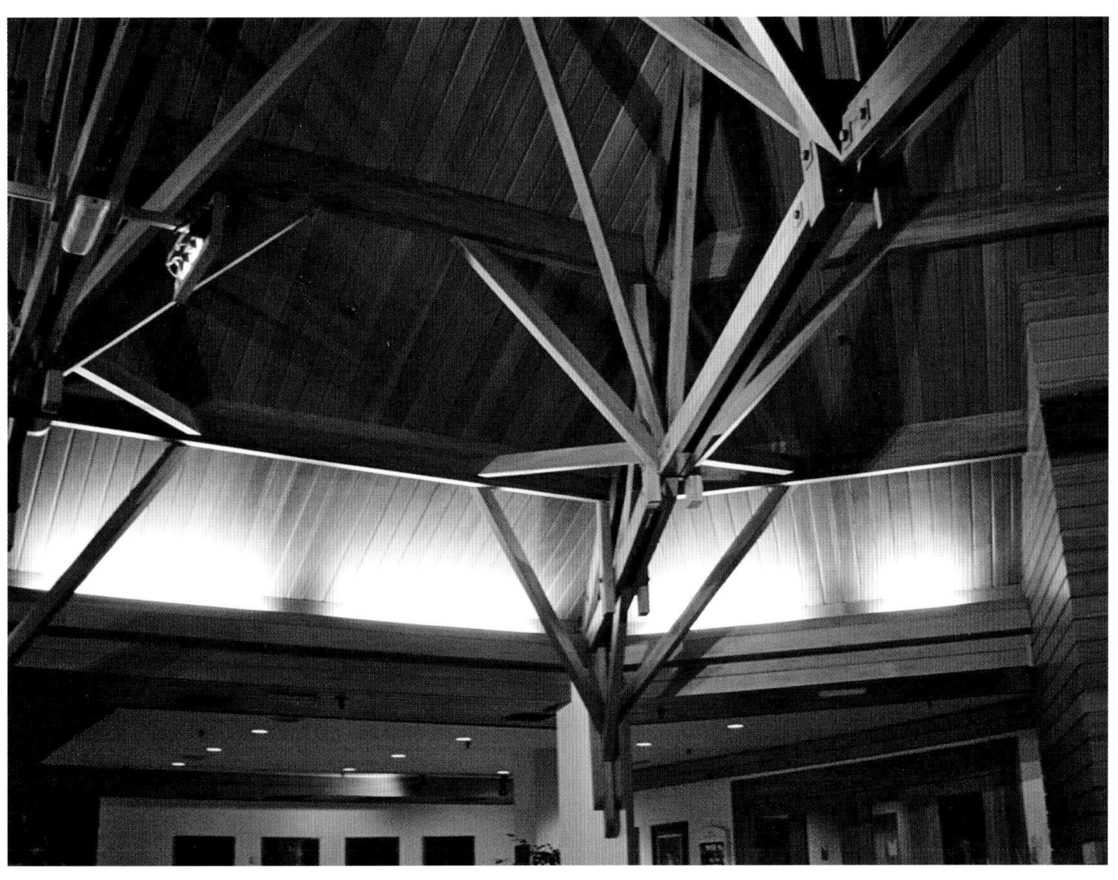

彩图47　木织构架与装修（新西兰罗托鲁阿MILLENNIUM酒店）

彩图48　全部采用石材构筑与装修的教堂（梵蒂冈圣彼得大教堂）

彩图49　金色的铜材配合红色的地毯彰显华贵富丽的空间氛围（澳大利亚墨尔本艺术中心）

彩图50　金属的遮光网架充分显示出室内空间的时代气息（德国柏林国会大厦）

彩图51　钢铁与混凝土的交响（澳大利亚悉尼歌剧院）

彩图52　清雅跳跃的瓷砖墙面（澳大利亚悉尼情人港某卫生间）

彩图53　斑驳的砖石透射出凝重历史的沧桑（澳大利亚墨尔本中心）

彩图54　素洁明快的玻璃砖是室内理想的隔断材料（澳大利亚悉尼奥林匹克主体育场）

彩图55　晶莹剔透的玻璃成为材料时尚的代表（香港会展中心新翼）

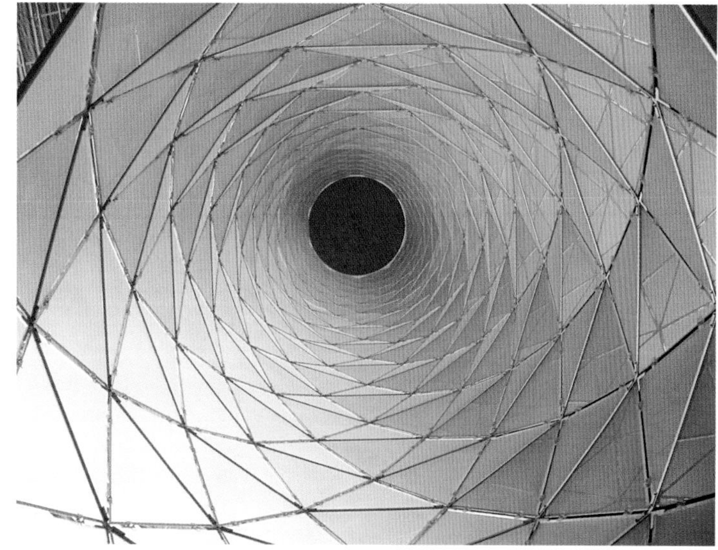

彩图56　镜面反射具有功能与装饰的双重作用（德国柏林国会大厦）

彩图57　虚实相间的动感柱体空间的装饰与过渡兼而有之（韩国首尔ASEM会展中心）

彩图58　斜线的构图、通透的构架营造出三维的界面，成为内外空间的过渡（香港九龙塘又一城购物中心）

彩图59　弧形的构架将两个方向的界面融为一体（香港赤蜡角国际机场航站楼）

彩图60　镜面与光色的过渡有效地扩大了空间（意大利米兰某化妆品专卖店）

彩图61　店标与图案在空间形体过渡中的作用是显而易见的（新西兰奥克兰国际机场航站楼）

彩图62　波浪线型的空间形体过渡作用十分明显（澳大利亚黄金海岸酒店）

彩图63　光影在不同的材质上透射出的迷幻色彩非常符合CASINO的空间氛围（新西兰奥克兰SKYCITY）

彩图64　绒面的金属材料折射出的光线营造出梦幻般的空间效果（韩国首尔ASEM会展中心）

彩图65　光、色、质营造的时光隧道游戏长廊（澳大利亚黄金海岸商业街）

彩图66　童话般的枝形彩灯与敦厚的柱体相映成趣(韩国首尔ASEM会展中心)

彩图67　即时贴以点阵的构图在镜面不锈钢上创造出虚幻的界面效果（奥地利维也纳商业街）

彩图68　洞窗式的壁龛具有良好的灯光反射功能，使玻璃器皿的质地得以充分展现（澳大利亚悉尼QVB商场）

彩图69　蓝大白云映照与室内镜面空间得以无限延续（澳大利亚悉尼奥林匹克主体育场）

彩图70　地面的斜向图案配以色阶的变化动感十分强烈（澳大利亚黄金海岸机场航站楼）

彩图71　向心的放射构图加上渐变的石材拼花使地面产生了倾斜的视觉效果（意大利佛罗伦萨主教堂）

彩图72　处于两个楼层的地面在图案的作用下从视觉感受上成为一个整体（澳大利亚悉尼QVB商场）

彩图73　精美绝伦的天顶彩画使空间的意境得以升华（意大利佛罗伦萨市政厅）

彩图74　几何图案的韵律美感成为建筑内部空间装饰的首选（圣彼得大教堂穹顶）

彩图75　彩色玻璃工艺造就的图案形成的空间视觉冲击力十分强烈（澳大利亚悉尼商业中心区）

彩图76　相对呼应的顶棚与地面图案在鼓形柱的衔接下显得十分和谐，色彩与线型在这里起着十分重要的作用(韩国首尔ASEM会展中心)

彩图77　变化的环廊与楼梯构成了立面丰富的层次（澳大利亚墨尔本中心）

彩图78　店标与光色组构了同样丰富的界面层次（香港九龙塘又一城购物中心）

彩图79　虚实相间色彩变幻的空间处理造就了界面清灵的个性（奥克兰国际机场航站楼）

彩图80　采用名画做空间的装饰，并赋予商业的意义，效果十分理想(奥地利维也纳商业街)

彩图81　黄蓝相间的织物悬垂装饰使单调的车站售票大厅充满了生气（澳大利亚黄金海岸某长途汽车站)

彩图82　大型壁饰的装饰效果非常明显，经常为各类空间所采用（布里斯班机场航站楼）

彩图83　纯度较高，有着明显色彩倾向的壁饰成为空间的视觉中心（布里斯班机场航站楼）

彩图84　顶天立地的展具在室内的陈设作用十分明显（香港会展中心）

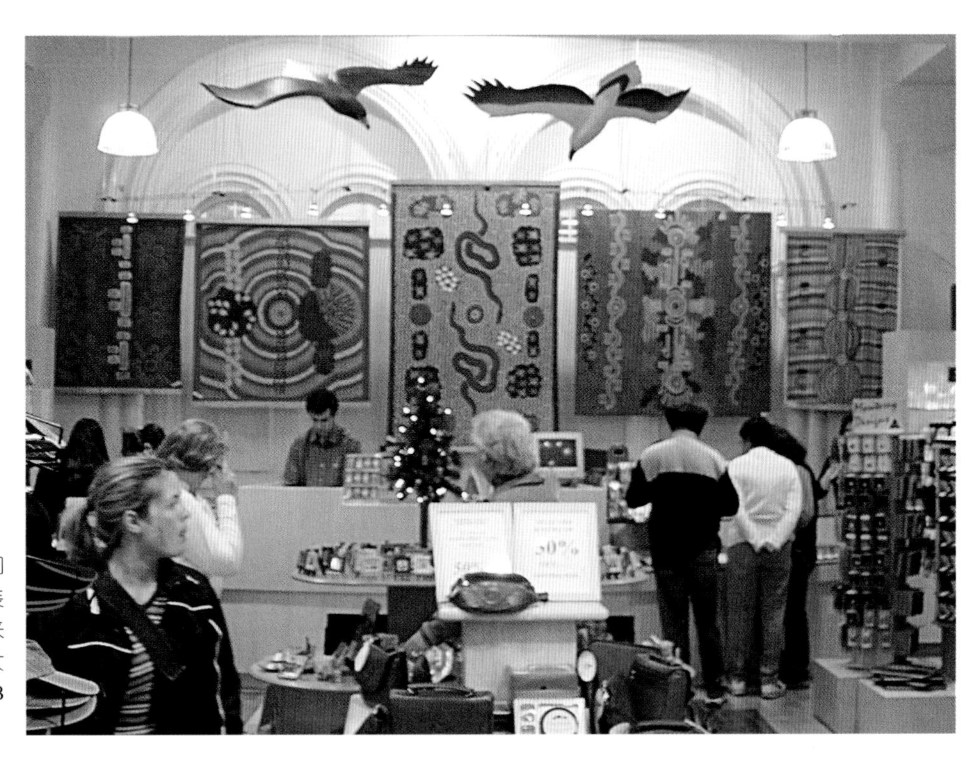

彩图85　栩栩如生的飞鸟悬吊装饰为礼品店带来勃勃生机（澳大利亚悉尼QVB商场）

彩图86　打破常规的模特陈设使商店的格调变得异常温馨（澳大利亚悉尼QVB商场）

彩图87　具有地域文化特点的装饰陈设给外来者带来了浓郁的异域风情（奥克兰某免税商店）

彩图88　装饰与陈设交相呼应，餐具的色彩与图案功不可没（澳大利亚黄金海岸某酒店）

彩图89　大型插花在空间中的陈设装饰作用异常突出(日本京都饭店大堂)

彩图90　水壶、插画、墙面构成一幅美丽和谐的画卷(德国柏林某酒店餐厅)

彩图91　消防设备搁架设置由于自身构图的完美同样成为空间中的装饰（法国巴黎蓬皮杜艺术中心）

彩图92　古老的佛罗伦萨市政厅因为鲜花的装点焕发出新的生机（意大利佛罗伦萨市政厅内庭）

彩图93　高大的散尾葵与酒店的服务总台相映成趣（澳大利亚黄金海岸某酒店）

彩图94　经过照明设计的室内绿化陈设在红色墙面的映衬下成为空间的主角（日本东京银座资生堂总店）

彩图95　漫反射照明是现代室内空间最常用的照明形式（奥克兰国际机场航站楼）

彩图96　利用发光顶棚创造的剪影图案遮光效果十分显著（日本大阪梅田空中庭园大厦）

彩图97　独具匠心的大阪关西国际机场值机柜台反射式照明（日本大阪关西国际机场）

彩图98　镂空的机械齿轮装饰构架在灯光的反衬下呈现出剪影的艺术效果（法国巴黎蓬皮杜艺术中心）

彩图99、彩图100　集中式重点照明是商品陈设照明最典型的方式（法国某巴黎服饰精品店、澳大利亚悉尼QVB商场）

彩图101　鲜明的色彩对比在相应的灯光照射下呈现出张扬的商业气氛（澳大利亚黄金海岸某摄影商店）

彩图102　在橱窗展示的所有设计要素中，照明是最为关键的一环（澳大利亚悉尼QVB商场）

彩图103　纸灯笼作为一种符号明确地传达出日本的民族风情，由于是柔和的漫射照明，空间的氛围亦不错（日本京都清水寺前商业街）

彩图104　从车站候车时人们的站位尺度可以看出保持一定的距离是人的天性使然(日本京都街头)

彩图105　围护感是人与生俱来的心理需求，这张仿生的椅子充分满足了人们的这种愿望，妙趣横生的场景成为室内绝佳的装饰（奥克兰某免税商店）

彩图106　粉红色的装饰带给人们温馨柔媚的心境，非常符合化妆品柜台的商业氛围（奥克兰某免税商店）

彩图107　蓝色的陈设装饰带给人们沉静浪漫的心境，使人充满了对于大海的向往（澳大利亚黄金海岸某礼品商店）

彩图108　斜线容易给人造成不稳定的感觉，这根柱子的处理巧妙地利用了斜线反而产生了意想不到的效果（韩国首尔ASEM会展中心）

彩图109　弧线具有强烈的动感与导向特征，在具体空间的运用中所产生的效果也十分明显（韩国首尔ASEM会展中心地下商业街）

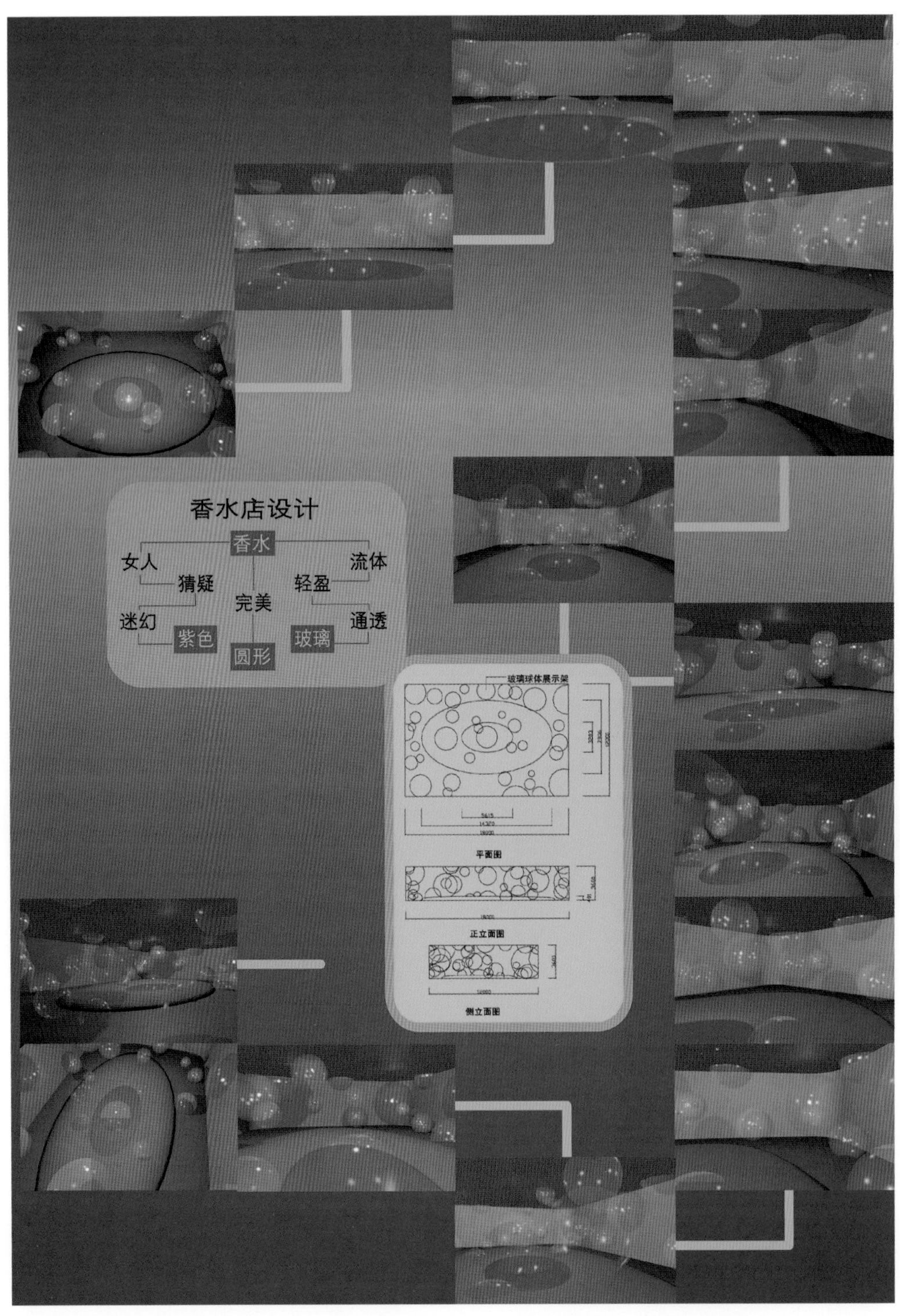

彩图110　空间形象概念的命题作业（清华大学美术学院环境艺术设计系1999级学生隆海涛，指导教师郑曙旸）

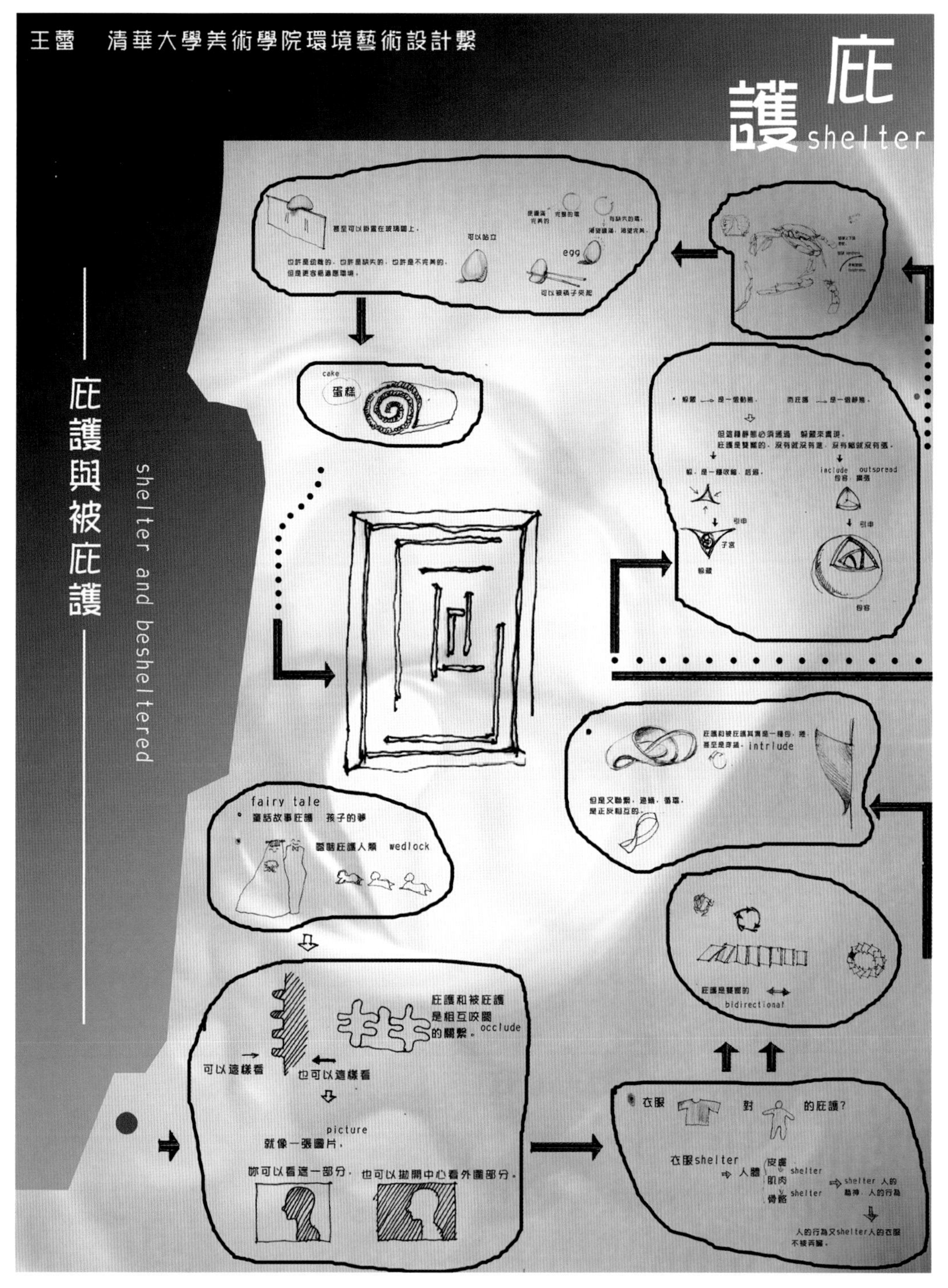

彩图111、彩图112（下页）以“庇护”为题所作的概念图解之一（清华大学美术学院环境艺术设计专业·2001级·设计思维与表达训练·学生王蕾·指导教师崔笑声）

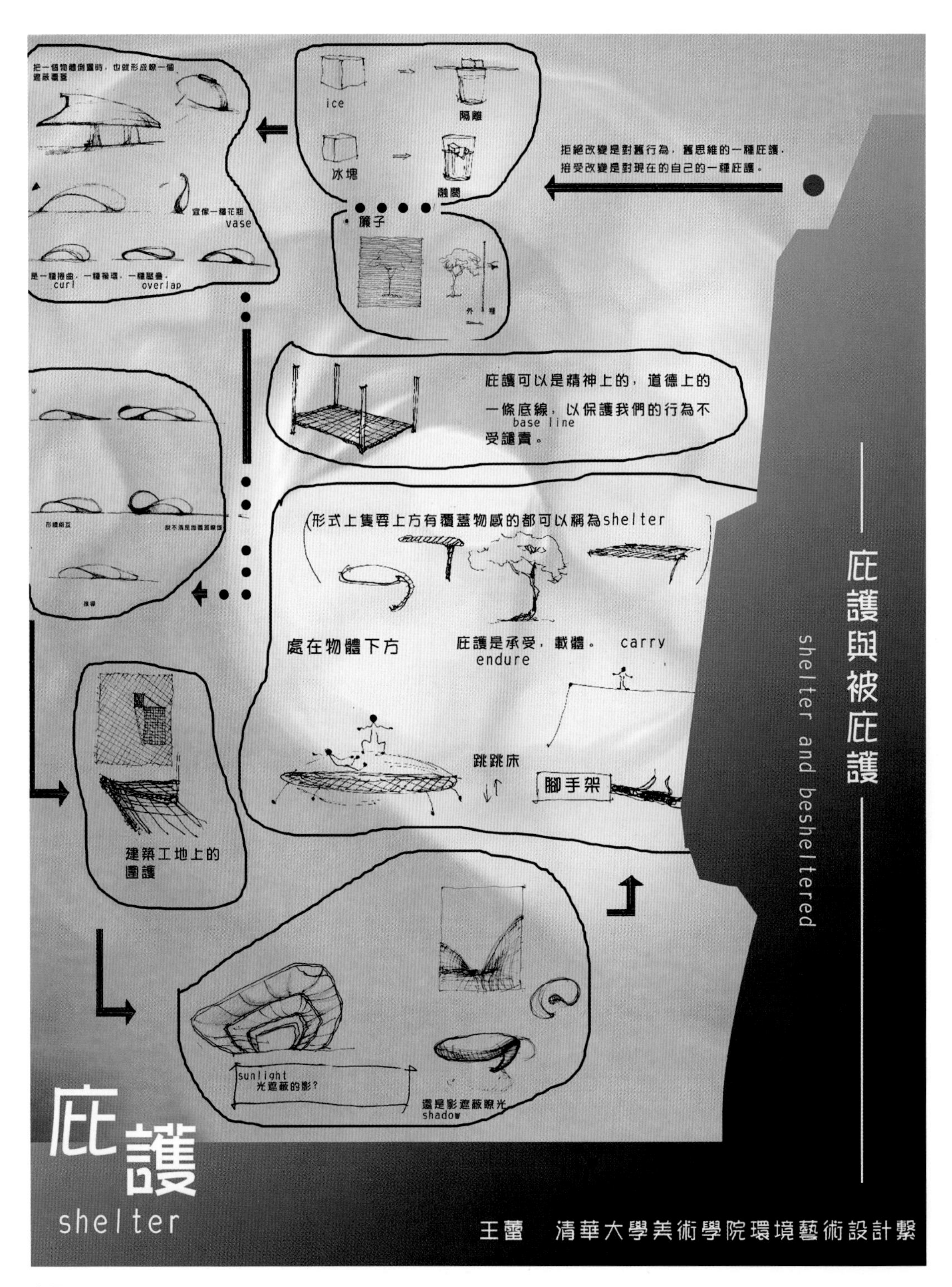
把一個物體倒置時，也就形成線一個遮蔽覆蓋
宜像一種花瓶
vase
是一種捲曲，一種循環，一種壓疊。
curl
overlap
ice
隔離
冰塊
融閣
簾子
外
拒絕改變是對舊行為，舊思維的一種庇護，
接受改變是對現在的自己的一種庇護。
庇護可以是精神上的，道德上的
一條底線，以保護我們的行為不
base line
受譴責。
形式上隻要上方有覆蓋物感的都可以稱為shelter
處在物體下方
庇護是承受，載體。 carry
endure
跳跳床
腳手架
建築工地上的
圍護
sunlight
光遮蔽的影？
還是影遮蔽照光
shadow
庇護與被庇護
shelter and besheltered
庇護
shelter
王蕾　清華大學美術學院環境藝術設計繫

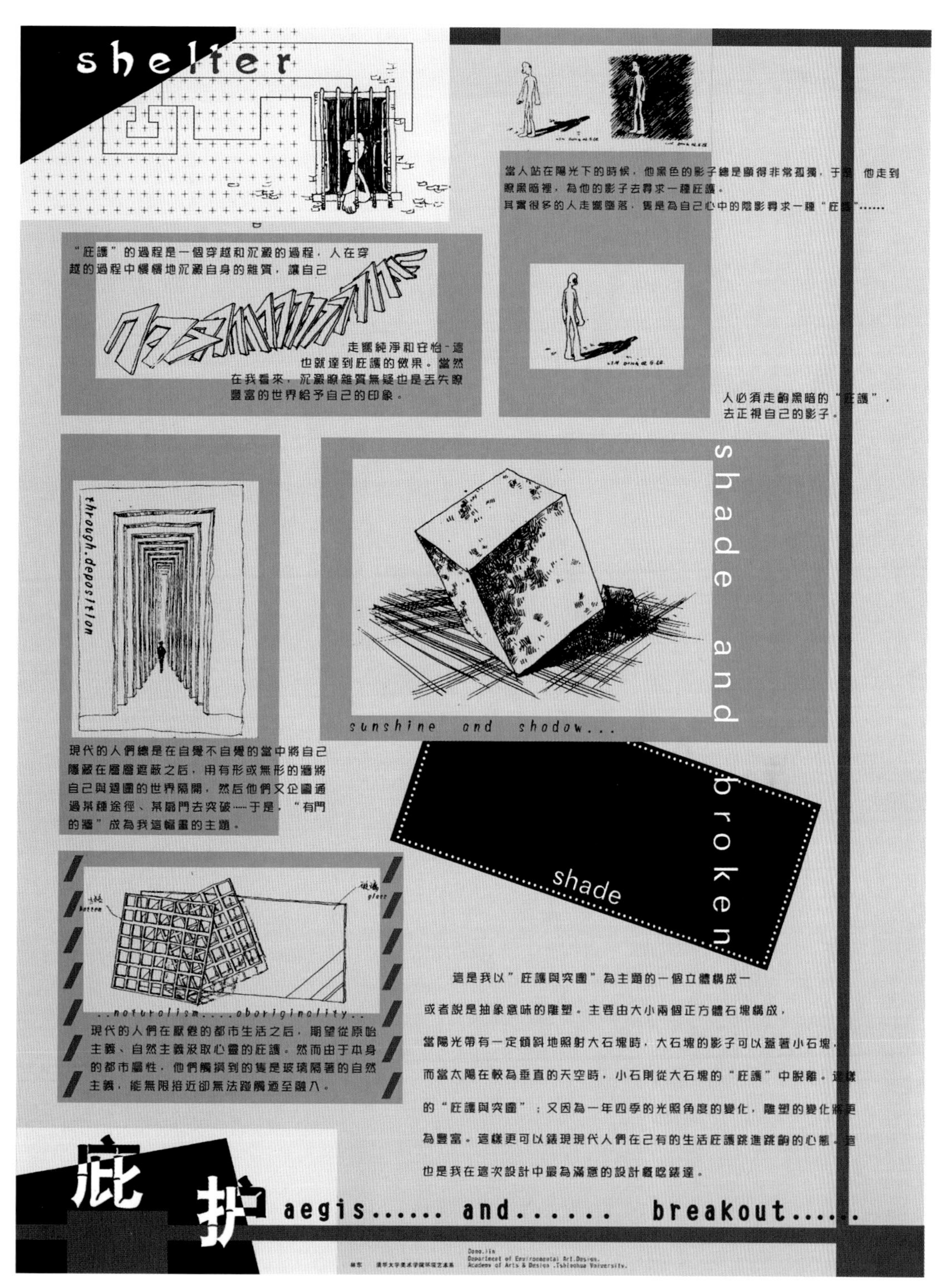

彩图113　以“庇护”为题所作的概念图解之二（清华大学美术学院环境艺术设计专业·2001级·设计思维与表达训练·学生林冬·指导教师崔笑声）

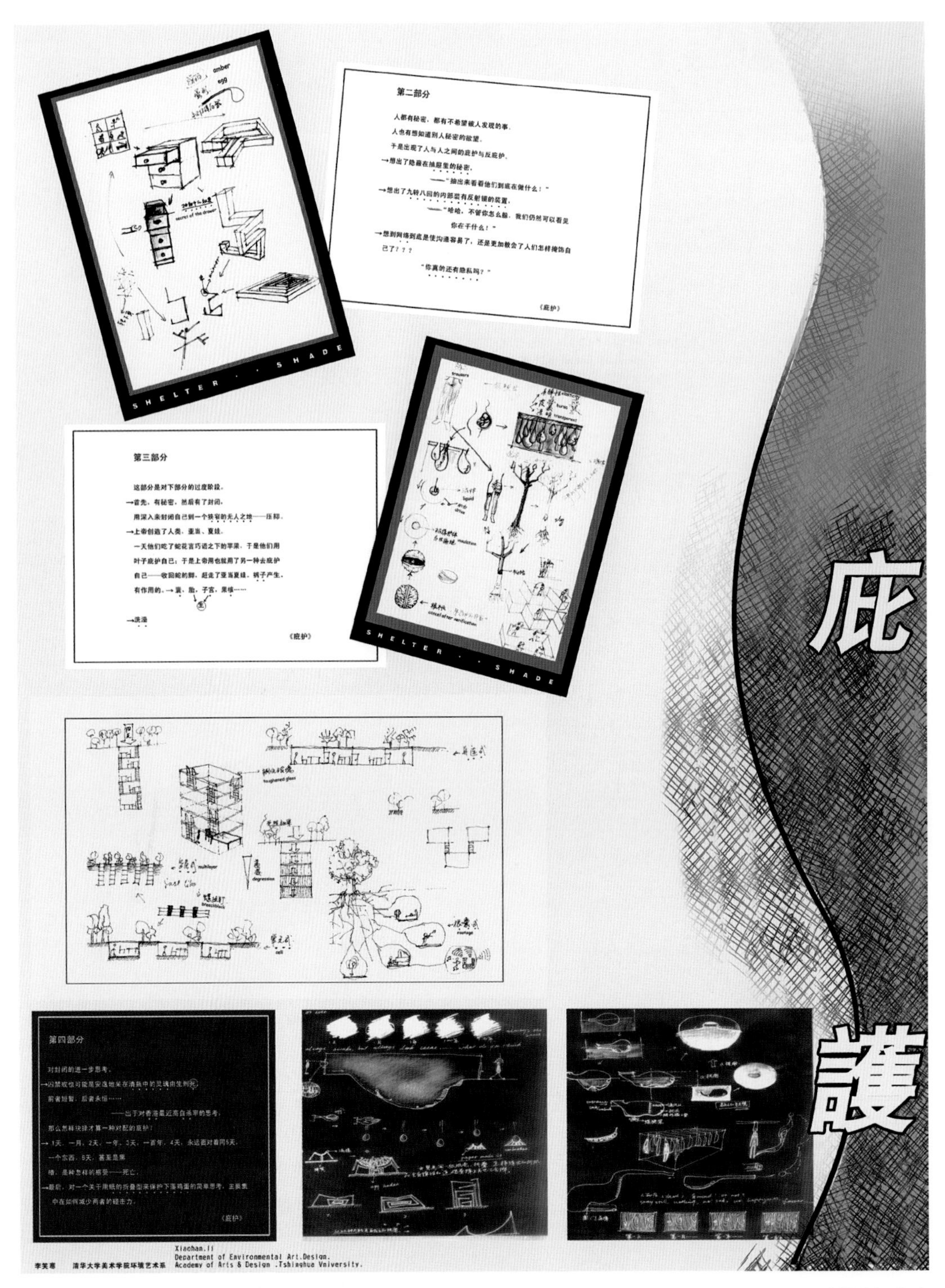

彩图114　以"庇护"为题所作的概念图解之三（清华大学美术学院环境艺术设计专业·2001级·设计思维与表达训练·学生李笑寒·指导教师崔笑声）

倒置概念设计：

［人即展品·展厅设计］

三层：
露天休
息区域

二层：

Ⓐ

Ⓑ

一层：

设计说明：

人与展品倒置，人是观赏者也是被观赏者。即人观察人的场所。

一层：

展品：自己与周边

玻璃和列阵式小镜面，使人自身的影像与周围景象叠加在一起。

二层：

分A区和B区部分：

在A区，试管形态的空间中，可设置不同的内容，使人停留于此，在其内部的材质为镜面，看不到B区，形成私密性空间。

在B区：看到的试管空间是通透的，由于里面的人看不到B区，就给B区的人提供了观察的机会。

楼梯设置：

楼梯为电梯，单向，控制了人在展厅中的流向，使参观者可以顺着设计者的路线参观。

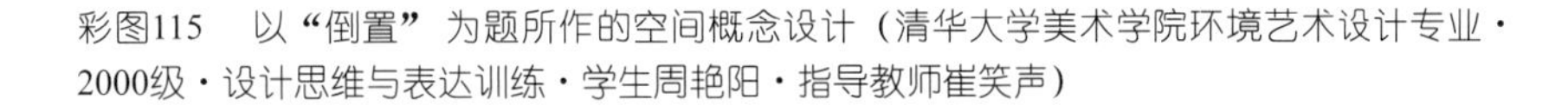

彩图115　以“倒置”为题所作的空间概念设计（清华大学美术学院环境艺术设计专业·2000级·设计思维与表达训练·学生周艳阳·指导教师崔笑声）

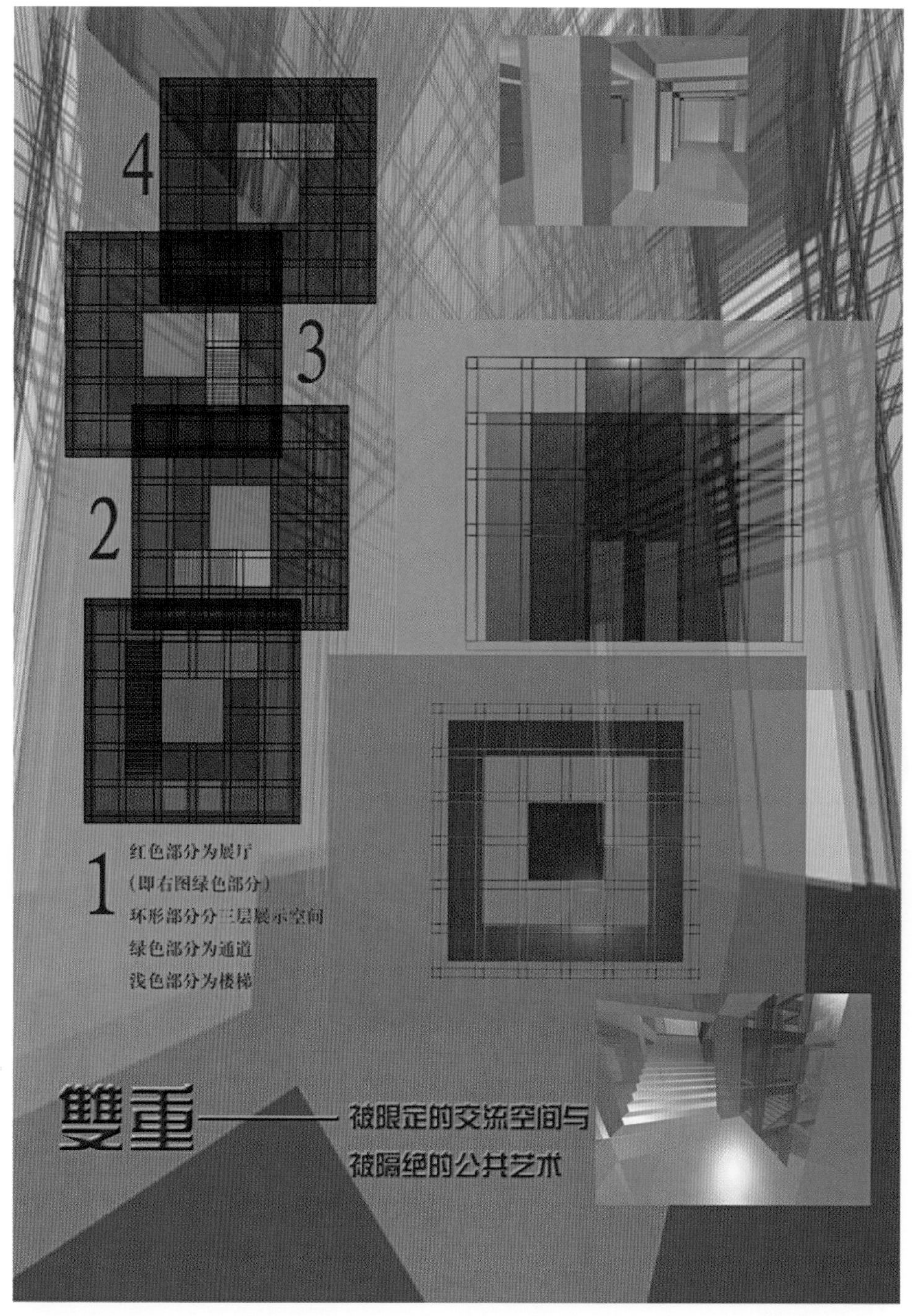

彩图116　以展示空间为背景所作的空间概念设计之一：双重——被限定的交流空间与被隔绝的公共空间（清华大学美术学院环境艺术设计专业·2001级·设计思维与表达训练·学生陆晗·指导教师崔笑声）

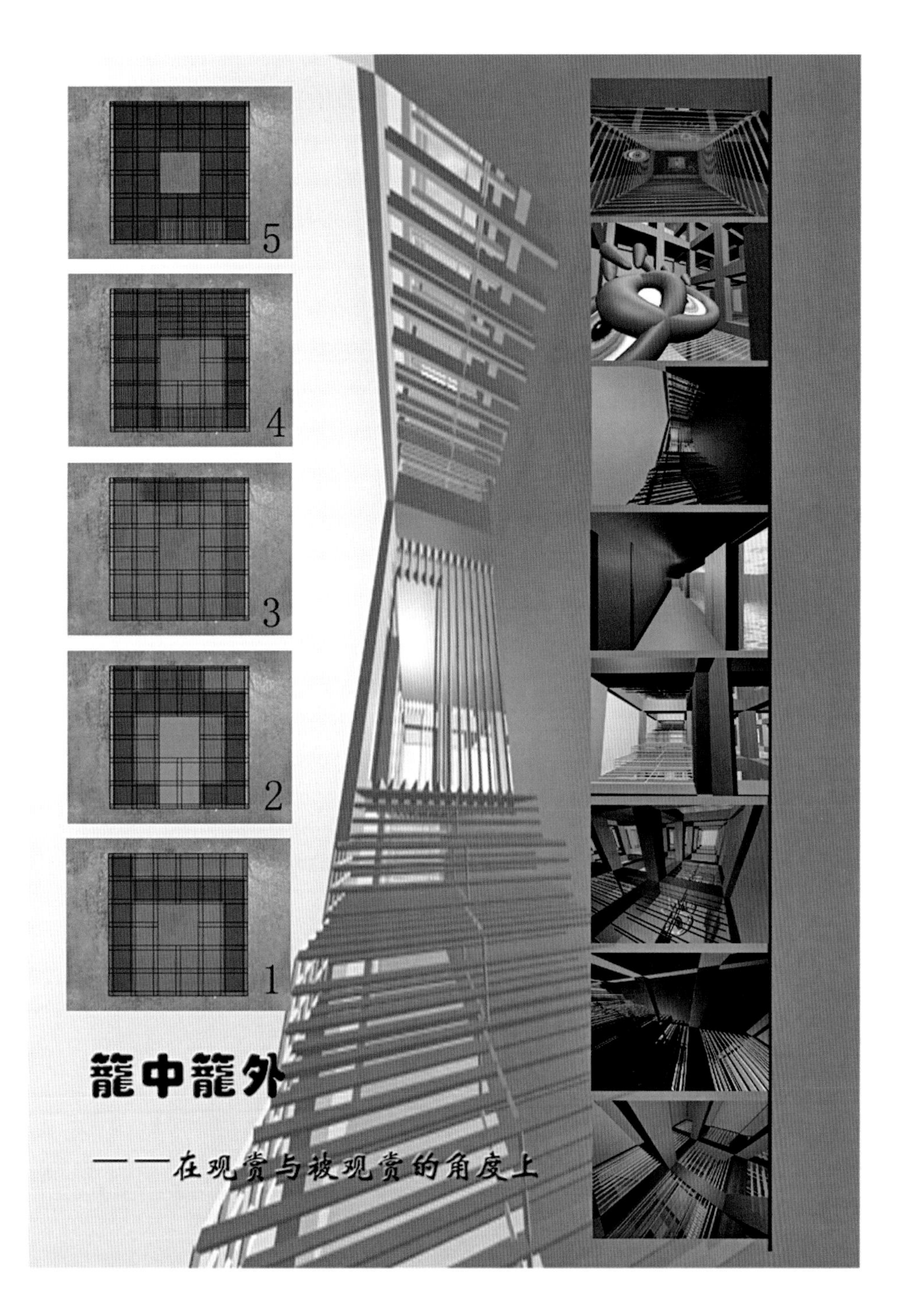

彩图117　以展示空间为背景所作的空间概念设计之二：笼中笼外——在观赏与被观赏的角度上（清华大学美术学院环境艺术设计专业·2000级·设计思维与表达训练·学生陆晗·指导教师崔笑声）

人所占有的空間具有絕對規律的朝向性，我們依托于實際的物體（實體），而存在于虛體空間。一般來說，我們因觸及實體而感到穩定，因朝向虛體而具有運動的可能。那麼從人的生理感受出發可以塑造一種倒置的的空間感，來契合展覽主題的創意。

倒置的方向性

如平面图所示，整个构筑物分三层，沿楼梯呈“U”形旋转而下，既围合且空出了中部十分宽阔的空间，用作展厅。一层为休息兼接待空间。

在以線構成的主體框架中，所有地面均以透明玻璃構成，通道之上的天花板均為鏡子。最下層地面按鏡面處理，可映射整座展廳。展廳自下而上打光，突出了空間的不真實。站在看起來不太可靠的地面上，抬頭看到懸掛倒置的自己，會產生上升的感覺；而低頭俯視空空蕩蕩的下層空間，會感到身體沉重下墜。這本身就是對人占有空間的一種倒置。

彩图118　以展示空间为背景所作的空间概念设计之三：倒置的方向性（清华大学美术学院环境艺术设计专业·2000级·设计思维与表达训练·学生陆晗·指导教师崔笑声）

■从图形思维到交互式图形思维

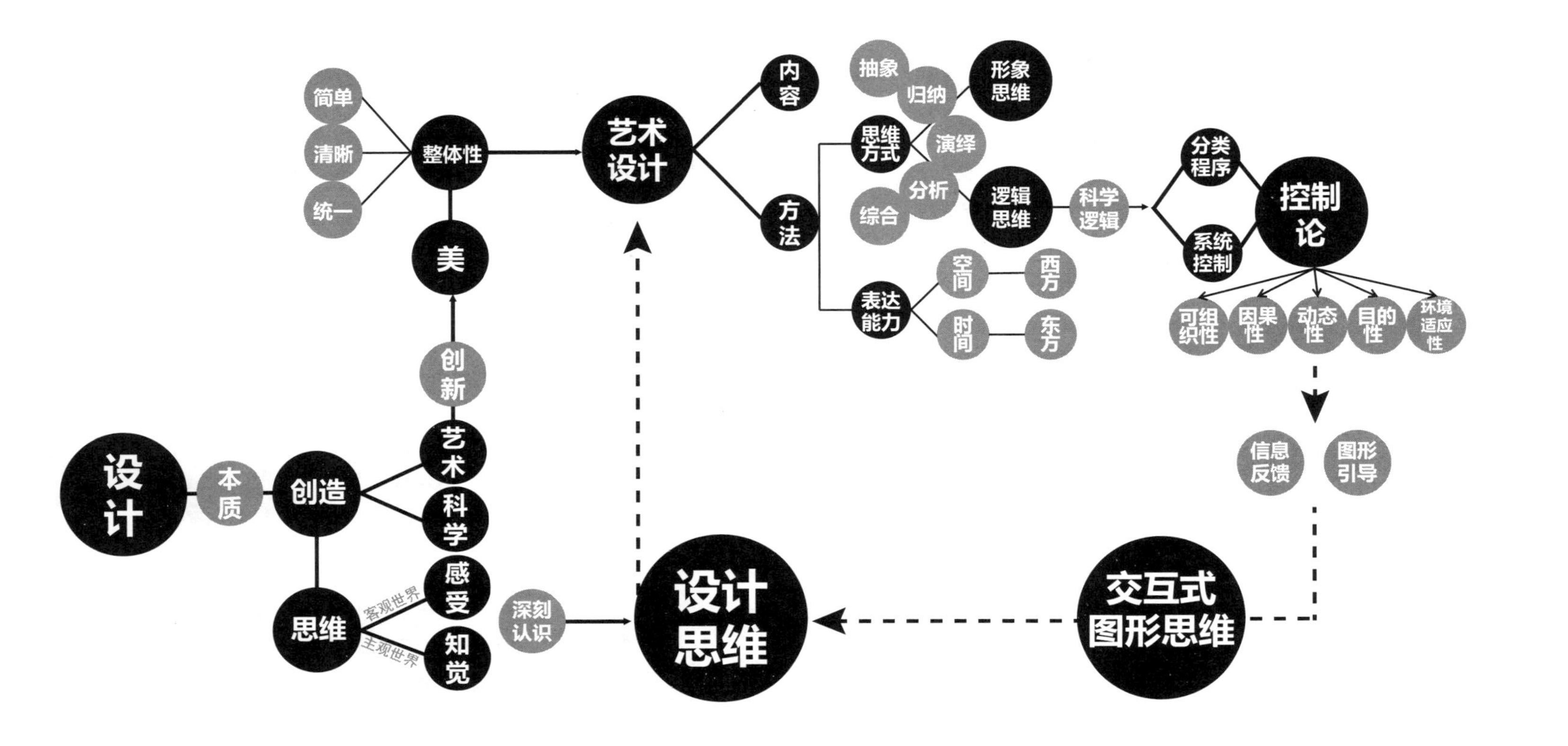

图118A　交互式图形思维（研究生课程“设计艺术的图形思维”——课题研究报告：清华大学美术学院2013级设计学硕士姚璐）

交互式图形思维概念

交互

- [each other] 互相;彼此
- [alternately] 交替地
- [interactive]在计算机中意思为，参与活动的对象，可以相互交流，双方面互动

交互过程是一个输入和输出的过程

脑
图形
对象

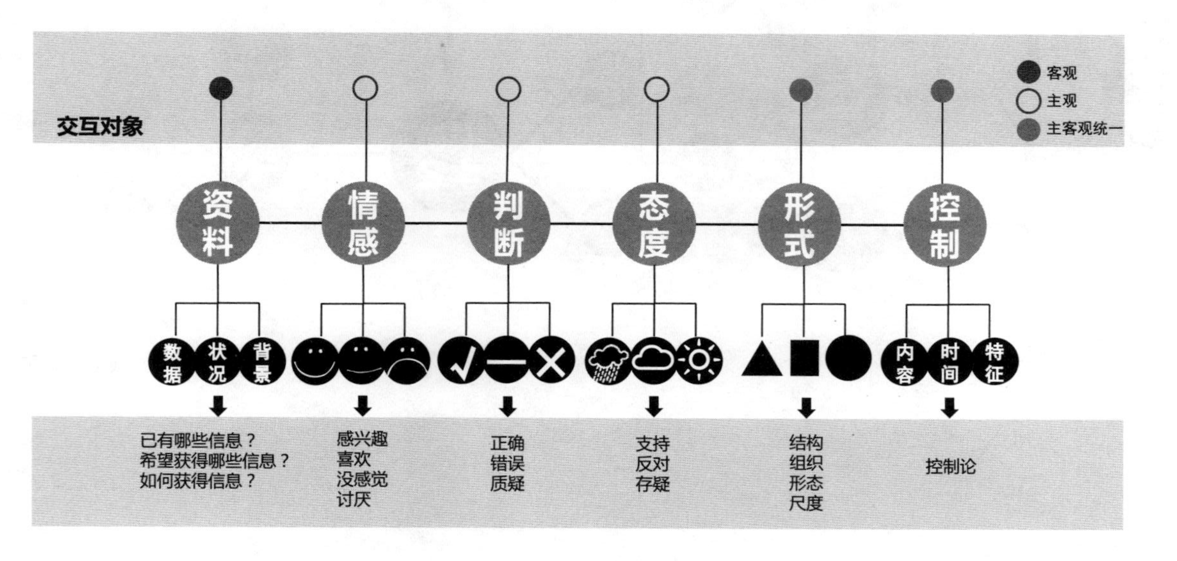

■交互式设计思维

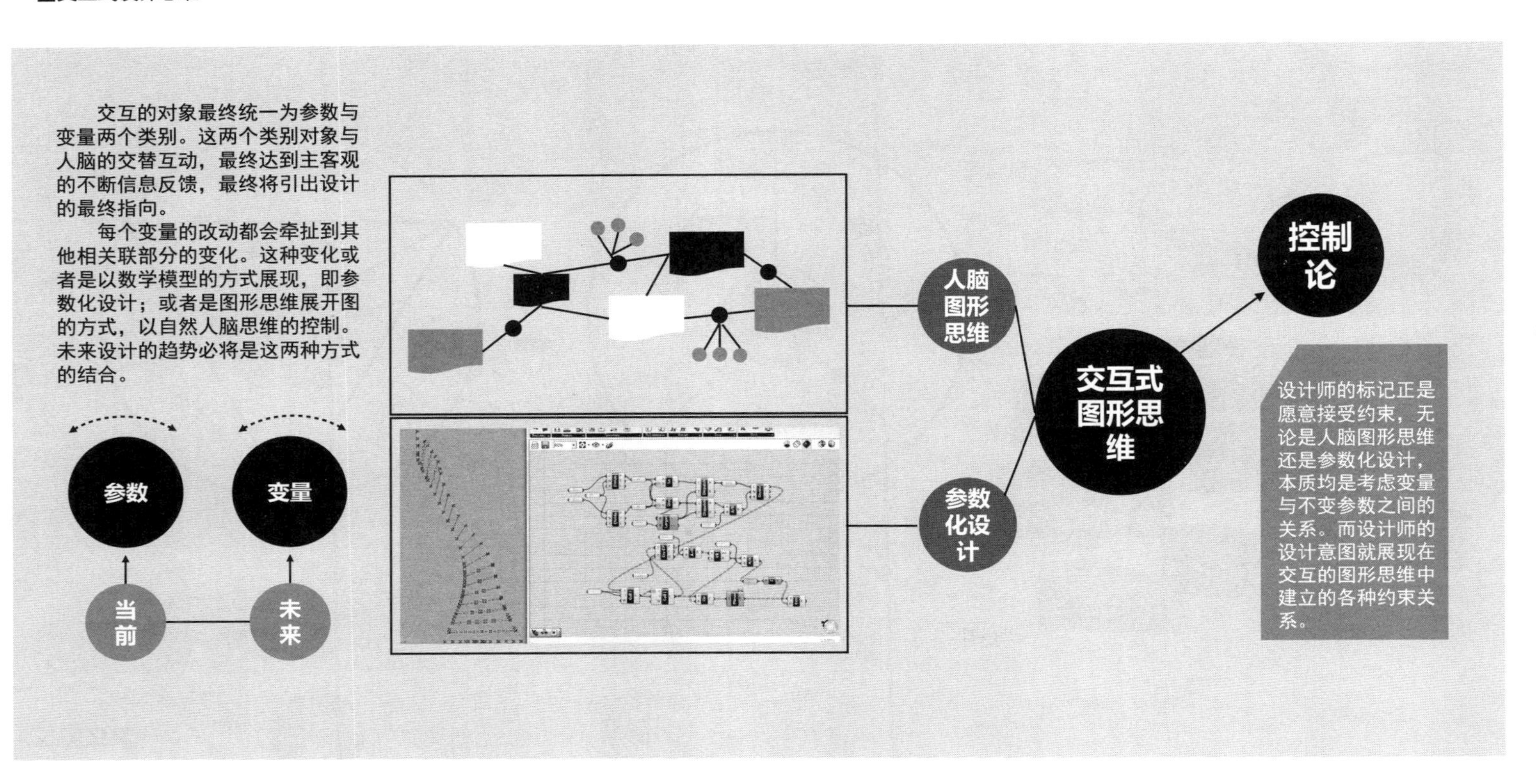
交互的对象最终统一为参数与变量两个类别。这两个类别对象与人脑的交替互动，最终达到主客观的不断信息反馈，最终将引出设计的最终指向。
每个变量的改动都会牵扯到其他相关联部分的变化。这种变化或者是以数学模型的方式展现，即参数化设计；或者是图形思维展开图的方式，以自然人脑思维的控制。未来设计的趋势必将是这两种方式的结合。
参数
变量
当前
未来
人脑图形思维
参数化设计
交互式图形思维
控制论
设计师的标记正是愿意接受约束，无论是人脑图形思维还是参数化设计，本质均是考虑变量与不变参数之间的关系。而设计师的设计意图就展现在交互的图形思维中建立的各种约束关系。

交互方式

分析　对比　验证　激励

以清华大学新东门入口广场概念设计为例

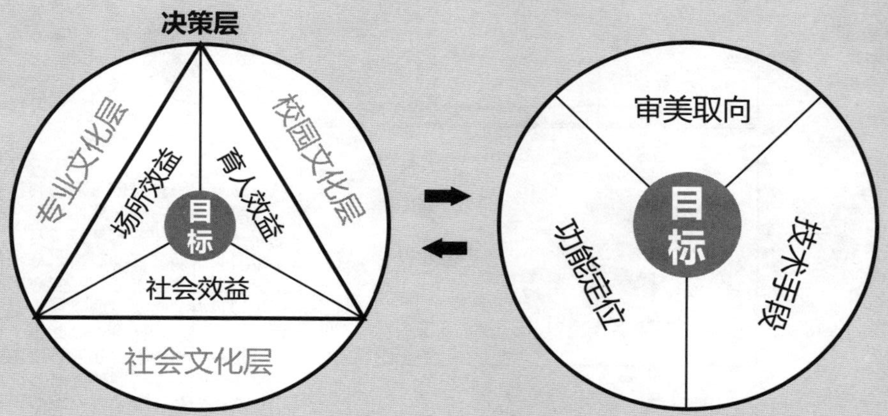

目标：NEW GATE—清华大学新东门入口广场
审美取向：优雅、亲切、生态
功能定位：东门入口、与社会接触、文化艺术活动、沟通交流
技术手段：梳理交通、高差变化、信息媒体运用

交互方式

分析　对比　验证　激励

对于不同的空间模式进行比较，再与场地信息进行交互式图形思维的转化，通过对比，优选出设计方案。

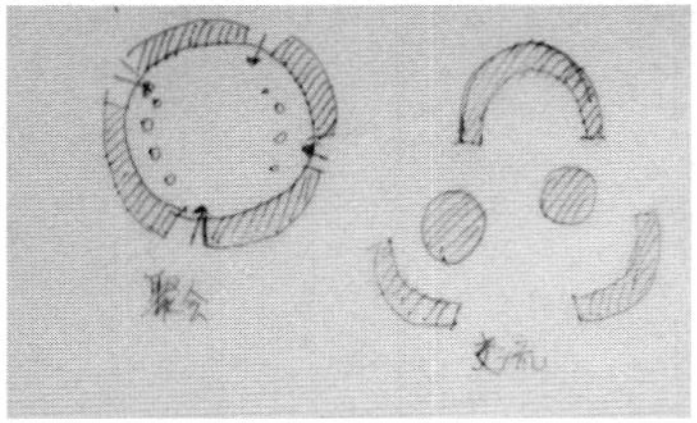

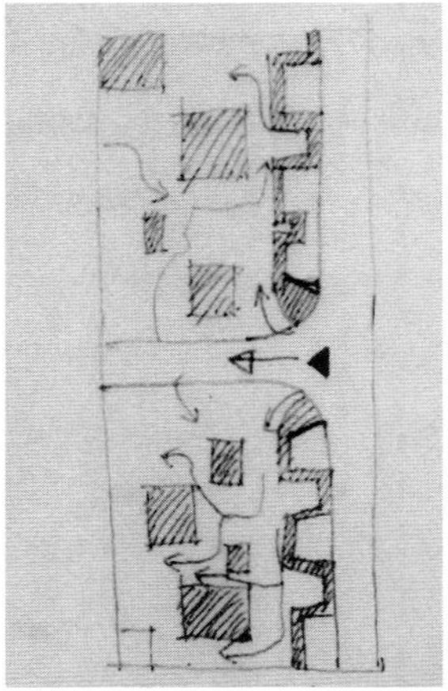

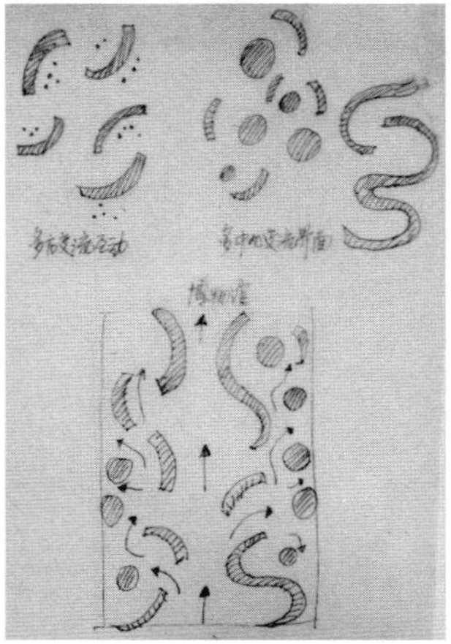

■交互式设计思维

交互方式

分析　对比　验证

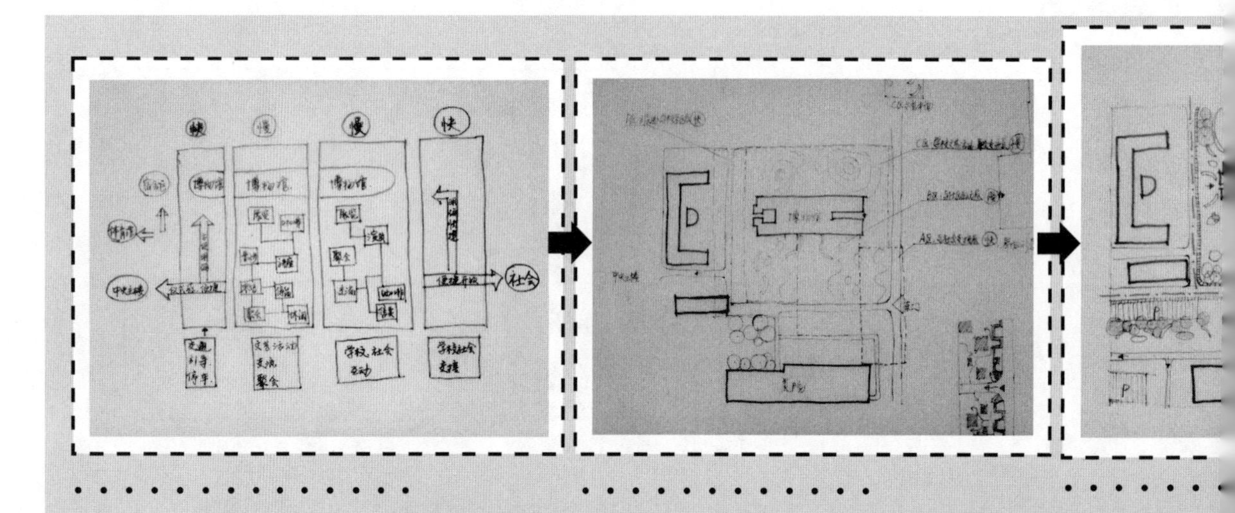

交互图形运用是一个不断激励的过程。当思维停滞的时候，交互图形绘制不要停滞，不断的交互表达，就会出现新的灵感。

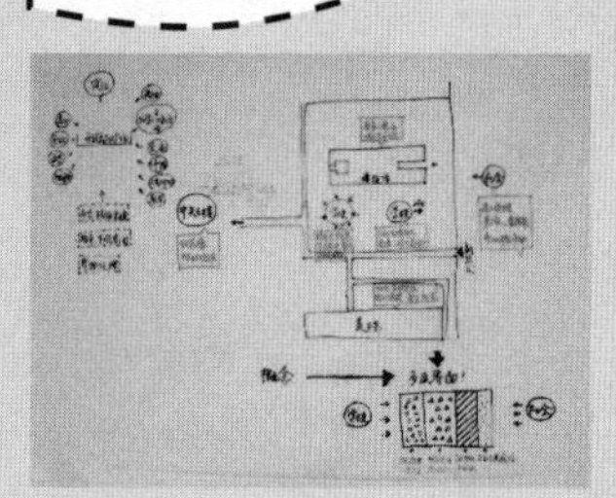

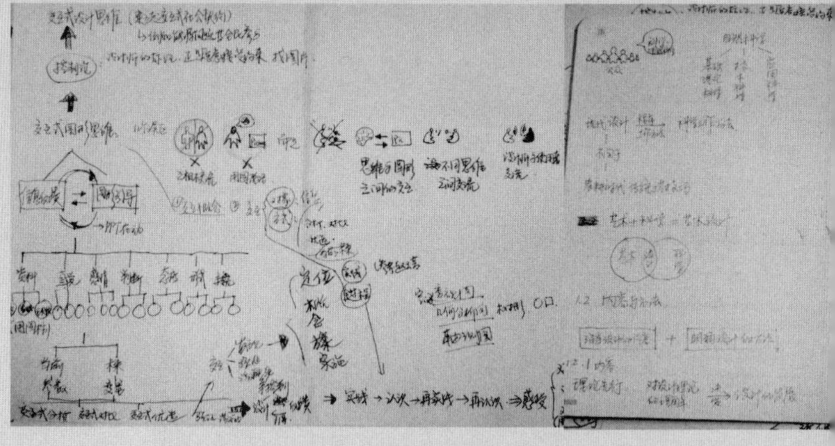

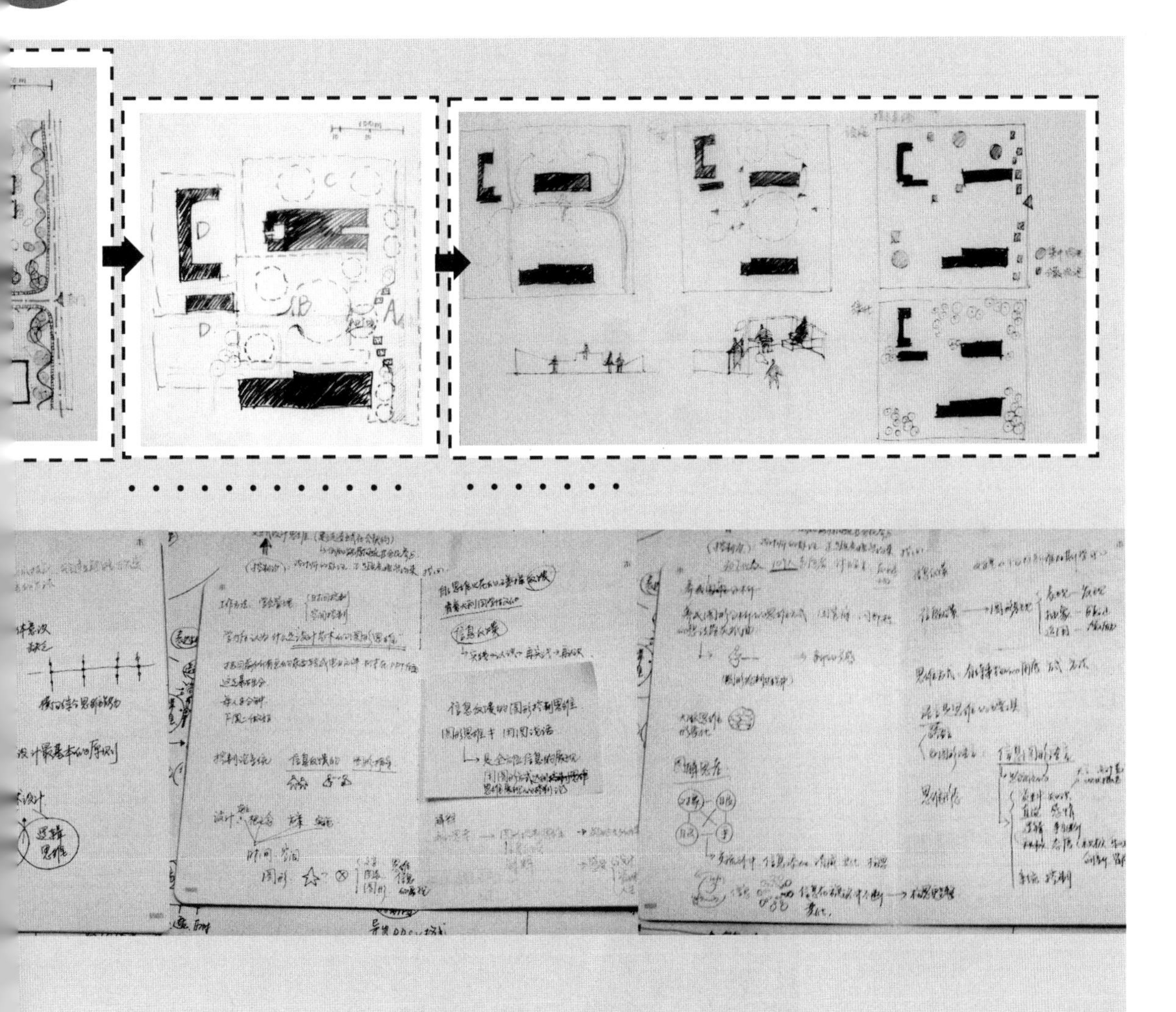

交互原则

可视性　反馈　限制　映射　一致性　启发性

用不同类型的图反映设计的思想，达到信息与思维的互动，可视性越好，越容易激发设计的灵感。

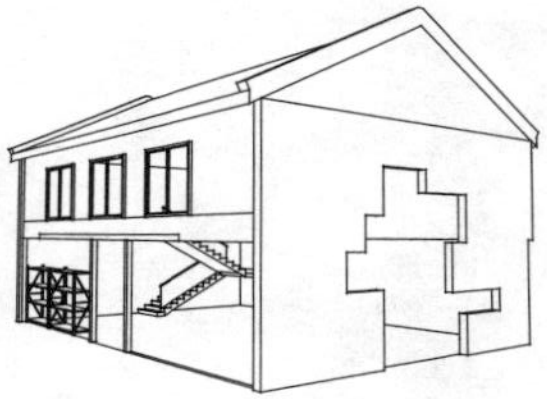

空间透视图 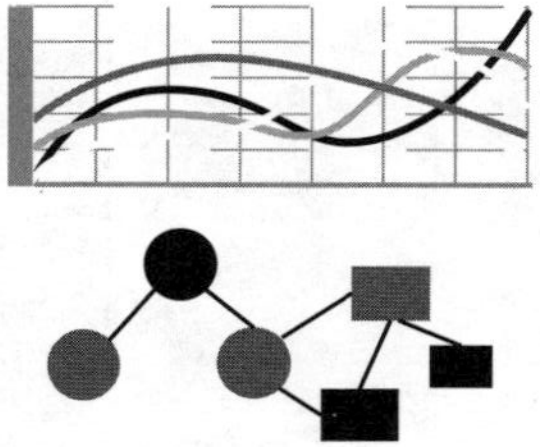　几何分析图 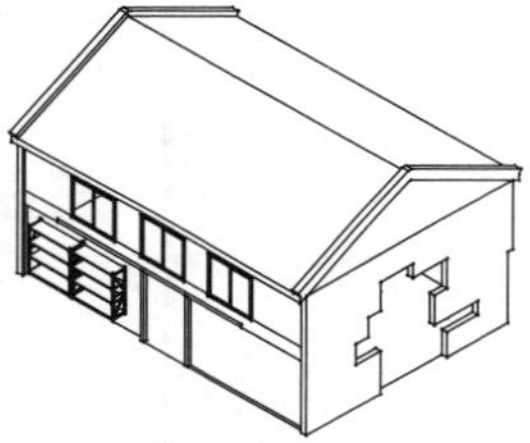　轴测图

交互原则

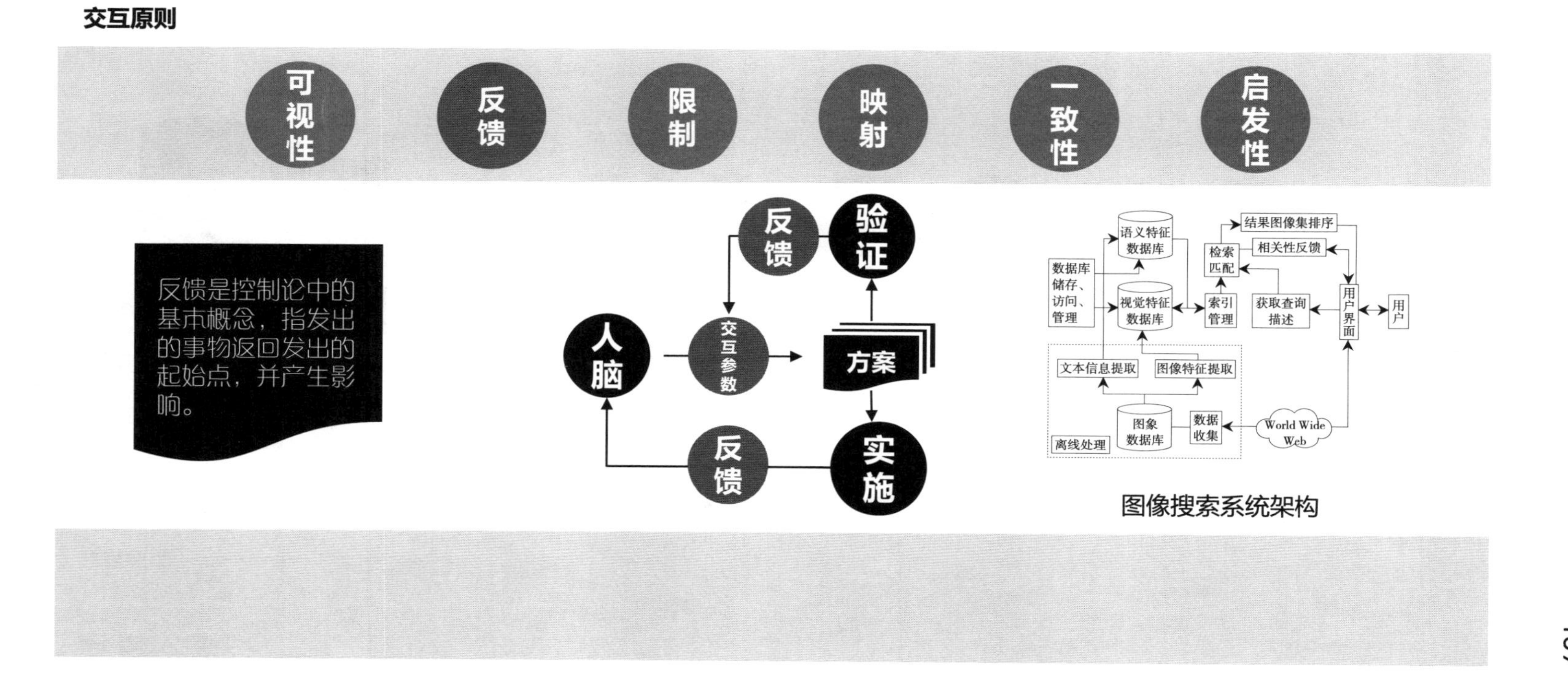
可视性
反馈
限制
映射
一致性
启发性
反馈是控制论中的基本概念，指发出的事物返回发出的起始点，并产生影响。
人脑
交互参数
方案
验证
实施
反馈
反馈
数据库储存、访问、管理
语义特征数据库
视觉特征数据库
检索匹配
索引管理
结果图像集排序
相关性反馈
获取查询描述
用户界面
用户
文本信息提取
图像特征提取
图象数据库
数据收集
离线处理
World Wide Web

图像搜索系统架构

交互原则

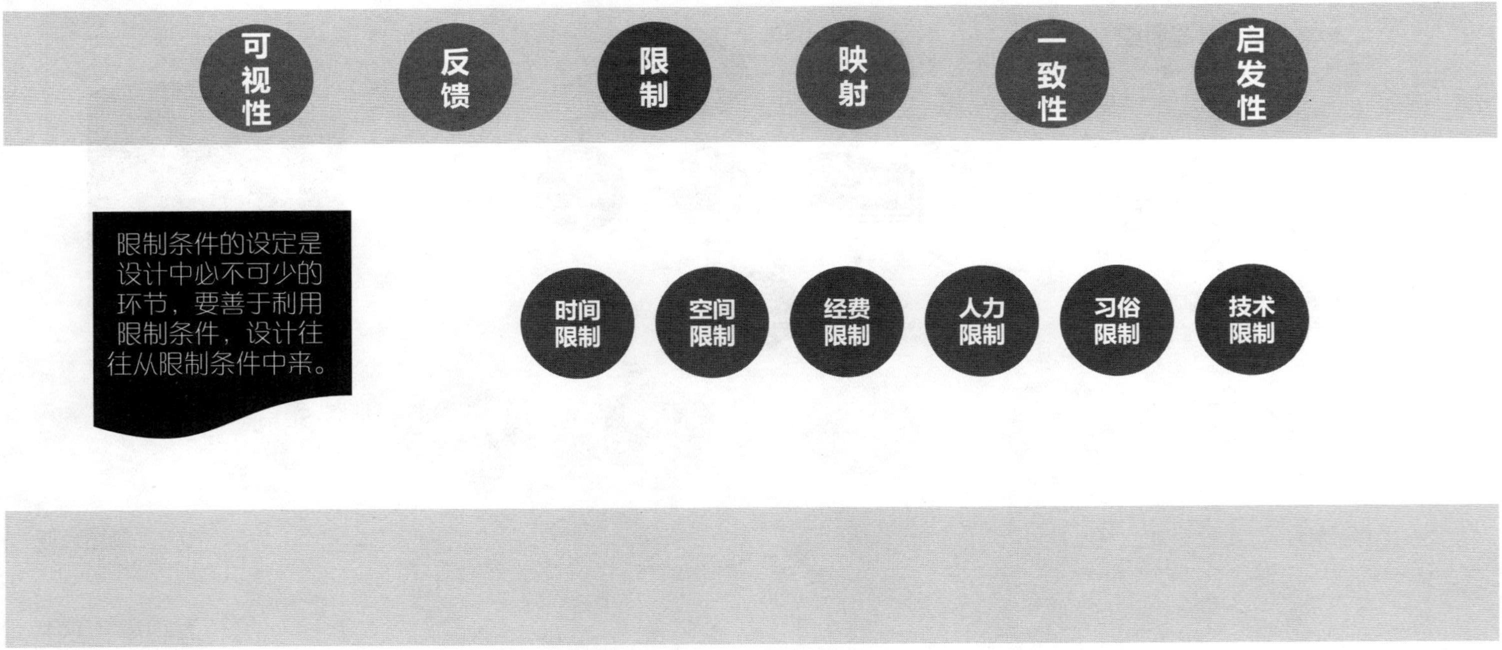

可视性

反馈

限制

映射

一致性

启发性

限制条件的设定是设计中必不可少的环节，要善于利用限制条件，设计往往从限制条件中来。

时间限制

空间限制

经费限制

人力限制

习俗限制

技术限制

交互原则

可视性
反馈
限制
映射
一致性
启发性
准确表达控制及其效果之间的关系。
开平方
9
4
1
-3
3
-2
2
-1
1
乘以2
1
2
3
1
2
3
4
5
6
数学中的映射
理性思维：制定法则
换我心为你心，始知相忆深
文学中的映射
感性思维：寻找感觉

交互原则

可视性　反馈　限制　映射　一致性　启发性

在复杂的系统中，同一子系统的功能、形式等因素应保持一致。子系统与主系统不能混淆。

交互原则

交互式图形思维会产生很好的启发和激励作用。

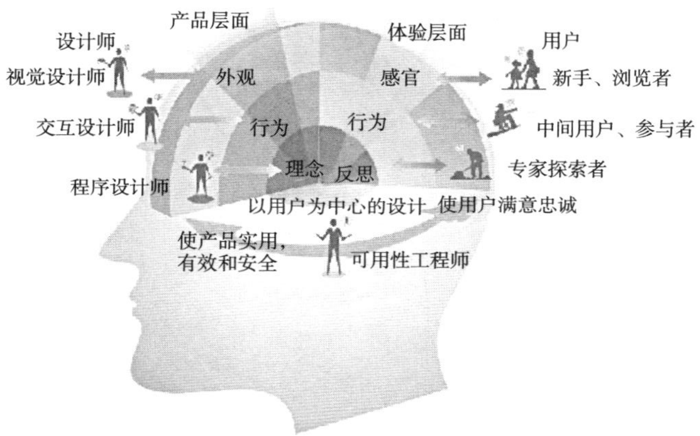

■交互式设计愿景

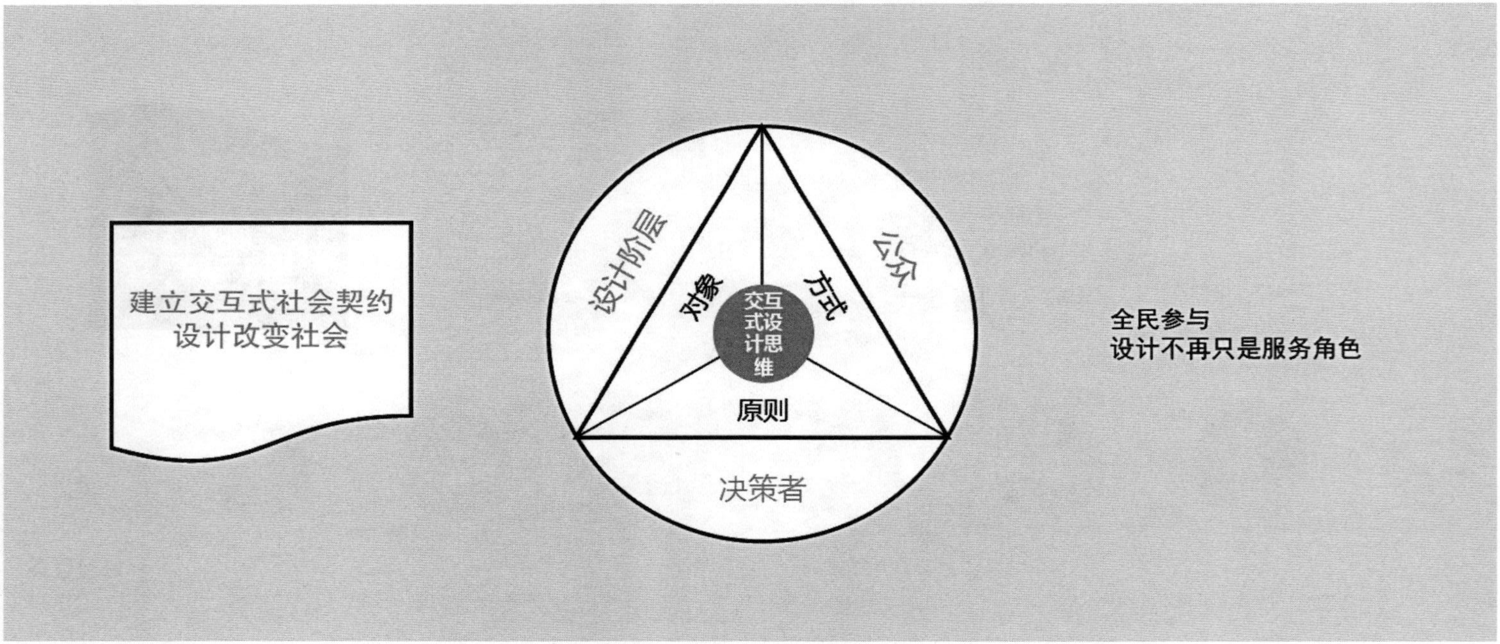

建立交互式社会契约
设计改变社会
设计阶层
对象
交互式设计思维
方式
公众
原则
决策者
全民参与
设计不再只是服务角色

3 设计思维与表达方式

3.1 概念与构思

室内设计空间形象的表达来自于设计者头脑中的概念与构思，这种概念与构思体现于视觉形象的创造。“视觉形象永远不是对于感性材料的机械复制，而是对现实的一种创造性把握，它把握到的形象是含有丰富的想象性、创造性、敏锐性的美的形象”。[❶] 作为四维空间设计的室内，美的形象创造又体现于空间的整体氛围。需要从时空运动的状态去把握。

3.1.1 空间形态的启示

室内是唯一可以让人自由出入的空间，同时也是能够被人真实感受的空间。要创造美的空间形象，从空间形态入手来启发创作概念与设计构思显然是符合其客观规律的。

“众所周知，现实世界中的空间是没有形状的。即使在科学上，空间也只是‘逻辑形式’而没有实际形状；只存在着空间的关系，不存在具体的空间整体。空间本身在我们现实生活中是无形的东西，它完全是科学思维的抽象”。[❷] 我们在这里所讲的室内空间形态，是由空间限定要素组成的界面围合而成。如同杯与水的关系，杯体是圆柱形水自然会被限定成圆柱体。不同尺度形状的界面所组成的空间，由于形态上的变化，会给人带来不同的心理感受。空间形态的确定，需要根据人的活动尺度，空间的使用类型，材料结构的选用等功能因素，以及设计的审美，人的行为心理等精神因素综合权衡。从本质上讲，室内空间的设计就是空间形态的设计。由于空间形态是由界面围合产生的形状，在物化存在的概念上，这个空间形态是由实体与虚空两个部分组成。除了地板、顶棚、墙面相对静止不动外，家具、灯具以及各类陈设物包括人本身都处于相对运动的状态。因此室内的空间形态总是处于时空的流动之中。基于这样的空间概念，室内空间的形态设

---

❶ [美] 鲁道夫·阿恩海姆，《艺术与视知觉》5页，中国社会科学出版社，1984年版。

❷ [美] 苏珊·朗格，《情感与形式》85页，中国社会科学出版社，1986年版。

计，恰似孩子们玩的积木。这种积木既有“实体”的也有“虚拟”的。空间形态的构成如同虚与实的积木搭造的一场空间游戏。

空间形体是由点、线、面运动所产生的结果。典型的空间线型表现为直线与曲线两种形态，产品造型设计总是在这两种线型之间寻求变化。直线与曲线的有规律运动就产生了矩形体、棱锥体、圆柱体、球形体……不规律运动则产生异形体。空间中点的坐标连接方式变化无穷，从理论上讲，空间形态的变化也就永无止境。因此室内设计的概念与构思，首先要从空间形态上寻求启示。

作为空间造型艺术的雕塑：雕——作的是减法，塑——作的是加法，但都是由简单形体到复杂形体的创造。室内空间形态的创造在做法上很像是雕塑，可是却不一定都是由简单形体到复杂形体，在很多情况下是反其道而行之，从复杂形体到简单形体。当一座建筑的结构完工后，留给室内设计师的往往是构造裸露、设备横陈的复杂形体，运用何种空间形态与之相配，以最大限度发挥空间的效能就成为设计者首先要考虑的问题。

界面围合实体是室内空间造型的主体，在技术上表现为装修的概念；界面围合虚空中的物品是室内空间造型的次体，在技术上表现为陈设的概念。然而在人的主观视觉印象中次体却处于主要的位置，无论是与人的距离，还是形色质的感受，都要比主体来得强烈。在这一点上如同舞台与演员的关系，从空间形态的概念出发，舞台布景与灯光绝对是主体；但是从表演的视觉效果出发，演员则处于主要的中心位置。因此在空间形态设计的一般理念上：界面围合实体的设计应遵循整体统一、简练素洁的原则；界面围合虚空中的物品设计则因遵循变化多样、醒目突出的原则。

就空间形态的造型手法而言，经常运用的是：直线与矩形、斜线与三角形、弧线与圆形三种空间类型以及由此引发的各种综合形态。

直线与矩形

直线与矩形是各类空间形态中应用最广的样式。这是由于建筑构造本身的特点所造成的。同时在人们传统的习惯认识中房间也总是以方盒子的空间形象出现。这与直线矩形的形态特征有很大关系。直线与矩形的方向感、稳定感、造型变化的适应性都较强，而且在材料与构造的选用方面也较为经济。中国传统的建筑正是运用直线与矩形创造出了空间变化极为丰富的平面样式。当然较多的优点也会转化为缺点，选用较多而设计的深度不够特别容易使直线与矩形的空间造型设计流于平庸。

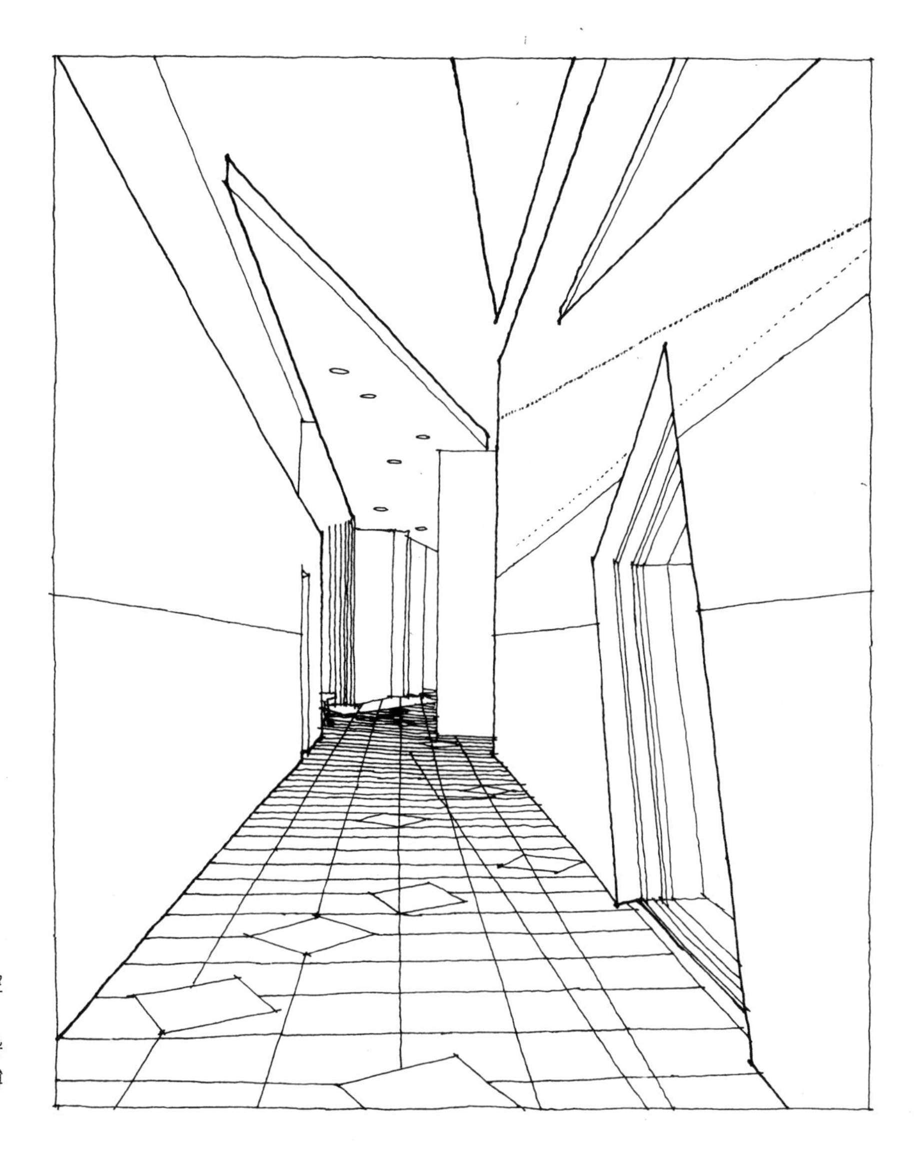

图52 斜线与三角形的空间构图即使表现于界面，也呈现出动感十足的引导性空间线型（日本某博物馆）

斜线与三角形

斜线与三角形是点在空间坐标X、Y、Z轴斜向运动的结果，实际上是直线与矩形在方向表现上的异化。从平面使用的功能意义上讲，斜线与三角形的空间形态是最不符合规律的样式，因而也最不容易做好，往往只适应于特定的空间场所。尤其是小于90°的斜线夹角在具体的室内空间中特别容易造成死角，既浪费空间，又影响使用。正因为斜线与三角形在空间形态中的这种不利因素，反而成为造型设计出奇制胜的法宝，如果处理得当，构思巧妙，则能够产生非常好的空间效果。贝聿铭设计的美国国家美术馆东馆，正是受限于三角形场地而

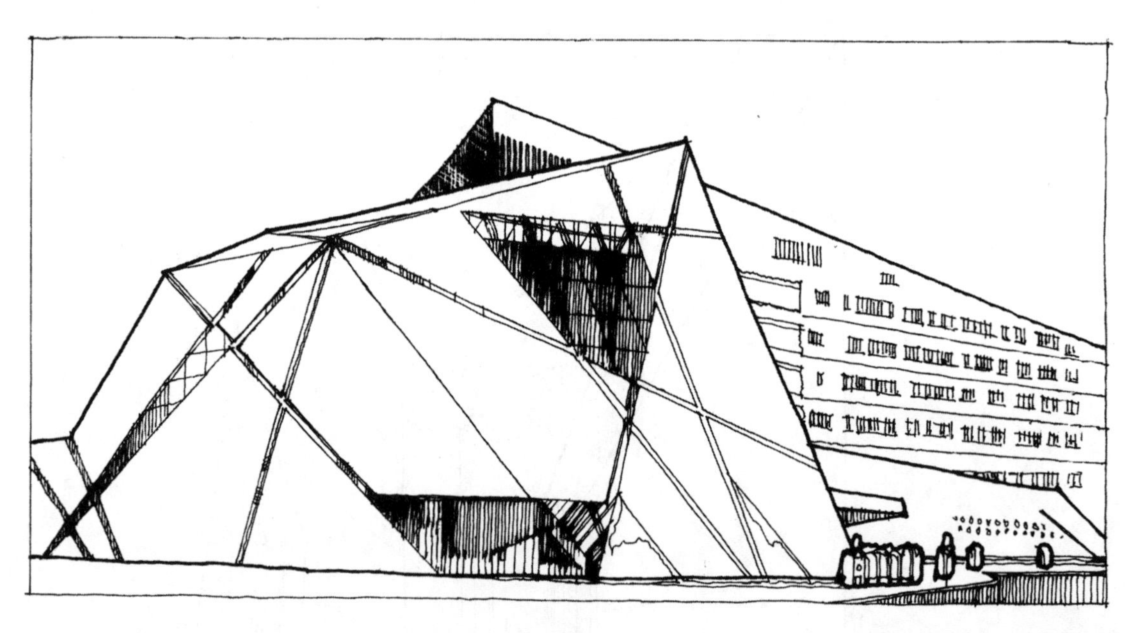

图53、图54 采用斜线与三角形作为建筑创作的母题(美国明尼苏达、明尼阿珀利斯，明尼苏达大学Gateway中心)

因势利导，巧妙地化解了斜线与三角形带来的矛盾，创造出了优秀的斜线与三角形的空间形态。

弧线与圆形

弧线与圆形是个性化强、变化丰富的空间线形。弧线的正圆曲线与自由曲线具有强烈的空间导引倾向，“圆具有更高的对称性”[1] 和相对的可变性。弧线与圆形在室内设计中能够营造特殊的空间形态。满足淡化方向或强化方向的室内空间功能。同是一个圆形平面，处于内弧位置方向感弱，处于外弧位置方向感强。在同样面积的空间中，圆形的容积率最大，同时圆形的向心感最强。在需要上述两种特点的功能空间采用圆形平面无疑是最理想的选择。赖特的古根海姆博物馆正是采用了弧线与圆形的空间形态，并最大限度地发挥了弧线与圆形的形态特征，从而达到了功能与形式的高度统一。

图55、图56 以弧线和圆形要素塑造的空间具有柔性、亲和、舒展的氛围（西班牙毕尔巴鄂古根海姆博物馆；美国纽约康德·奈斯特自助餐厅）

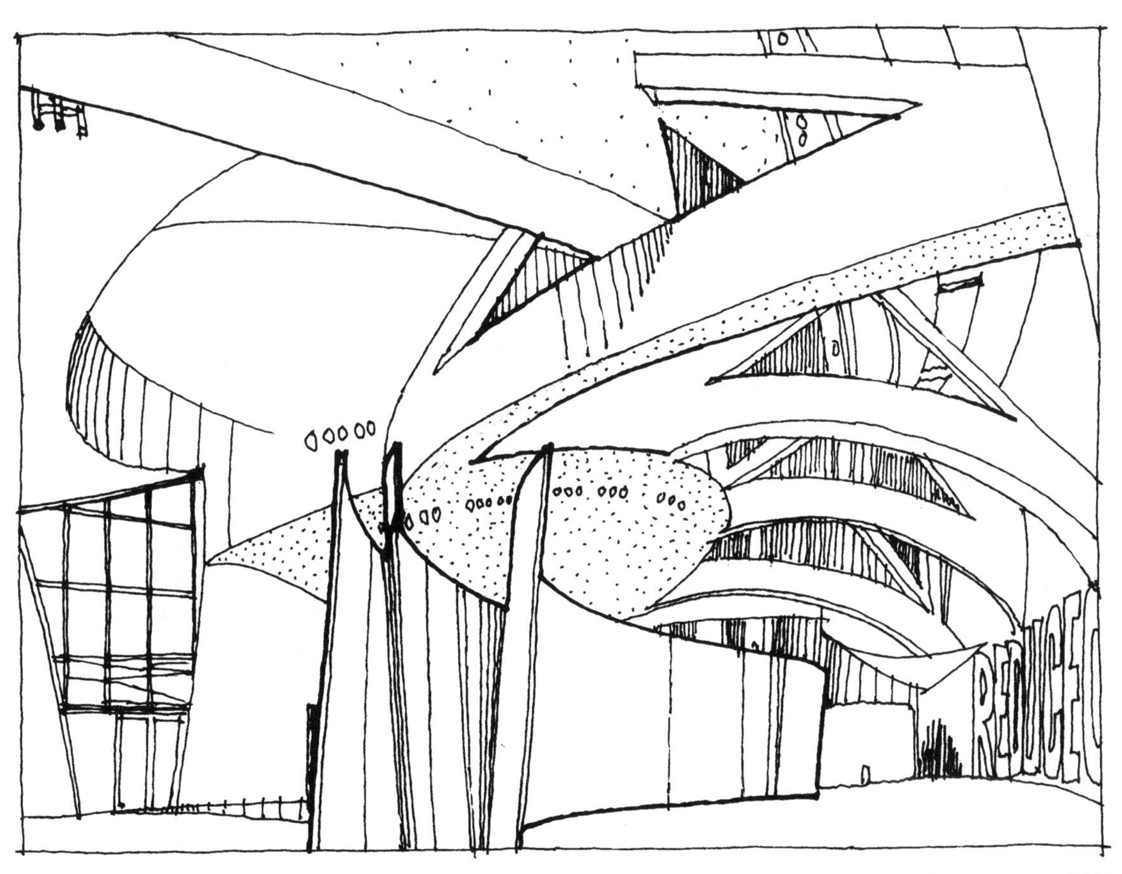

图55

[1] [美] A. 热著，熊昆译，《可怕的对称》16页 湖南科学技术出版社1992年版。

图56

（彩图：108、109）

3.1.2 主导概念的引入

面对一项设计任务应该如何切入？这是初学者接触专业设计时频度最高的提问。毋庸置疑，主导概念的引入是关键的一环。所谓专业设计的主导概念无非是室内空间形象的构思。也可以说就是确立设计构思主题。室内的空间形象构思是体现审美意识表达空间艺术创造的主要内容，是概念设计阶段与平面功能布局设计相辅相成的另一翼。由于室内是一个由界面围合而成相对封闭的空间虚拟形体，空间形象构思的着眼点应主要放在空间虚拟形体的塑造上，同时注意协调由建筑构件、界面装修、陈设装饰、采光照明所构成的空间总体艺术气氛。

项目分析与调查研究

主导概念的引入就像是确立一篇文章的主题。文学家写一部小说必须有生活的积累，在掌握大量的素材之后才能开始动笔。室内设计的项目在确立主导概念之前当然也需要作深入的项目分析与调查研究。调查研究不细，分析也就不可能深入。正确的主导概念是建立在缜密的项目分析与细致的调查研究之上的。

每一项室内设计，根据其空间类型和使用功能，可以从不同的构思概念进入设计。虽然条条道路都可能到达目的地，但如何选取最佳方案，则是颇费脑筋的。因此在正式进入设计角色之前，一定首先要明确设计任务的要求。对设计项目深入认真的分析，往往不仅会使设计取得成功而且达到事半功倍的效果。

设计项目的任务分析，主要从以下方面进行：

• 用户的功能需求分析：各部门的功能关系；各房间所占面积；使用人数及人流出入情况；喜欢何种风格；希望达到的艺术效果等。

• 预算情况分析：用拟投入的资金情况，标准定位等。

• 环境系统情况分析：建筑所处的位置及环境特点，会对室内产生何种影响；拟采用的人工环境系统及设备情况。

• 可能采用的设计语汇分析：室内功能所体现的性格，庄严、雄伟还是轻巧、活泼；采用何种空间形态；采用何种立面构图等等。

• 材料市场情况分析：当时当地的材料种类与价格；材料的市场流通与流行；拟选用的色彩、质地、图案与相应材料的可行程度。

设计项目的分析与调查研究的关系密不可分。调查研究主要从以下几方面进行：

• 查阅收集相关项目的文献资料，了解有关的设计原则，掌握同类型空间的尺度比例关系、功能分区等。

• 调查同类室内空间的使用情况，找出功能上存在的主要问题。

• 广泛浏览古今中外优秀的室内设计作品实录，如有条件应尽可能实地参观，从而分析他人的成败得失。

• 测绘关键性部件的尺寸，细心揣摩相关的细节处理手法，积累设计创作的词汇。

尽管如此，任何一个经验丰富的室内设计师，都不可能对所有室内类型中出现的问题了如指掌，因为空间环境的影响因素是很多的。同一类型的室内，也会因各种具体条件的变化而有所不同。所以任何设计项目，任何设计阶段，调查研究都是必不可少的重要环节。

概念设计

进行美术创作的时候，常常强调“意在笔先”。对室内设计来讲又何尝不是如此，面对一个具体的设计项目，头脑中总是先有一个基本的构思。经过酝酿，产生方案发展总的方向，这就是正式动笔前的概念设计。确立什么样的概念，对整个设计的成败，有着极大的影响。尤其是一些大型项目，面临的影响因素和矛盾就会更多。如果一开始就没有正确的设计概念指导，意图不明，在后来的设计上出现问题就很难补救。

主导概念的引入体现在技术上就是概念设计。实际上就是运用图形思维的方式，对设计项目的环境、功能、材料、风格，进行综合分析之后，所做的空间总体艺术形象构思设计。

作为表达室内空间形象构思的概念设计草图作业，自然是以徒手画的空间透视速写为主。这种速写应主要表现空间大的形体结构，也可以配合立面构图的速写，帮助设计者尽快确立完整的空间形象概念。空间形象构思的草图作业应尽可能从多方面入手，不可能指望在一张速写上解决全部问题，把海阔天空跳跃式的设想迅速地落实于纸面，才能从众多的图像对比中得出符合需要的构思。

不妨从以下方面打开思维的阀门进行空间形象构思的草图作业：

• 空间形式；
• 构图法则；
• 意境联想；
• 流行趋势；
• 艺术风格；
• 建筑构件；
• 材料构成；
• 装饰手法。

空间形象的构思是不受任何限制的，打开思路的方法莫过于空间形象构思的草图作业，当每一张草图呈现在面前的时候都可能触发新的灵感，抓住可能发展的每一个细节，变化发展绘制出下一张草图，如此往复直至达到满意的结果。

3.1.3 限定概念的创意

主导概念的引入作为室内空间的形象设计而言就是限定概念的创意。所谓限定在这里有两层含义：其一为空间构造与使用功能的限定；其二为主导概念自身的限定。第一层含义比较容易理解，第二层含义则往往不被理解。空间构造与使用功能的限定是客观物质的限定，而主导概念自身的限定则是设计者主观意识的自我限定。也就是说，设计者往往很难跳出自己为自己设置的陷阱，一旦产生某种所谓好的构思，容易钻到牛角尖里出不来。第一种限定是普遍性的不可回避的，不依设计者的意志所转移和改变；第二种限定则是个别的可以回避的，设计者可以经过改变思想方法摆脱限定。

从理论上讲，设计概念构思的产生应该不受任何限制，受限制的设计构思往往达不到最佳的艺术效果。然而我们又不得不面对室内被建筑构造和使用功能限定的现实。一方面需要思想像马一样在广阔的草原自由驰骋，另一方面又要受到缰绳和沟坎的羁绊，这就是一对矛盾。当然“矛盾着的两方面中，必有一方面是主要的，他方面是次要的。其主要的方面，即所谓矛盾起主导作用的方面。事务的性质，主要的是由取得支配地位的矛盾的主要方面所规定的”。“因此，研究任何过程，如果是存在着两个以上矛盾的复杂过程的话，就要用全力找出它的主要矛盾。捉住了这个主要矛盾，一切问题就迎刃而解了”。[1]所以限定概念的创意中，创意是主要矛盾，限定是次要矛盾。在设计过程的这个阶段，首先应该考虑的主要是概念的发展。在概念确立的前提下，再来看限定的制约条件。如果条件允许自然不会有问题，如果条件不允许，回过头来再从别的方面寻找新的设计概念。一直到概念的创意符合限定的制约条件。这样的思维过程比较符合室内空间限定的规律。假定不按照这样的方式去构思，一开始就拘泥于限定的条件，可能永远也创造不出有新意的作品。在做学生的阶段，由于对实际工程项目缺乏了解，在设计中思想没有任何框框的制约，往往会产生很多新奇的想法。不少成熟的设计者之所以愿意再回到学校中去寻求创作的灵感，也是看中了年轻学生初创构思的特点。“然而这种情形不是固定的，矛盾的主要和非主要的方面互相转化着，事物的性质也就随着起变化”。[2] 当进入方案设计的阶段，限定就会转化为主要矛

[1]《毛泽东选集》第一卷322页，人民出版社，1991年版。
[2]《毛泽东选集》第一卷322页，人民出版社，1991年版。

盾。这个时候就需要在限定条件下来调整已经符合制约要求的创意。通过调整限定概念的创意，设计才能最终达到较为理想的境界。一般来讲，要作为室内设计者往往注意空间的概念，而忽略时间对于设计的限定。在这里，时间的限定不是以空间量向的第四维出现，而是以设计过程中所耗费时间的长短作为限定，在建筑结构实用功能与空间形象概念创意两个方面，达到十全十美的配合是非常困难的一件事。设计者只能在有限的时间中，最大限度地发掘两者之间的最佳契合点，来限定概念。似乎这是一个不值一提的常识性问题，但恰恰是这一点成为在限定概念的创意阶段制约设计构思确立的关键。因为在主导概念确立后，需要有一个合理的时间段来调整创意与功能之间的关系。需要图面和空间现场的不断推敲；需要与各专业的多方配合；需要与业主需求的反复协调。所有这一切都需要时间的磨合。当然也不是说时间越长越好。要是那样的话，也许永远也不能完成一项设计。之所以提出这个问题，是因为在现阶段相当一部分业主不了解设计程序的周期。给予设计者的时间根本没有包括限定概念创意阶段所需的最低限度。因此需要把一个社会问题，在这样一本专业性的书籍中，作为重要的设计程序问题提出，以期提醒设计者的注意，为自己争取到合理的设计时间。（彩图：110、111、112、113、114、115、116、117、118）

3.2 方案与表达

在特定室内项目的设计概念基本确立之后，设计方案的制订就成为关键的环节，设计方案的制订实际上是一个概念精确表达的过程。需要将设计者已形成的设计概念，通过图形、文字、实物资料、包括口头的语言，综合地显现于使用者。同时在方案的表达过程中，进一步校正与发展设计概念。在这里我们将以图形方案的表达作为研究的对象。

3.2.1 图形方案表达的程序

图形方案表达的程序包括两个环节，即：设计概念确立后的方案图；方案深化后的施工图。

3.2.1.1 设计概念确立后的方案图

概念设计阶段的草图一般都是设计者自我交流的产物，只要能表达自己看得懂的完整的空间信息，并不在乎图面表现效果的好坏。而设计概念确立后的方案图作业则是另一种概念。在这里方案图作业具有双重的作用，一方面它是设计概念思维的进一步深化；另一方面它又是设计表现最关键的环节。设计者头脑中的空间构思最终要通过方案图作业的表现，展示在设计委托者的面前。

视觉形象信息准确无误的传递对方案图的作业具有非常重要的意义。因此平、立面图要绘制精确，符合国家制图规范；透视图要能够忠实再现室内空间的真实景况。可以根据设计内容的需要采用不同的绘图表现技法，如水彩、水粉或透明水色、马克笔、喷绘之类。近年来随着计算机技术的迅猛发展，在方案图作业的阶段使用计算机绘图已是大势所趋，尤其是制图部分基本已完全代替了繁重的徒手绘图，透视图的计算机表现同样也具有模拟真实空间的神奇能力，用专业的软件绘制的透视图类似于摄影作品的效果。在这方面因为涉及艺术表现的问题，计算机绘图不可能完全取而代之，但至少会成为透视图表现的主流，而手绘透视表现图只有达到相当的艺术水准才能够被接受。两者之间的关系如同人像摄影与肖像绘画。

作为学习阶段的方案图作业仍然要提倡手工绘制，因为直接动手反映到大脑的信息量，要远远超过隔了一层的机器，通过手绘训练达到一定的标准，再转而使用计算机必然能够在方案图作业的表现中取得事半功倍的效果。

在室内设计的方案图作业中，平面图的表现内容与建筑平面图有所不同，建筑平面图只表现空间界面的分隔，而室内平面图则要表现包括家具和陈设在内的所有内容。精细的室内平面图甚至要表现材质和色彩。立面图也是同样的要求。

一套完整的方案图作业，应该包括平、立面图、空间效果透视图以及相应的材料样板图和简要的设计说明。工程项目比较简单的可以只要平面图和透视图。具体的作图程序则比较灵活，设计者可以按照自己的习惯做相应的安排。

3.2.1.2 方案深化后的施工图

室内设计方案经委托者通过后，即可进入施工图作业阶段。如果说草图作业阶段以“构思”为主要内容，方案图作业阶段以“表现”为主要内容，施工图作业则以“标准”为主要内容。这个标准是施工的唯一科学依据。再好的构思，再美的表现，如果离开标准的控制则可能面目全非。施工图作业是以材料构造体系和空间尺度体系为其基础的。所以施工图的绘制过程，就是方案进一步深化与确定的过程。

一套完整的施工图纸应该包括三个层次的内容：界面材料与设备位置、界面层次与材料构造、细部尺度与图案样式。

界面材料与设备位置在施工图里主要表现在平立面图中。与方案图不同的是，施工图里的平立面图主要表现地面、墙面、顶棚的构造样式、材料分界与搭配比例，标注灯具、供暖通风、给排水、消防烟感喷淋、电器电讯、音响设备的各类管口位置。常用的施工图平立面比例为1：50，重点界面可放大到1：20或1：10。

界面层次与材料构造在施工图里主要表现在剖面图中。这是施工图的主体部分，严格的剖面图绘制应详细表现不同材料和材料与界面连接的构造，由于现代建材工业的发展不少材料都有着自己标准的安装方式，所以今天的剖面图绘制主要侧重于剖面线的尺度推敲与不同材料衔接的方式。常用的施工图剖面比例为1：5。

细部尺度与图案样式在施工图里主要表现在细部节点详图中。细部节点是剖面图的详解，细部尺度多为不同界面转折和不同材料衔接过渡的构造表现。常用的施工图细部节点比例为1：2或1：1，图面条件许可的情况下，应尽可能利用1：1的比例，因为1：2的比例容易造成视觉尺度判断的误差。图案样式多为平立面图中特定装饰图案的施工放样表现，自由曲线多的图案需要加注坐标网格，图案样式的施工放样图可根据实际情况决定相应的尺度比例。

3.2.2 方案表达的决定要素

在室内设计方案的表达中界面具有重要的意义。从理论上讲，室内设计是建筑构件限定空间中实体与虚空综合运行的环境设计，设计优劣的判定取决于使用功能的合理程度与人在空间中由环境氛围产生美感的愉悦程度。似乎所有的一切都处于不可捉摸的虚幻之中。然而在具体的设计过程中，尤其是在方案的表达过程中，却是通过对空间中一个个实际存在的物质界面处理，最终构成完整的室内空间设计。从设计程序的操作理念出发，界面在室内设计中具有决定意义。因此了解界面构成的特征，运用这些特征达到设计的最终目的，就成为设计者必须具备的专业基础素质。

3.2.2.1 界面与材料构造

材料与构造是构成界面的基础，在室内界面的处理中呈现出两种表象。一种是建筑自身材料与结构的直接视觉表现；另一种是通过装修的手法覆盖在建筑结构上的视觉表现。由于大量的室内界面是以后一种方式进行处理，所以装修就成为室内界面处理的代名词。

显现于视觉的界面材料构造由于自身不同的形态、质地、色彩、纹理会对人的心理产生完全不同的影响。因此会由于不同材料构造在界面的使用而产生不同的装饰风格。

木材质感温暖润泽、纹理优美、着色性好，历来是室内用材的首选。东方世界用木材创造了以构造为特征的彩画框架装饰体系。石材质感坚硬，纹理色彩多变，雕凿性好，是建筑理想的结构材料，同时也是室内界面铺砌的高档用材。西方世界用石材创造了以柱式拱券为代表的雕塑感极强的界面装饰体系。金属材料质感冷峻平滑、色彩单纯、加工成型可塑性强，但是需要现代加工技术水平的支撑，因此以金属作为室内界面的构造与材料就代表了现代最典型的装饰风格。可见材料与装饰风格有着本质上的联系。

一般来讲，设计者总是希望在界面的处理上选用高档材料，这是因为所谓的高档材料本身具有华丽的外表，易于产生良好的视觉效果。但是滥用高档材料不但得不到好的空间装饰，而且还会因为材料衔接过渡的处理不当，造成适得其反的效果。设计者合理选用与合理搭配材料的能力并不是一蹴而就的简单技巧。同一空间中使用的材料越多面临的矛盾也就越大，因此一些高档的场所反而用材极为简洁。当然材料用得少就更需要精细的工艺水平。简约主义流行，不少设计者趋之若鹜，但由于并没有真正理解使用材料的真谛，所以材料使用和衔接的尺度比例掌握不好，加之装修工艺粗糙，空间效果反而不如以往。可见简约比之繁复在设计的用材上要更见功力。

一般来讲，材料的使用总是与不同的功能要求和一定的审美概念相关。似乎很少与流行的时尚发生关系。但是随着各种新型装饰材料的不断涌现，以及大众的攀比和从众心理，在装饰材料的使用上居然也泛起阵阵流行的浪潮。以墙面的装饰材料为例，墙纸、喷涂、木装修、织物软包等依次登场，这两年具有不同柔和色调适合于居室墙面装饰的高级乳胶漆又颇为流行。装饰织物方面：窗帘、床罩、靠垫、枕套等等，更是与色彩图案的流行有着直接的联系。可见材料也有流行的时尚。

在一个相对稳定的时间段内，某一类或某一种装饰材料大家用得比较多。这就是材料流行的时尚。这种流行实际上是人们审美能力在室内界面装饰方面的一种体现。喜新厌旧是青年人最基本的审美特征；怀恋旧物则是一般老年人最常见的审美特征。在居住环境的室内装修中，由于新婚家庭的主体是年轻人，主流社会中家庭的决策人又往往是中青年，而这一类家庭的居室装修又占据了室内装饰材料使用的主流，因此也就促成了材料流行的时尚。在公共环境的室内装修中同样也会因为追求所谓的现代感或是时代感，造成某一种新材料的流行潮。

材料的流行从社会公众的角度来看无可厚非，而从专业的角度来看则表现出设计上的不够成熟。运用何种材料构造来处理界面是需要从空间的整体效果来考虑的。

由于材料具有形态、色彩、质感、图案的变化，在图形方案表达中必须采用物质实样的表现方式，这就是材料样板的概念。同样设计者运用材料构造处理界面的能力也需要经过实践的不断磨炼，才能达到炉火纯青的境地。

3.2.2.2 界面与空间构图

绝大多数的室内是由六个界面构成的矩形空间，即：一个地面、一个顶面、四个墙面，六个界面以其自身的构图组合成为一个空间整体。“由于室内不同于室外，墙——变化的焦点——就成为建筑的主角。建筑就产生于室内功能和室外空间的交界之处”[1] 因此六个界面中四个墙面的构图，对于整个室内空间产生的视觉作用在一般情况下就具有决定意义。

就室内的单向界面而言，其空间构图在艺术的创作原理上与平面设计中的书籍封面或招贴是一样的，区别仅在于尺度的大小与材料的三维特征。不少初学者因为忽略了室内设计空间表现的四维特征，以孤立的单向界面处理思维方式进行设计，其结果必然导致整体空间构图的失调。在建筑与室内设计的领域，有一个词非常明确地阐明了界面空间构图的真谛，这就是“交圈”。所谓交圈主要是指四个墙面材料构造的衔接，如踢脚线、挂镜线都是以水平的线性物质表象映入我们的视觉而环绕室内空间一周。当然这是由室内空间的使用功能直接导致的构图模式，但它却反映了界面空间构图的基本规律，至少四个墙面需要作为一个整体来进行构图上的处理。这种规律的产生与人的视线扫描方式有着直接的联系。因为人的视线观察范围是由头部的转动角度来实现的。头部的转动由颈部的运动方式促成，由于生理条件的制约，头部的左右运动远比上下运动来得容易，可以说头部的左右运动是常态，而上下运动是非常态。因此，当室内空间的高度在3m左右，也就是说处于头部静止的平视状态，这时视线的60° 夹角正好将墙面整体映入眼帘。加上随头部左右转动的视线位移，我们对墙体的观察是多向界面的连续印象。由于我们面对的室内空间有相当大的数量是处于3m的高度，就人的视觉感受而言，四个墙面本身就处于同一视域。因此四个墙面的空间构图应按照统一的概念进行处理。当然这仅限于一般的室内空间。当室内的层高超过3m，不同界面的高宽之比发生变化，随着视线高度的自然延伸形成视域的扩大。空间构图随之要扩展到六个面的总体协调。总而言之，界面与空间构图的关系是一个有机的整体。在室内空间构图

[1] [美]罗伯特·文丘里著，周卜颐译，《建筑的复杂性与矛盾性》78页，中国建筑工业出版社，1991年版。

的处理上，既要考虑一般性，也要考虑特殊性。空间构图总是处于统一与对比的反复平衡状态。

3.2.2.3 界面与设备

室内在建筑构造限定的条件下，几乎所有的设备都要与界面发生关系。由于不同设备都有着自身特定的运行方式，在完成各种室内环境需求功能的前提下，其所处的位置、占用的空间、外在的形象都会对界面的构图产生很大的影响。可以说设计者在室内界面构图的设计过程中，必须充分关注设备的因素。

从界面构图的审美意象出发来考虑问题，主要是处理审美所需的空间构图与设备位置的相互协调。在地面、墙面、顶棚三类界面中，数顶棚与设备的关系最密。照明、空调、音响、消防各类管道都要通过结构楼板与顶棚内的空间，并穿透顶棚界面作用于室内。处理好顶界面的设备管口布局，主要在于各工种之间的相互配合，与其说是技术问题，倒不如说是人的关系问题。也就是说室内设计者要想到由于设备设置可能出现的不利影响，明确各种设备基本的布局方式。

从设备影响的技术角度出发考虑问题，在风、水、电三类设备中，与风有关的设备对界面的影响最大。在自然通风中考虑的是通风窗的尺寸与造型；在人工通风中考虑的是进出风口的位置与口径。窗在中外建筑设计的发展历程中形成了风格各异的样式，成为界面有机构成的整体。一般来讲，窗的设计总是要考虑到通风的问题，空间构图与通风采光的矛盾不会很大。而人工通风具有强制空气流动的特征，进出风口的位置在特定空间中有一定的位置局限。所以处理起来有一定的难度。这就需要设计者精心考虑仔细规划。以选择最合适的方案作风口部件的设计。电气设备在室内分为两类，一类直接安装于界面，另一类属于可移动电器。前者要考虑安装位置与造型对界面的影响，后者要考虑电器自身造型色彩与界面之间的关系。

总之，界面与设备所发生的矛盾基本上属于实用功能与视觉审美之间的问题。一般情况下总是审美为功能让路。所以设计者在确立一种设计概念之前，应预计到此类问题发生的可能。在设计方案表达的阶段准确地标注设备位置有助于界面视觉形象空间构图的合理配置。

3.2.3 透视与空间

在方案表达中透视图扮演着重要的角色，以至于很多人认为只要画好了室内透视图，就完成了室内设计方案。当然这种认识是偏颇的，是需要加以纠正的。

透视："在二维平面上再现三度物象的基本方法"。[1] 运用透视原理绘制的透视图"亦称'透视投影'。按中心投影原理绘出的物体的图形。同样大小的物体在图中呈现出远小近大。空间任意方向的平行线（平行于投影面者除外）在透视图上都有一聚焦点，如平行的直的铁路轨道在图中远处相遇。立体感极强"。[2] 由于透视图所表现的物体最接近于人的肉眼所看到的实景。所以在建筑或室内的设计图形表现中应用的非常广泛。因为透视图聚焦的特点与人眼反射镜像的聚焦相符，透视图中所表现的图像虽然并不符合空间中物体的实在形状，但由于它和人的感官影像吻合，在人们对空间物体表象的认识中这就是真实的世界，因此在设计方案的图形表达中透视具有决定的意义。人们一般总是通过透视图所表现的图像来推断未来室内空间形象的优劣，从设计受众的角度来看这是非常自然和易于理解的。然而作为专业的设计者却应该明白透视的图像与真实的空间物体之间有着很大的区别，需要在方案表达的推敲过程中予以充分的注意。

应该说透视在设计概念的确立过程中具有重要意义。通过透视草图的绘制过程，设计者能够将头脑中预想的空间形态进行实际的图示验证。从而帮助自己确立最终的设计概念。但是在方案确立的表达过程中，透视主要是作为说服设计项目使用者的工具，而非设计者确定室内空间中界面与物体比例尺度的工具。美国学者保罗·拉索在他的著作《建筑表现手册》（Architectural representation handbook）的透视图一节对这个问题的论述是耐人寻味的："有趣的矛盾是，作为一种绘图方式人们对透视图的论著最多，而实际上在设计工作中又是使用的最少的。通观无数有关透视的书籍，就会了解这些著作的绝大多数将重点放在绘制透视图的技巧上，使设计人或绘图人对之产生某种崇敬心理；但却很少论及透视图在设计过程中之效用。透视图通常被看成是经精心渲染，专供业主欣赏，或供后者用于广告宣传的表现图。一般地说，这种图是在设计过程已经完成，最后的方案业已确定后才做的，是对所设计建筑物或空间环境的图像表达"。[3] 然而受社会整体文化水平的限制，要让我们的业主在二维的正投影制图中理解三维的空间形象，恐怕还要一个相当长的过程。目前，首先要做到的是端正设计者对透视图表达的正确认识。在方案表达的过程中设计者主要应在正投影的平立面作图过程中细心揣摩。因为只有在正投影制图的情况下图示的表象才具有空间的真实

[1]《辞海》，1999年版，1273页。
[2]《辞海》，1999年版，1273页。
[3][美]保罗·拉索著，周文正译，《建筑表现手册》47页，中国建筑工业出版社，2001年版。

性。设计者也只有在这种作图的过程中进行推敲，才能够得出正确的答案。

由于大部分室内空间的绝对尺度都是以人的尺度作为度量而最终确立的。所以一般的室内空间高度与进深都不是很大。当人处于这类室内空间的任意角落时，他的静止视线所及是十分有限的。只是通过身体的不断运动，视线也不断地转换角度，经过时间的串接，一幅幅空间图像反映于大脑，就构成了完整真实的室内景象。而运用透视原理绘制的透视图为了完整表现一个室内空间，其视点却往往处在该室内空间之外，也就是说只有拆了面前的这堵墙才能看到图示的景象。所以说使用透视图表达的空间还是具有虚假的成分。

作为设计者一定要正确认识透视与空间表现的关系。在室内空间的方案表达中既要看到透视图的重要作用，合理运用透视原理作图，又要以科学的态度通过正投影立面制图来最终校订方案。

3.3 构造与细部

作为室内设计的空间形象语汇。构造与细部无疑是最能够体现设计概念和方案表达的专业技术语言。这是由室内空间自身的特点所决定的。由界面围合的室内空间犹如搭建的一座舞台，没有布景、道具和演员，这台戏是唱不起来的。即使所有的配置都已齐全，演出的剧情没有细节的铺垫也是极不耐看的。于是装修的构造与细部，在室内设计的整台戏中就发挥着非常重要的起承转合作用。处于室内界面围合中的人自然对这种作用的体验十分敏感。

3.3.1 空间主体的构造细部

所谓空间主体是特定室内界面实体与围合的虚空形成的总体。空间主体给予人的视觉印象就成为评价空间形象的标尺。这种印象主要是由界面实体的形态、质感、色彩向围合的虚空中发散的信息反映于大脑产生的。而起决定作用的则是空间主体的构造细部。

空间主体的构造细部是针对界面围合的空间对比而言。徒然四壁的房间、门窗就成为构造的细部；暴露梁柱的房间，梁柱自身就成为空间的构造细部。门窗与梁柱又以各自的风格样式营造出不同的构造细部。古今中外的室内空间，大量的文章都做在门窗与梁柱上，其中的道理不言自明。由此门窗与梁柱构建了各种类型的界面与构件，空间主体的构造细部就是在不同界面与构件的组合中呈现出来的。

界面的材质与工艺对空间主体的构造细部影响巨大。光洁透明的玻璃幕墙会凸现出建筑内外全部的结构，与点式拴挂的钢架结构配合恰好显现了自身构造精致的细部表象。用涂料刷就平整无影四白落地的房间，仅仅只是一圈截面比例适度、外部造型精巧的挂镜线，就能够起到空间主体中构造细部的点睛作用。

在文艺作品中，细节是“细腻地描绘人物性格、事件发展、场境和自然景物的最小组成单位。场境和人物性格的具体表现，由许多细节描写所组成；细节描写要具有真实性，要服从艺术形象的塑造、故事情节的展开和主题思想的表达的需要。选择何种细节作为表现对象，往往体现了作品的某些风格特征。细节描写的多少，可以调节文学叙事的速度和节奏，并表明描写对象在作品中的地位”。[1] 空间主体的构造细部同样具有文艺作品的细节作用。构造细部形态与样式的选择同样是为了表达空间的概念主题。主题表现愈突出，室内空间主体的风格特征就愈强，给予人的印象就愈深刻。后现代建筑所体现的隐喻性与象征性，主要就是通过构造细部所表达的某种传统构件符号传递出来的概念。在室内空间主体的设计概念中也经常利用传统构造的细部表象特征，形成某种特殊风格的符号来体现需要表达的设计概念。像中国传统建筑的斗拱、室内天花的藻井、古希腊罗马柱式的柱头等构造细部都具有类似的符号功能。

（彩图：119、120、121、122、123、124）

3.3.2　整体界面的构造细部

尽管我们反复强调室内空间实体与虚空的时空整体性，但从技术操作的物理层面来看，居于空间实体主要位置的围合界面，在空间主体的视觉印象中依然具有其他物体不可替代的重要作用。因此整体界面的构造细部对空间主体的影响也就不能低估。在这里，整体界面所指是包括地面、墙面、顶棚在内的典型室内围合界面。就室内中的人而言，在很多情况下所观看的界面与正视图表现的立面图像十分相近。“正视图与照相相似，都是将可见的景物投影到一个二维画面上去。与照相不同的是，投影与正视图上的景物保持其原有的尺度；那些较远的物件在照相中看起来会小一些，而在正视图中却保持尺度不变，仿佛被拉到前面来了。一扇7英尺（约2.1m）高的门，不论距视点多远，总是被画成7英尺（约2.1m）高”。[2] 也就是说，由于室内空间的围合与包容特征，人与界面经常处于正视的角度。界面的构造细部一般处于二维的视域，如同在画廊观看壁面的图画。由于大面积单

---

[1]《辞海》，1999年版1401页。

[2]［美］保罗·拉索著，周文正译，《建筑表现手册》28页，中国建筑工业出版社，2001年版。

一材质的衬托，构造细部会被清晰地凸现出来，所以选材、造型、比例、尺度、色彩都需要精心调整。

要做好整体界面构造细部的设计，需要对材料表象的特质作深入的推敲。不同的材质有不同的视觉表达语汇。这种语汇往往与材料结构的本质相通。涂料粉饰的构造细部，色彩单纯、形体分明、雕塑感强，需要线性挺括的基底构造；木材质感温馨，纹理优美、着色性好，需要显示材质本色的榫接构造表象；金属材料质感冷峻，光亮洁净、结构性强，需要突出构件自身的造型与结构的工艺美感；织物质感柔软，悬垂性好，色彩绚丽、织纹图案变化丰富，需要根据不同的构造突出织物可塑性强的特点。石材、玻璃陶瓷坚硬光挺，自身成形好，产品选型多，需要处理好边缘的线型，根据界面的比例尺度，将接缝作为构造细部的重点。

比例尺度是整体界面构造细部设计中的重点。整体界面的空间构图一般是根据材料成型的基本模数来决定的，构造细部如同天平的砝码，起着调节界面构图的作用。不同造型的采用、横竖比例的选择、细节尺寸的确立等都要经过在立面作图的反复推敲中决定。

光影在整体界面构造细部的设计中具有重要意义，尤其是雕塑感强的细部造型，需要结合采光与照明设计通盘考虑。要注意阴影对细部造型观感的影响，形态比例不当会破坏界面的整体形象。一般来讲，单一色彩的构造细部易于处理，多种色彩搭配的构造细部难于处理。问题的关键在于不同色彩的面积比率与衔接处理的手法，当然色彩是否相配还在于设计者的色彩素养高低。

（彩图：125、126、127、128、129、130、131）

3.3.3 过渡界面的构造细部

在这里所说的过渡界面构造细部，是指不同方向与材料界面转接处的构造细部。主要指地面与墙面、墙面与顶棚、墙面与墙面的转接细部。

在室内设计构造细部的概念当中，过渡界面的构造细部应该说是细部之中的细部。他在连接不同界面、形成室内空间主体形象审美心理的视知觉中起着十分重要的作用。按照格式塔（“格式塔”是德文字Gestalt的译音。英文往往译成form［形式］或shape［形状］）心理学的概念：“任何‘形’，都是知觉进行了积极组织和建构的结果和功能，而不是客体本身就有的”。[1]就室内空间而言，每一个界面都可能是一个完整的形。典型室内的六个界面就有可能成为各自不同的六

---

[1] 滕守尧著，《审美心理描述》99页，中国社会科学出版社，1985年版。

种形态，能否组成一个完整的室内空间形象就在于过渡细部的处理。“所谓形（在格式塔心理学中，任何形都是一个格式塔），是一种具有高度组织水平的知觉整体”❶，“每当视域中出现的图形不太完美，甚至有缺陷的时候，这种将其‘组织’的‘需要’便大大增加；而当视域中出现的图形较对称、规则、完美时，这种需要便得到‘满足’。这样，那种极力将不完美图形改变为完美图形的知觉活动，就被认为是在这种内在‘需要’的驱使下进行的，可以说，只要这种‘需要’得不到满足，这种活动便会持续下去”。❷ 实际上，过渡界面的构造细部设计过程就是这种“完形”知觉活动的延续。在设计的不断延续中，复杂的界面形体得以简化，并最终达成理想中的室内空间整体形象。

从技术处理的层面来看，过渡界面的构造细部设计一般采用三种典型的手法。即：并置、加强、减弱。并置的手法符合格式塔知觉中占优势的简化倾向。也就是将两个界面以相互衔接的方式直接组合。这种手法要求极高的工艺水平，比较适合于同种材料的连接过渡，能够达到线性过渡的简约视觉效果。加强与减弱的手法都是采用分散视知觉注意力的方式来达到界面过渡的目的。加强的手法主要利用不同形式的线脚构造，如踢脚线、檐口线、窗楣线等。既起到了对界面装饰的作用，又以其丰富的截面线型完成了过渡的任务。减弱的手法主要利用界面构造之间的不同开缝，通过虚空的距离，以尺度控制或光影处理达到过渡的目的。

过渡界面的构造细部设计中，加强的手法是传统建筑室内装修的典型做法；并置的手法则是现代建筑室内装修的典型做法；而减弱的做法则出现于各种类型与风格的建筑室内装修之中。不论采用何种手法，构造细部截面的线型样式与尺寸选择是至关重要的。

（彩图：132、133、134、135、136、137）

❶ 滕守尧著，《审美心理描述》99页，中国社会科学出版社，1985年版。
❷ 滕守尧著，《审美心理描述》103页，中国社会科学出版社，1985年版。

4 设计语言与设计方法

4.1 设计的语言

按照《现代汉语词典》的解释：“语言是人类所特有的用来表达意思、交流思想的工具，是一种特殊的社会现象，由语音、词汇和语法构成一定的系统。‘语言’一般包括它的书面形式，但在与‘文字’并举时只指口语”。室内设计的时空多样性决定了设计语言选取的复杂性。这不是一个简单的语言概念，而是一个综合多元的语言系统。它包括口语、文字、图形、三维实体模型……需要全面的设计表达方式。

4.1.1 设计的表达

设计的表达属于信息传递的概念，信息“通常需通过处理和分析来提取。信息的量值与其随机性有关，如在接收端无法预估消息或信号中所蕴含的内容或意义，即预估的可能性越小，信息量就越大”。[1]而这种预估在室内设计中恰恰是较大的，几乎所有的人都会对自己将要生活的空间有着某种特定的形式期待，设计所表达的理念如果与之相左，往往很难获得通过。在所有的艺术设计门类当中，室内设计信息的获取是最为困难的类型之一，其原因也就在于信息量很难做到最大。由于设计的最终成品不是单件的物质实体，而是由空间实体与虚空组构的环境氛围所带来的综合感受。即使选用视觉最容易接受的图形表达方式，也很难将所包含的信息全部传递出来。“新制人所未见，即缕缕言之，亦难尽晓，势必绘图作样；然有图所能绘，有不能绘者。不能绘者十之九，能绘者不过十分之一。因其有而会其无，是在解人善悟耳”。[2]在相当多的情况下，同一种表达方式，面对不同的受众，会得出完全不同的理解。因此室内设计的表达，必须调动起所有的信息传递工具才有可能实现受众的真正理解。

---

[1]《辞海》，1999年版，299页。
[2][清]，李渔，《闲情偶寄・居室部》。

图形表达

在室内设计表达的类型中，图形以其直观的视觉物质表象传递功能，排在所有信息传递工具的首位。室内设计的最终结果是包括了时间要素在内的四维空间实体，而室内设计则是在二维平面作图的过程中完成的。在二维平面作图中完成具有四维要素的空间表现，显然是一个非常困难的任务。因此调动起所有可能的视觉图形传递工具，就成为室内设计图面作业的必需。图面作业采用的表现技法包括：徒手画（速写、拷贝描图），正投影制图（平面图、立面图、剖面图、细部节点详图），透视图（一点透视、两点透视、三点透视、轴测透视）。徒手画主要用于平面功能布局和空间形象构思的草图作业；正投影制图主要用于方案与施工图的正图作业；透视图则是室内空间视觉形象设计方案的最佳表现形式。虽然这部分工作目前在很大程度上被计算机所替代。但作为设计者的基础训练和最初的设计概念表达仍然是不可或缺的环节。

室内设计的图面作业程序基本上是按照设计思维的过程来设置的。室内设计的思维一般经过：概念设计、方案设计、施工图设计三个阶段。平面功能布局和空间形象构思草图是概念设计阶段图形表达的主体；透视图和平立面图是方案设计阶段图形表达的主体；剖面图和细部节点详图则是施工图设计阶段图形表达的主体。设计每一阶段的图形表达，在具体的实施过程中并没有严格的控制，为了设计思维的需要，不同图解语言的融会穿插是室内设计图形表达经常采用的一种方式。（彩图：138、139、140、141）

文字与口语表达

书面的文字同样是室内设计重要的表达工具。图形只有通过文字的解释与串接才能最大限度地发挥出应有的效能。同时文字的表述能够深入到理论的深度，在设计项目的策划阶段，在设计概念的确立阶段，在设计方案的审批阶段均能够胜任于信息传达的深化要求。

口语表达是图形与文字表达的进一步深化。由于室内设计的最终实施必须经由使用方的最终认可，图形与文字的表达方式尽管具有信息传递的全部功能，但并不能替代人与人之间直接的情感交流。尽管现在的信息传递工具已经十分先进：移动电话、计算机网络、远程视频课程……然而单向的信息传递即使是爆炸性的，也不一定会被接受方理解。信息发送与信息接收，并促使双方沟通的最佳方式，仍然是人与人面对面的直接表述，由于交往中的口语伴随着讲述者的表情与肢体语言的辅助，能够产生一种特殊的人格魅力，从而获得对方的信任与理解。因此在室内设计的各个环节：确立概念、设计投标、方案论证、施工指导都少不了口语的表达。

空间模型表达

由于室内设计的四度空间特征，空间模型的表达方式，无论是学习阶段还是设计实施阶段，都是理想的专业表达方式。只是由于尺度、材料、时间、财政的关系我们不可能个个方案都做实体1比1模型，而小尺度模型观看的角度与位置，很难达到身临其境的效果。所以在计算机模拟技术出现之前，模型的信息传递功能在某些方面还赶不上透视效果图。当然随着计算机技术的发展和这种先进工具的普及应用，空间模型完全可以用虚拟的方式实时展现。因此今后空间模型的表达会逐渐转移为虚拟的方式。同时随着计算机运算速度的进一步加快，我们将不仅运用它来绘制图纸，而是真正进入计算机辅助设计与表达的阶段。

4.1.2 设计任务书

由于室内设计是一项复杂的系统工程，一个具体的室内设计项目，其项目实施程序对于不同的部门具有不同的内容，物业使用方、委托管理方、装修施工方、工程监理方、建筑设计方、室内设计方虽然最后的目标一致，但实施过程中涉及的内容确有着各自的特点。本书的对象主要是针对设计者，因此项目实施程序的内容自然是以室内设计方为主。

以室内设计方为主的项目实施程序涉及到社会的政治、经济，人的道德伦理、心理、生理，技术的功能、材料，审美的空间、装饰等等。室内设计方必须具备广博的社会科学、自然科学知识，还必须具有深厚的艺术修养与专业的表达能力，才能在复杂的项目实施程序中胜任犹如“导演”角色的项目实施设计工作。

制约项目实施的因素

室内设计项目实施程序是一项严密的控制系统工程，从项目实施的开始到完成都受到以下几点的制约与影响。

社会的政治经济背景：每一项室内设计项目的确立，都是根据主持建设的国家或地方政府、企事业单位或个人的物质与精神需求，依据其经济条件、社会的一般生活方式、社会各阶层的人际关系与风俗习惯来决定。

设计者与委托者的文化素养：文化素养包括设计者与委托者心目

中的理想空间世界，他们在社会生活中所受到的教育程度，欣赏趣味及爱好，个人抱负与宗教信仰等。

技术的前提条件：包括科学技术成果在手工艺及工业生产中的应用，材料、结构与施工技术等。

形式与审美的理想：指设计者的艺术观与艺术表现方式以及造型与环境艺术语汇的使用等。

项目实施的功能分析

在室内设计项目的实施过程中，室内设计者在受到物质与精神、心理上主观意识的影响下，要想以系统工程的概念和环境艺术的意识正确决策就必须依照下列顺序进行严格的功能分析：

- 社会环境功能分析；
- 建筑环境功能分析；
- 室内环境功能分析；
- 技术装备功能分析；
- 装修尺度功能分析；
- 装饰陈设功能分析。

室内设计的复杂性决定了项目实施程序制定的难度。这个难度的关键在于设计最终目标的界定，通俗地说，就是房间怎样使用，怎样装扮，这个最基本问题的决定是否正确，直接关系到项目实施的最后结果。就设计者来讲总是希望自己的设计概念与构思能够完整体现。但在现实生活中房间的使用功能还是占据主导地位，空间的艺术样式毕竟要从属于功能。这就决定设计师不能单凭自己的喜好去完成一个项目。设计师与艺术家的区别就在于：前者必须以客观世界的一般标准作为自己设计的依据；后者则可以完全用主观的感受去表现世界。

设计任务书的制定方式

所谓设计任务书就是在项目实施之初决定设计的方向。这个方向自然要包括空间设计中物质的功能与精神的审美两个方面。设计任务书在表现形式上会有不同的类型，如意向协议、招标文件、正式合同等等。不管表面形式如何多变其实质内容都是相同的。应该说设计任务书是制约委托方（甲方）和设计方（乙方）的具有法律效应的文件。只有共同遵守设计任务书规定的条款才能保证工程项目的顺利实施。

在现阶段，设计任务书的制定应该以委托方（甲方）为主。设计方（乙方）应以对项目负责的精神提出建设性意见供甲方参考。一般来讲，设计任务书的制定在形式上表现为以下四种：

（1）按照委托方（甲方）的要求制定

这种形式建立在甲方成熟的设计概念上，希望设计者忠实体现委托设计者自己的想法构思。加强与甲方的交流，通过沟通思想充分体现甲方的意向，才能在满足甲方要求的基础上，制定完美的设计任务书。

（2）按照等级档次的要求制定

这种形式根据甲方的经济实力以及建筑本身的条件和地理环境位置所制定。可以按照高、中、低的档次来要求，也可以按照星级饭店的标准来要求。

（3）按照工程投资额的限定要求制定

这种形式是建立在甲方的投资额业已确定，工程总造价不能突破的前提下来制定的，所以要求设计任务书确定的设计内容在不超支的情况下，设计出能够达到要求的工程效果。

（4）按照空间使用要求制定

这种形式一般针对专业性强的空间，因此设计者具有相当的发言权。在设计任务书的制定中，甲方往往会在材料和做工上提出具体意见。

现阶段的设计任务书往往是以合同文本的附件形式出现。应当包括以下主要内容：

- 工程项目的地点；
- 工程项目在建筑中的位置；
- 工程项目的设计范围与内容；
- 不同功能空间的平面区域划分；
- 艺术风格的发展方向；
- 设计进度与图纸类型。

4.1.3 平面的意义

我们在这里所讲的平面包含着两层含义：首先作为室内设计技术语言表达的图形——平、立、剖面图，都是以正投影的二维画面展现，即图形表象的平面。其次是室内人的活动与使用功能表达的唯一界面——平面图，在室内设计的所有图形语言中具有举足轻重的地位。由于二维画面的图形表达，设计者必须实现自身从平面图形到立体空间的完整空间概念转换。由于平面图所表达的空间包含视觉形象多极发展的概念，设计者既要具备平面功能分析的作图能力，又要掌握从平面图到空间整体视觉形象创造的能力。

二维平面作图的设计语言，分别以各自不同的表达方式，反映着立体空间不同层面的表象，它们相互补充，最终在设计者头脑中建立起科学真实的室内空间。“设想在观察者与被画景物之间有一个透明的‘取景框’，正视法是指物件在垂直于取景框条件下，以其原有尺度被投影到取景框，也即画面上。正视图有两种基本类型，立面：取景框位于观察者与景物之间；剖面：取景框切开被画景物，因而能显示其内部形象。其他类型均系这二者延伸、发展。屋顶平面是从上而下看一栋建筑物的水平视图，而平面实际上是一个水平剖面”。[1]

“在所有制图方式中，立面图是其中最古老的方式之一，然而它仍是最直接、明了、简单、易于为看图人所广泛理解的建筑图像交流方式。通过对图像指主体中可识别的特征，如其尺度、构图、比例、节奏、韵律、质感、色彩、形状、格调和细部等作认真描述，可使图面具有真实性。

剖面可能是最不受重视的一种图像表达方式。剖面作为一个迅速表达手段，能说明尺度、内含、光照、空间特征以及对空间的感受。虽然剖面不能像立体图或透视图那样表现三维空间，他们却比平面更能表达人与空间之间的关系。在图中适当插入人物能帮助看图人设想身在这个空间里会有的感受。如果加上人们的视线或行动线等辅助手段，还会进一步加强仿佛身在其中的感受。

像垂直剖面一样，平剖面是水平切开后的俯视图像，传统上简单地叫作平面。作为最常用的制图约定方法，他也是最没有被恰当地应用，或充分发挥的一种。很多设计人，特别是设计专业的学生满足于用平面作为图解工具去说明建筑各部分的关系，而不求用以说明建筑艺术方面的感受。经过适当渲染，平面能提高所设计空间的质量感，且保持其整体概念和明确的定位感。这种平面不仅可以包括广阔的细节，还可以很容易地对基本空间作进一步描绘”。[2]

人以脚踏实地的直立形态站立或行走于地面是我们司空见惯的行为模式，没有人会对这种行为模式提出疑问，也想象不出人体自身还会以别的什么方式，不借助外力而活动于地球。由于地心引力的作用，地面成为人体运动自如的唯一界面。在室内设计的概念中，“地面”除去地球岩石圈表层的含义外，还包括所有人为构筑的平行于地壳的界面。这样任何房间的地平面、楼板面、台板面就成为室内广义的“地面”概念。由于人只能活动于地面，于是所有的交通功能、使用功能也就发生于各种人为的水平面上。于是预先计划模拟人的活动

---

[1] [美] 保罗·拉索著，周文正译，《建筑表现手册》28页，中国建筑工业出版社，2001年版。
[2] [美] 保罗·拉索著，周文正译，《建筑表现手册》30页，中国建筑工业出版社，2001年版。

方式的平面图在室内设计中就具有了决定的意义。

4.1.4 空间的表象

室内空间的表象是建筑内部的所有物品在自然与人为环境因素共同作用的影响下产生的。表现这种感官的形象，并使之转换为设计的特定语言，而后熟悉这种语言，就成为设计者掌握设计工作方法的主要内容。室内空间表象的体现是一件十分困难的工作。其难点就在于室内时空不断转换的不定模式。

在这里我们所讲的室内空间表象的体现显然属于环境艺术表达的概念，它的艺术表现形式既不同于音乐一类的时间艺术；也不同于绘画一类的空间艺术。而是融合时间艺术与空间艺术的表现形式为一体的四维综合艺术。通俗地说，这种艺术表现形式就是房间内部总体的艺术氛围。如同一滴墨水在一杯清水中四散直至最后将整杯水染成蓝色，如同一瓶打开盖子的香水其浓郁气息在密闭的房间中四溢。具体地说，室内空间的艺术表现要靠界面（地面、墙面、顶棚）装修和物品陈设的综合效果，要靠进入房间的人在不同时间段的活动来体现。

在室内设计中，空间实体主要是建筑的界面，其次是家具与设备之类的器物，这些是静态的实体。而人是作为动态的实体进入室内空间的。界面的效果是人在空间的流动中形成的不同视觉观感，因此界面的艺术表现是以个体人的主观时间延续来实现的。家具与设备则在不同的时间里直接与人体发生接触，从而在各种不同行为的生活中完成艺术表现，最终完成了室内的功能。在这里，界面等同于舞台，器物等同于道具，人的活动等同于演员，三者之间相辅相成，相得益彰，才能共同营造出特定时段的特定空间表象。

通过以上分析我们不难看出，室内空间的表象可以归结为两类。一类是空间静态表象；一类是时间动态表象。界面与物品之类的静态表象，其艺术表现显然比较容易，我们目前使用的所有图形设计语言几乎都是用于这类表现的。而动态表象除了人的活动外，还包括光影、声音、气息等环境因素。这些动态的表象都有着明显的时间特征，所谓时过境迁。室内的总体空间氛围基本上是由动态表象所控制的。我们经常有这样的生活体验，好看的室内图片真到了现场却未必如此，画面平平的室内，现场效果却出奇地好。现场参观与实际使用也会是完全不同的空间感受。可以说，目前还没有一种工具能够达到表现动态表象的能力，作为设计者只有通过实践经验去预想实际的效果。这种对未知时空的想象力也是一种设计的语言。因为“语言，作为意识水平上经验的一个特征，它是随着想象而产生的”。[1] 从这个角度来讲，生活阅历就成为设计者必须积累的设计语言。因此，每一个室内设计者绝不能轻视特定空间实地、实时体验的重要作用。

4.2 图解的方法

室内空间的多量向化决定了室内设计语言的多元化。由于图解的方法最接近空间表象的视觉表达，因此在室内设计所有的设计语言中，图解的方法成为行之有效的首选。

4.2.1 图解的意义

图解：图形思维的方法

感性的形象思维更多地依赖于人脑对于可视形象或图形的空间想象，这种对形象敏锐的观察和感受能力，是进行设计思维必须具备的基本素质。这种素质的培养主要依靠设计者本身建立科学的图形分析思维方式。所谓图形分析的思维方式，主要是指借助于各种工具绘制不同类型的形象图形，并对其进行设计分析的思维过程。就室内设计的整个过程来讲，几乎每一个阶段都离不开绘图。概念设计阶段的构思草图：包括空间形象的透视与立面图、功能分析的坐标线框图；方案设计阶段的图纸：包括室内平面与立面图、空间透视与轴测图；施工图设计阶段的图纸：包括装修的剖立面图、表现构造的节点详图等等。可见离开图纸进行设计思维几乎是不可能的。

养成图形分析的思维方式，无论在设计的什么阶段，设计者都要习惯于用笔将自己一闪即逝的想法落实于纸面。而在不断的图形绘制过程中，又会触发新的灵感。这是一种大脑思维形象化的外在延伸，完全是一种个人的辅助思维形式，优秀的设计往往就诞生在这种看似纷乱的草图当中。不少初学者喜欢用口头的方式表达自己的设计意图，这样是很难被人理解的。在室内设计的领域，图形是专业沟通的最佳语汇，因此掌握图形分析的思维方式就显得格外重要。

任何一门专业都有着自己科学的工作方法，室内设计的图形思维也不例外。设计在很大程度上依赖于表现，表现在很大程度上又依赖于图形，因此要掌握室内设计的图形思维方法，关键是学会各种不同类型的绘图方法，绘图的水平因人受教育经历的不同，可能会呈现很大的差别，但就图形思维而言绘图水平的高低并不是主要问题，主要问题在于自己必须动手画，要获得图形思维的方法和表现视觉感

[1] [英] 罗宾・乔治・科林伍德著,《艺术原理》232页，中国社会科学出版业社，1985年版。

受的技法，必须能够熟练地徒手画。要明白画出的图更多是为自己看的，它只不过是帮助你思维的工具，只有自己动手才能体会到其中的奥妙，从而不断深化自己的设计。即使在电子计算机绘图高度发展的今天，这种能够迅速直接反映自己思维成果的徒手画依然不会被轻易地替代。当然如果你能够把自己的思维模式转换成熟练的人机对话模式，那么使用计算机进行图形思维也是一条可行的路。

使用不同的笔在不同的纸面进行的徒手画，是学习设计进行图形思维的基本功。在设计的最初阶段包括概念与方案，最好使用粗软的铅笔或0.5mm以上的各类墨水笔在半透明的拷贝纸上作图，这样的图线醒目直观，也使绘图者不过早拘泥于细部，十分有利于图形思维的进行。

徒手画的图形应该是包括设计表现的各种类型：具象的建筑室内速写、空间形态的概念图解、功能分析的图表、抽象的几何线形图标、室内空间的平面图、立面图、剖面图及空间发展意向的透视图等等。总之一句话：室内设计的图形思维方法建立在徒手画的基础之上。

从视觉思考到图解思考

室内设计图形思维的方法实际上是一个从视觉思考到图解思考的过程。空间视觉的艺术形象设计从来就是室内设计的重要内容，而视觉思考又是艺术形象构思的主要方面。视觉思考研究的主要内容出自心理学领域对创造性的研究。这是一种通过消除思考与感觉行为之间的人为隔阂的方法，人对事物认识的思考过程包括信息的接受、贮存和处理程序，这是个感受知觉、记忆、思考、学习的过程。认识感觉的方法即是意识和感觉的统一，创造力的产生实际上正是意识和感觉相互作用的结果。

根据以上理论，视觉思考是一种应用视觉产物的思考方法，这种思考方法在于：观看、想象和作画。在设计的范畴，视觉的第三产品是图画或者速写草图。当思考以速写想象的形式外部化成为图形时，视觉思维就转化为图形思维，视觉的感受转换为图形的感受，作为一种视觉感知的图形解释而成为图解思考。

“图解思考过程可以看作自我交谈，在交谈中，作者与设计草图相互交流。交流过程涉及纸面的速写形象、眼、脑和手”。[1] 这是一个图解思考的循环过程，通过眼、脑、手和速写四个环节的相互配合，在从纸面到眼睛再到大脑，然后返回纸面的信息循环中，通过对交流

---

[1] [美]保罗·拉索著，邱贤丰译，陈光贤校，《图解思考》，中国建筑工业出版社，1988年版。

环的信息进行添加、消减、变化，从而选择理想的构思。在这种图解思考中，信息通过循环的次数越多，变化的机遇也就越多，提供选择的可能性越丰富，最后的构思自然也就越完美。

从以上分析我们可以看出图解思考在室内设计中的六项主要作用：

表现—发现；

抽象—验证；

运用—激励。

这是相互作用的三对六项。视觉的感知通过手落实在纸面称为表现，表现在纸面的图形通过大脑的分析有了新的发现。表现与发现的循环得以使设计者抽象出需要的图形概念，这种概念再拿到方案设计中验证。抽象与验证的结果在实践中运用，成功运用的范例反过来激励设计者的创造情感，从而开始下一轮的创作过程。

图57　故宫实景的建筑速写（清华大学美术学院环境艺术设计系2001级应笑晨，指导教师：郑曙旸）

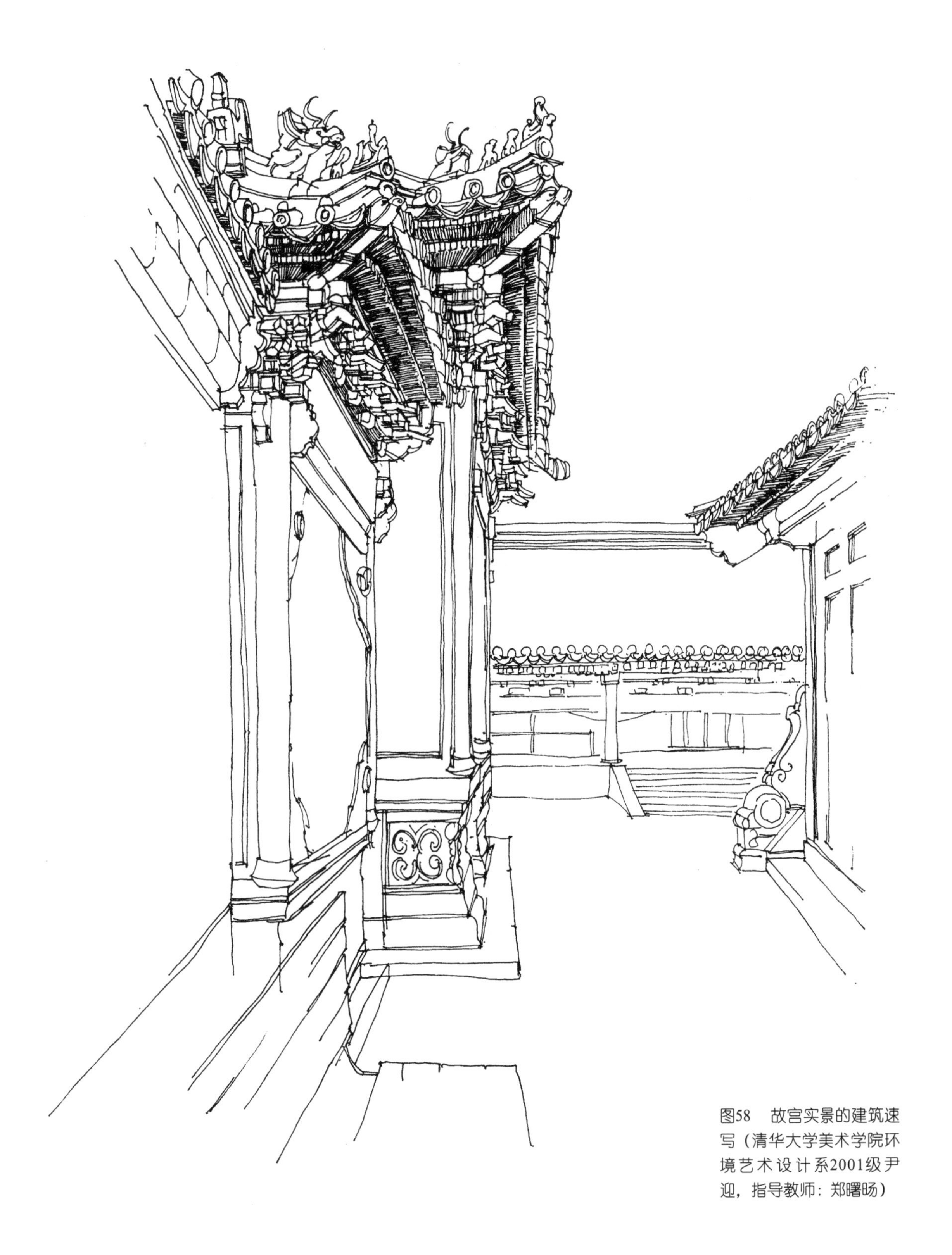

图58 故宫实景的建筑速写（清华大学美术学院环境艺术设计系2001级尹迎，指导教师：郑曙旸）

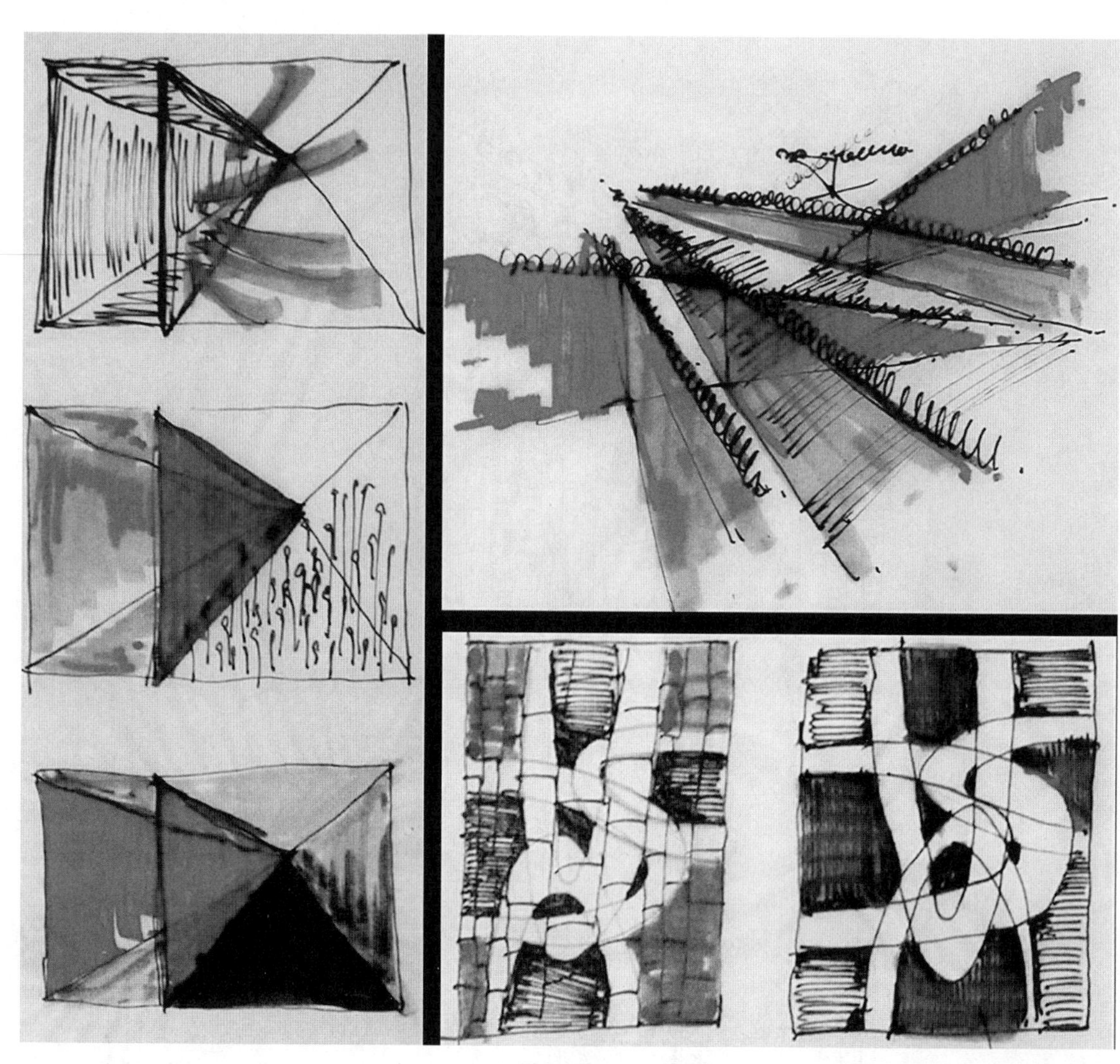

图59　故宫印象图形分析素材（清华大学美术学院环境艺术设计系2001级李笑寒，指导教师：崔笑声）

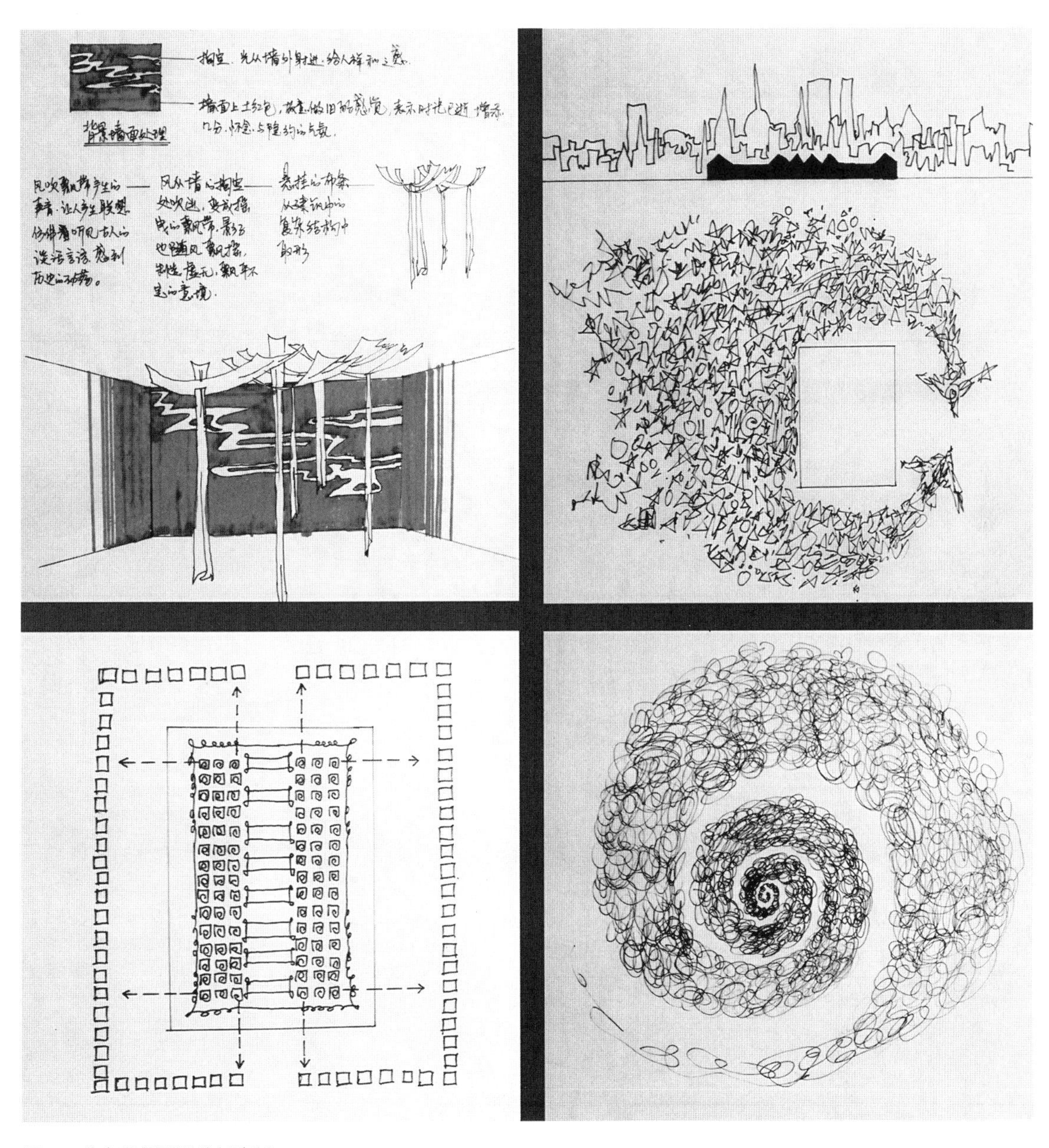

图60　故宫印象图形分析素材（清华大学美术学院环境艺术设计系2001级李巍，指导教师：崔笑声）

图61 故宫印象图形分析素材（清华大学美术学院环境艺术设计系2001级尹迎，指导教师：崔笑声）

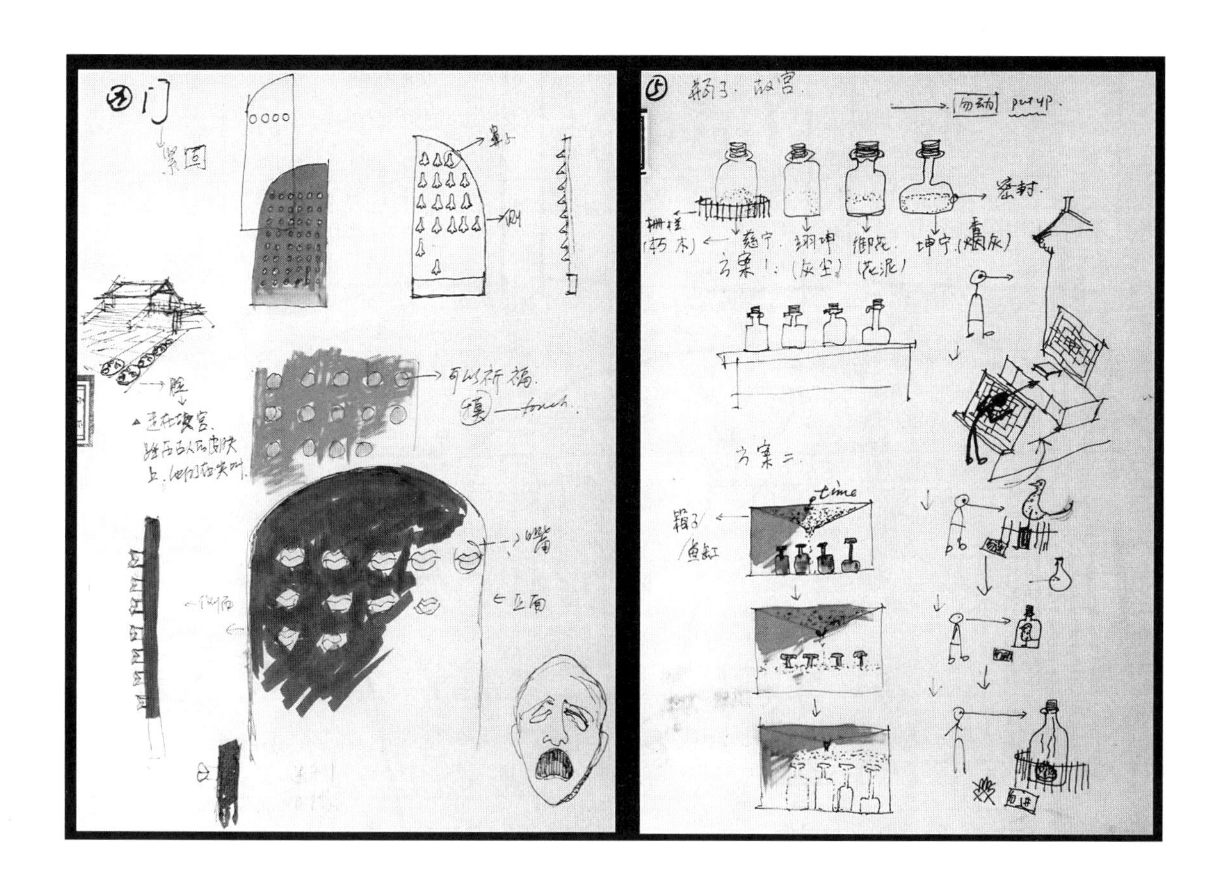

图62 故宫印象图形分析素材（清华大学美术学院环境艺术设计系2001级王蕾，指导教师：崔笑声）

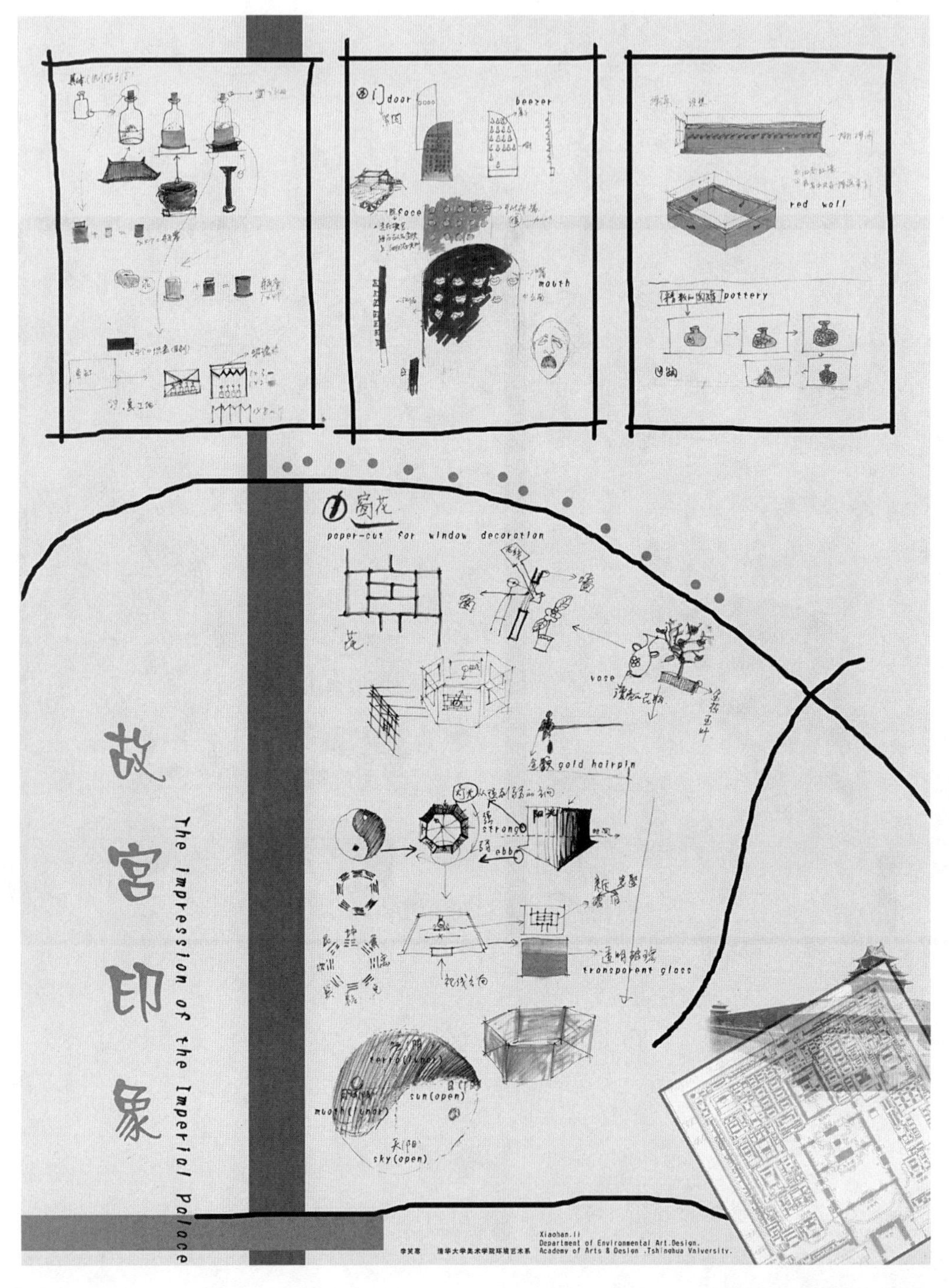

图63 故宫印象（清华大学美术学院环境艺术设计系2001级李笑寒，指导教师：崔笑声）

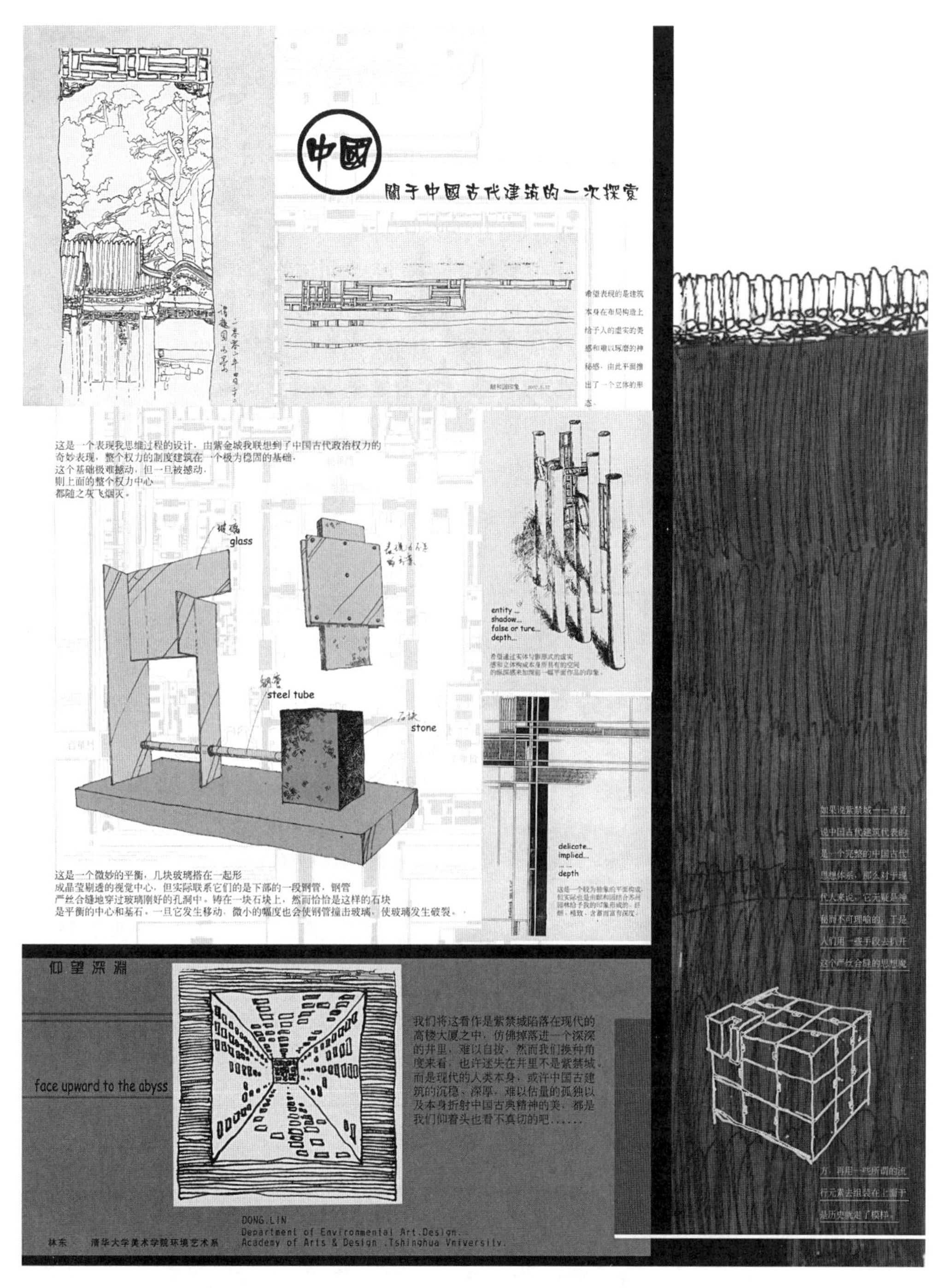

图64　关于中国古代建筑的一次探索（清华大学美术学院环境艺术设计系2001级林冬，指导教师：崔笑声）

4.2.2 图解的形式与内容

图解的形式在于体现思维方式的绘图类型。

在设计中，图形分析的思维方式主要通过三种绘图类型来实现：第一类为空间实体可视形象图形，表现为速写式空间透视草图或空间界面样式草图。第二类为抽象几何线平面图形，在室内设计系统中主要表现为关联矩阵坐标、树形系统、圆方图形三种形式。第三类为基于画法几何的严谨图形，表现为正投影制图、三维空间透视等。

图解的内容在于提供设计过程中可供对比优选的图形。

选择是对纷繁客观事物的提炼优化，合理的选择是任何科学决策的基础。选择的失误往往导致失败的结果。人脑最基本的活动体现于选择的思维，这种选择的思维活动渗透于人类生活的各个层面。人的

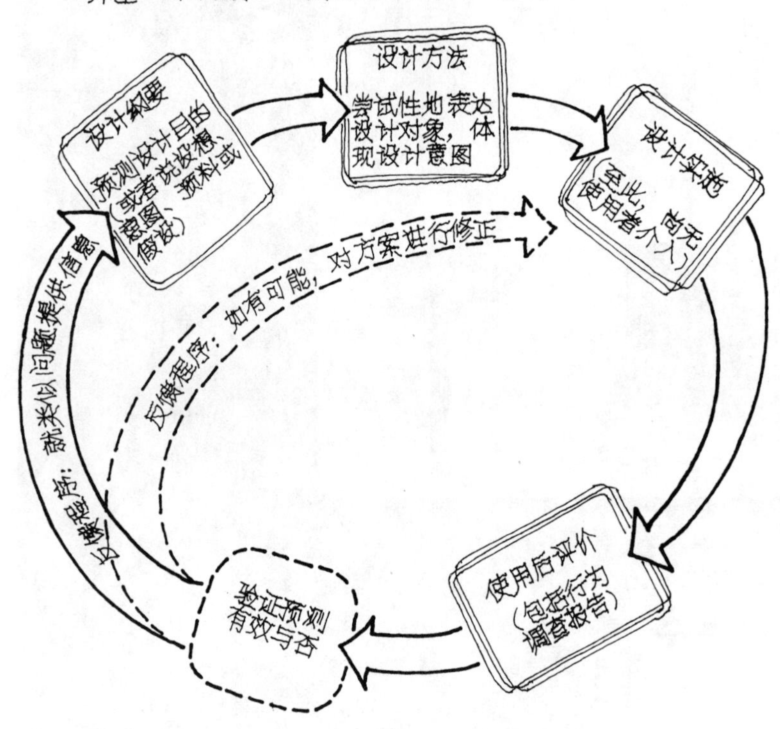

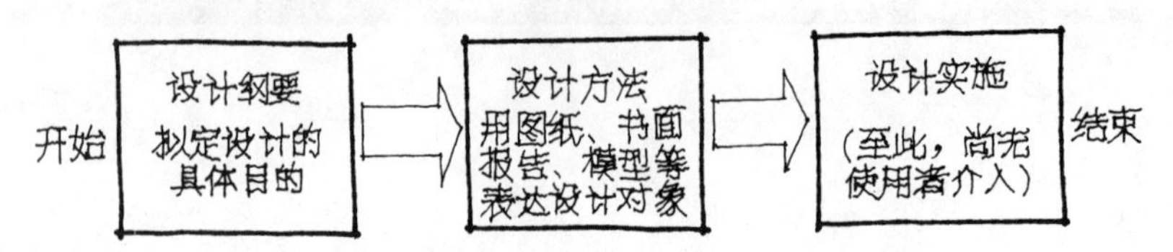

图65 两种不同的设计程序（《大众行为与公园设计》，中国建筑工业出版社，1990年版）

生理行为，行走坐卧、穿衣吃饭无不体现于大脑受外界信号刺激形成的选择。人的社会行为、学习劳作、经商科研无不经历各种选择的考验。选择是通过不同客观事物优劣的对比来实现。这种对比优选的思维过程，成为人判断客观事物的基本思维模式。这种思维模式依据判断对象的不同，呈现出不同的思维参照系。

就室内设计而言，选择的思维过程体现于多元图形的对比优选，可以说，对比优选的思维过程是建立在综合多元的思维渠道以及图形分析的思维方式之上。没有前者作为对比的基础，后者选择的结果也不可能达到最优。一般的选择思维过程是综合各类客观信息后的主观决定，通常是一个经验的逻辑推理过程，形象在这种逻辑的推理过程中虽然有一定的辅助决策作用，但远不如在室内设计对比优选的思维过程中那样重要。可以说，对比优选的思维决策，在艺术设计的领域主要依靠可视形象的作用。

在概念设计的阶段，通过对多个具象图形空间形象的对比优选来决定设计发展的方向。通过抽象几何线平面图形的对比优选决定设计的使用功能。在方案设计的阶段，通过对正投影制图绘制不同平面图

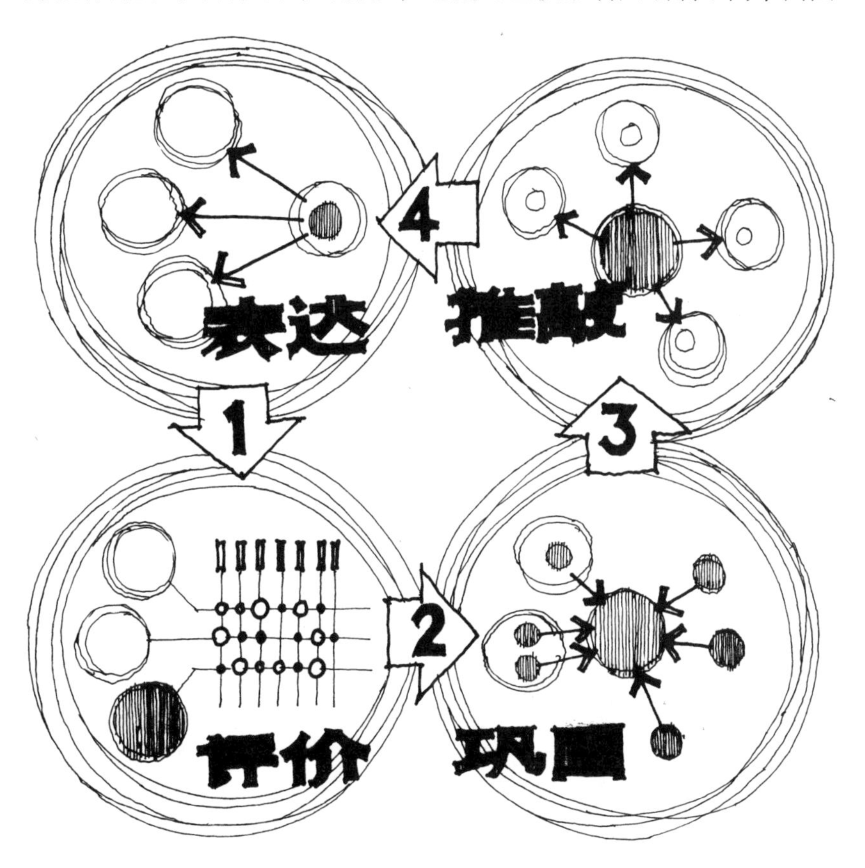

图66　设计思维的推导过程：通过图形表达，将不同的设计概念落实于纸面；经过功能分析评价设计概念；过滤外在制约因素，选择最佳设计概念，　使之巩固发展；反复推敲细节，使概念逐渐完善，从而进入下一循环

的对比优选决定最佳的功能分区。通过对不同界面围合的室内空间透视构图的对比优选决定最终的空间形象。在施工图设计的阶段，通过对不同材料构造的对比优选决定合适的搭配比例与结构，通过对不同比例节点详图的对比优选决定适宜的材料截面尺度。

对比优选的思维过程依赖于图形绘制信息的反馈，一个概念或是一个方案的诞生必须靠多种形象的对比。因此，作为设计者在构思的阶段不要在一张纸上用橡皮反复涂改，而要学会使用半透明的拷贝纸，不停地拷贝修改自己的想法，每一个想法都要切实地落实于纸面，不要随意扔掉任何一张看似纷乱的草图。积累、对比、优选，好的方案就可能产生。

4.2.3 图解的运用

根据室内设计专业的特点，室内设计的图形思维以及它的图解思考方法，有着自己特定的基本图解语言。这是一种为设计者个人所用的抽象图解符号，这种图解符号主要用于设计的初期阶段，它与设计最后阶段的类似画法几何的严格图解语言尚有一定的区别，一般的图解语言并没有严格的绘图样式，每一个设计者都可能有着自己习惯运用的图解符号，当不少约定俗成的符号成为那种能够正确记录任何程度的抽象信息的语言，这种符号就成为设计者之间相互交流和合作的图解语言。

符号是一种可表达较广泛意义的图解语言，如同文字语言一样，图解语言也有着自己的语法规律。文字语言在很大程度上受词汇的约束，而图解语言则包括图像、标记、数字和词汇。一般情况下文字语言是连续的，而图解语言是同时的，所有的符号与其相互关系被同时加以考虑。因此图解语言具有描述兼有同时性和错综复杂关系问题的独特效能。

图解语言的语法规律与它要表达的专业内容有着直接的关系。就室内设计的图解语言来讲，它的语法是由图解词汇“本体”、“相互关系”、“修饰”组成。本体的符号多以单体的几何图形表示，如方、圆、三角等；在设计中本体一般为室内功能空间的标识，如餐厅、舞厅、办公室等。相互关系的符号以多种类型的线条或箭头表示，在设计中一般为室内功能空间双向关系的标识。修饰的符号多为本体符号的强调，如重复线形、填充几何图形等，在设计中一般为区分空间个性或同类显示的标识。

由图解词汇组成的图解语法，在室内空间的设计构思中基本表现为四种形式：位置法、相邻法、同类法、综合法。位置法以本体的位置作为句型，本体之间的关系采用暗示网格表示，具有较强的坐标程序感。在设计构思中常以此法推敲单体功能空间在整体空间中的合理位置程序。相邻法以本体之间的距离作为句型，本体之间关系的主次和疏密以彼此间的距离表示。距离的增大暗示不存在关系。在设计构思中常以此法推敲单体功能空间在整体空间中相互位置的交通距离。同类法以本体的组群作为句型，本体以色彩或者形体之类的共同特征进行分组，在设计构思中常以此法推敲空间使用功能或环境系统的类型分配。综合法是以上三种图解语法组合形成的变体。

当然，以上的图解语法只是在室内设计的概念或方案设计初期经常运用的一般语法。设计者完全可以根据自己的习惯创造新的语法，在图形思维中并没有严格的图解限定，只要能够启发和表现设计的意图，采用任何图解思考的方式都是可以的。

在掌握了基本的图解语言之后，将其合理自然地运用于自己的设计过程，是每一个设计者走向理性与科学设计的必由之路，可以说，成功的设计者无不是图解语言的熟练运用者。

在室内设计的领域经常使用以下三种由图解语言构成的图形思维分析方法：

关联矩阵坐标法；

树形系统图形法；

圆方图形分析法。

关联矩阵坐标法是以二维的数学空间坐标模型作为图形分析基础的。这种坐标法以数学空间模型Y纵向轴线与X横向轴线的运动交点形式作为图形的基本样式，成为表现时间与空间或空间与空间相互作用关系结果的最佳图形模式。这种图形分析的方法广泛应用于：空间类型分类、空间使用功能配置、设计程序控制、工程进度控制、设备物品配置等众多方面。

树形系统图形法是以二维空间中点的单向运动与分立作为图形表象特征的。这是一种类似于细胞分裂或原子裂变运动样式的树形结构空间模型。成为表现系统与子系统相互关系的最佳图形模式。这种图形分析的方法主要应用于：设计系统分类、空间系统分类、概念方案发展等方面。

圆方图形分析法是以几何图形从圆到方的变化过程对比作为图解思考方法的。这是一种室内平面设计的专用图形分析法，在这里，本体以“圆圈”的符号罗列出功能空间的位置；无方位的“圆圈”关系组合显示出相邻的功能关系；在建筑空间和外部环境信息的控制下，“圆圈”表现出明确的功能分区；“圆圈”向矩形“方框”的过渡中确立了最后的平面形式与空间尺度。

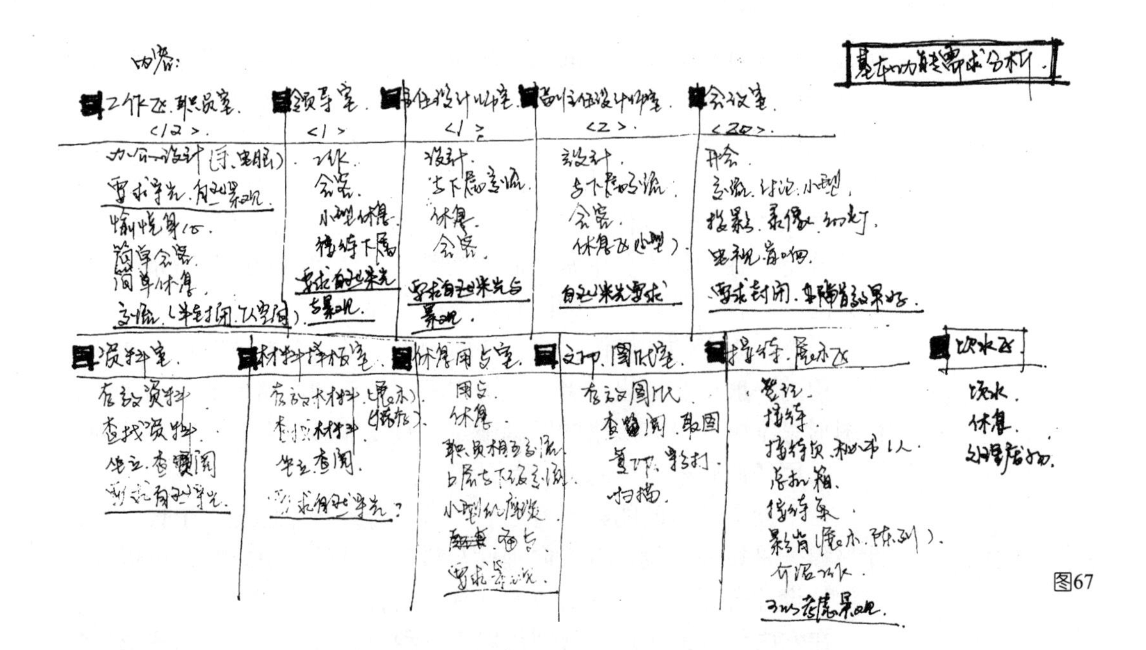

图67

总面积. 18×12 = 216m²

工作区.职员室.
设计桌.(电脑用).
制图台.电脑桌.
椅子.<1>
简单资料架.书架.
个人杂物柜.架子.
小型储物柜.
简便型会客小桌.

领导室.
工作写字台.
书柜.资料柜.
椅<3>. 领导用<1> 下属用<2>
沙发.茶几.落地灯.
小型酒吧台.
电视柜. 电脑台.
绿化区. 杂物柜(吊柜).

主任设计室.
设计桌.
椅子.<3>.
沙发.茶几.落地灯.
小型迷你小吧台.
电视柜.电脑台.
资料柜.书柜.
储物柜.吊柜.

副主任设计室.
设计桌.
椅子.<4>.
沙发.茶几.
迷你吧台或隔断.
资料柜.书柜.
储物柜.(个人用品).
吊柜.

会议室.
会议桌.椅.<20>.
投影屏幕.投影设备柜.
电视柜.(电视机.录像机.VCD.).
音响组合柜.
适当的绿化区.

资料室.
资料储存柜.
坐椅.(实用).桌.
绿化.

材料样板室.
展板.
材料储存柜.架子.
坐椅.桌.

休息用餐室.
餐桌.餐椅.
配餐室.用的简易柜.
餐柜.吊柜.
酒吧台.自助式.

文印.图纸间.
扫描仪.
打印机.
电脑.
复印机(小型).
(工程图纸复印大型).
晒图仪.
图纸柜.
复印用纸柜.
杂物柜.

接待.展示区.
接待台.下(存衣箱).
登记处上用桌.
椅子.<1>.
电脑桌.办公小桌.
展示板.影音.
信息栏.形象区.
休息.

饮水区.
饮水机.水量储存木柜.
休息座.(3有多元).
垃圾废物桶(箱).

所需物品.物件分析.

功能环境. 高淼.

图67~图87　一个完整的室内平面功能布局图形分析过程（清华大学美术学院环境艺术设计系1996级高淼，指导教师：郑曙旸）

图68

面积需求（大概数值）	某设计事务所室内房间功能标准分析表	需求邻接房间	公共性程度	私密性程度	采光景观需求	给排水系统需求	专业设备需求	特殊因素考虑
23	①接待展示区	9.8.	H	N	Y	N	N	需邻接主入口、活动中枢、交通中心。
20-25	②工作、职员室	3.4.5.7.8	M	M	Y	N	N	互相交流。
13	③领导室	2.4.5.	M	H	Y	N	N	要有单独出口，领导第二出入口。档次要求高，可直接观看职员
10左右	④主任设计室	2.4.5.3.	M	H	Y	N	N	档次要求亦高。
[illegible]左右	⑤副主任设计室	2.3.4.	M	M	Y	N	N	
25-28	⑥会议室	10.中间	M	M	I	N	Y	电化教育设备，与主入口隔绝，有一定的私密要求
10左右	⑦资料室	4.5.2.3.中间	M	M	Y	N	N	便于各工作间使用。
10左右	⑧材料样品室	1.2.中间	M	M	Y	N	N	便于工作间使用。
20	⑨休息、用餐区	1.中间	H	L	I	N	N	
11	⑩复印、图纸间	2.9.中间	L	M	N	Y	Y	
5	⑪茶水区	中间	H	N	Y	Y	Y	便利于各个房间使用。

事务所使用功能标准分析

图69

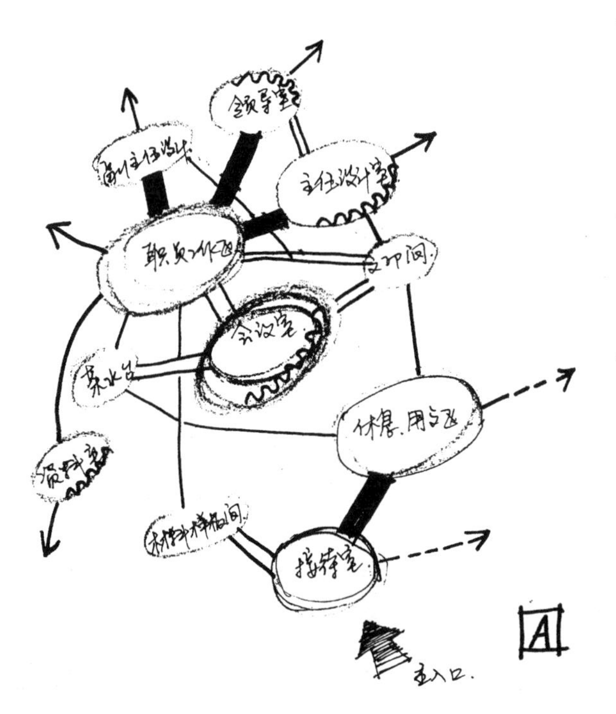

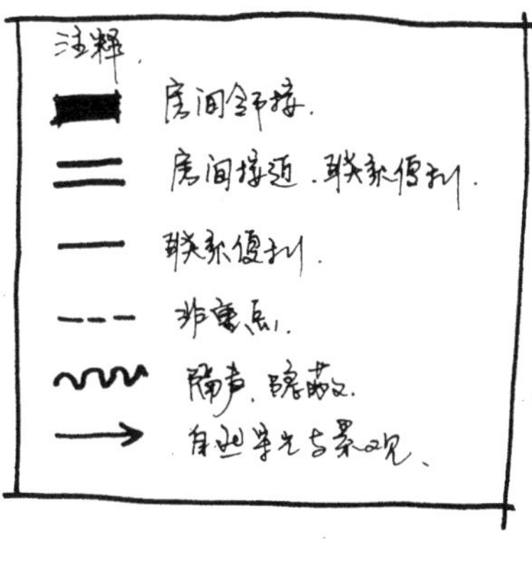

图70

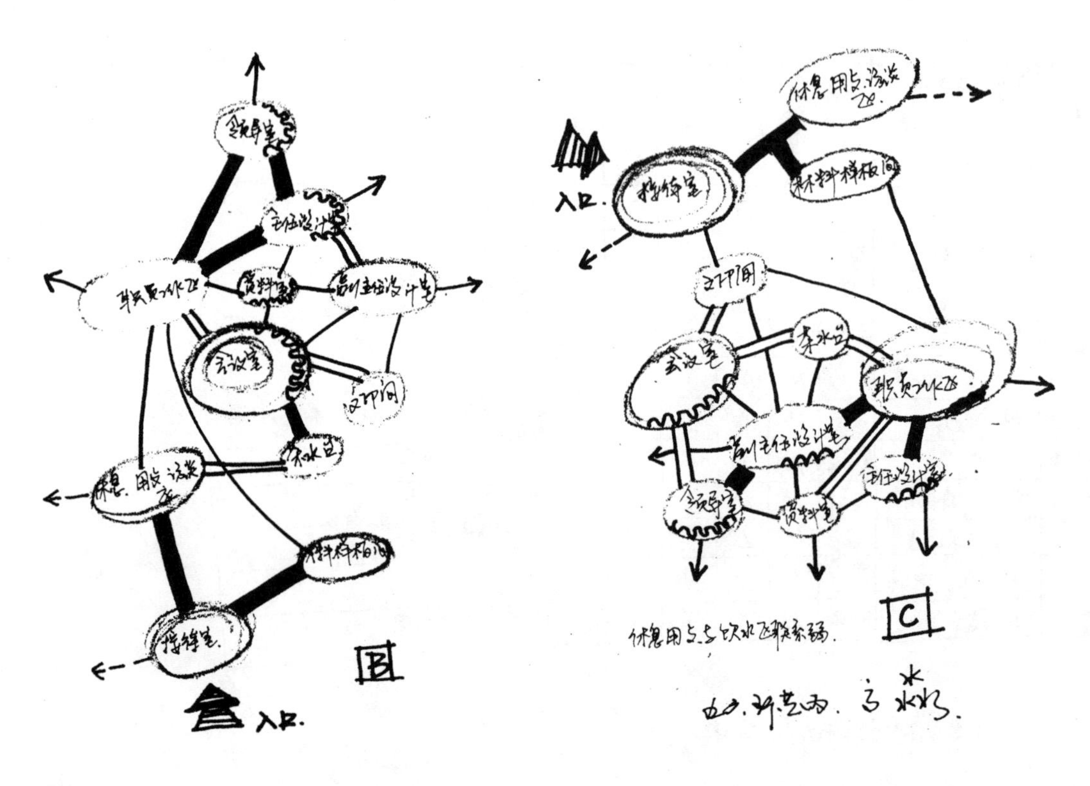
B
入口
会议室
材料样板间
C
接待室
入口
会议室
资料室

图71

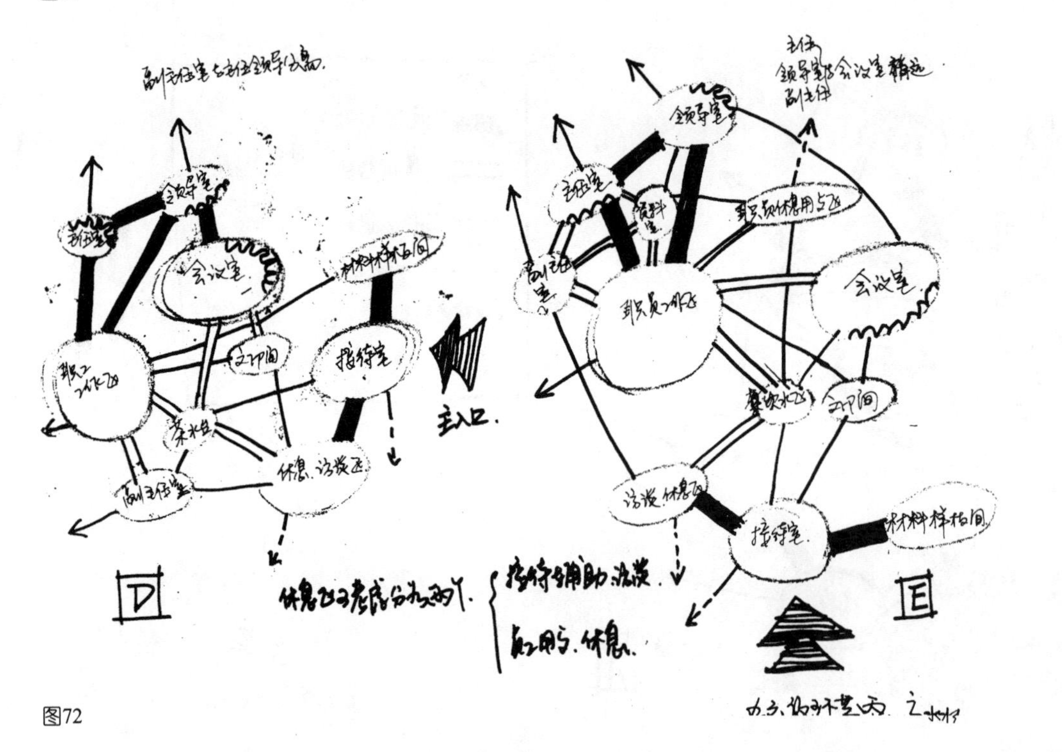
会议室
材料样板间
接待室
主入口
D
会议室
接待室
材料样板间
E

图72

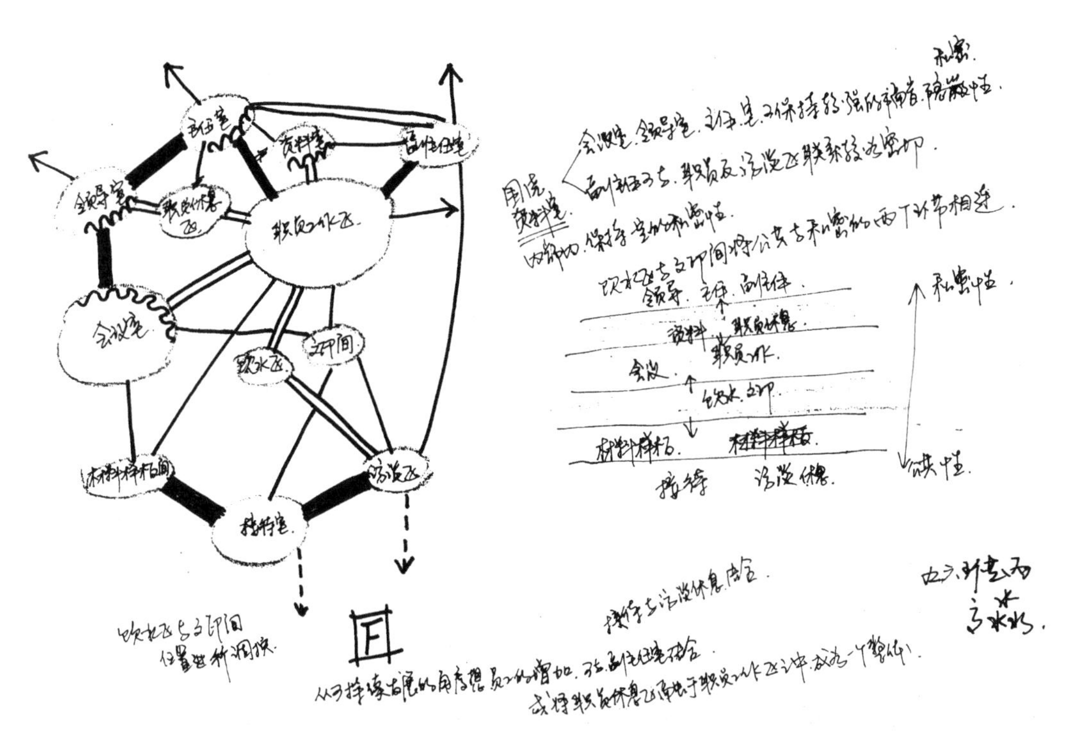

图73

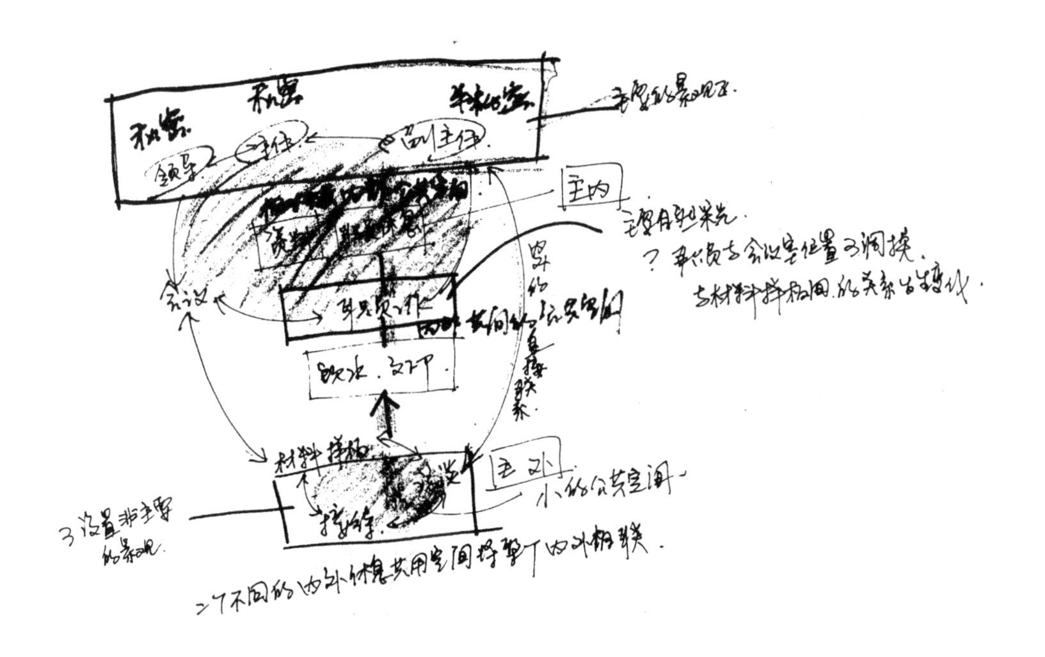

图74

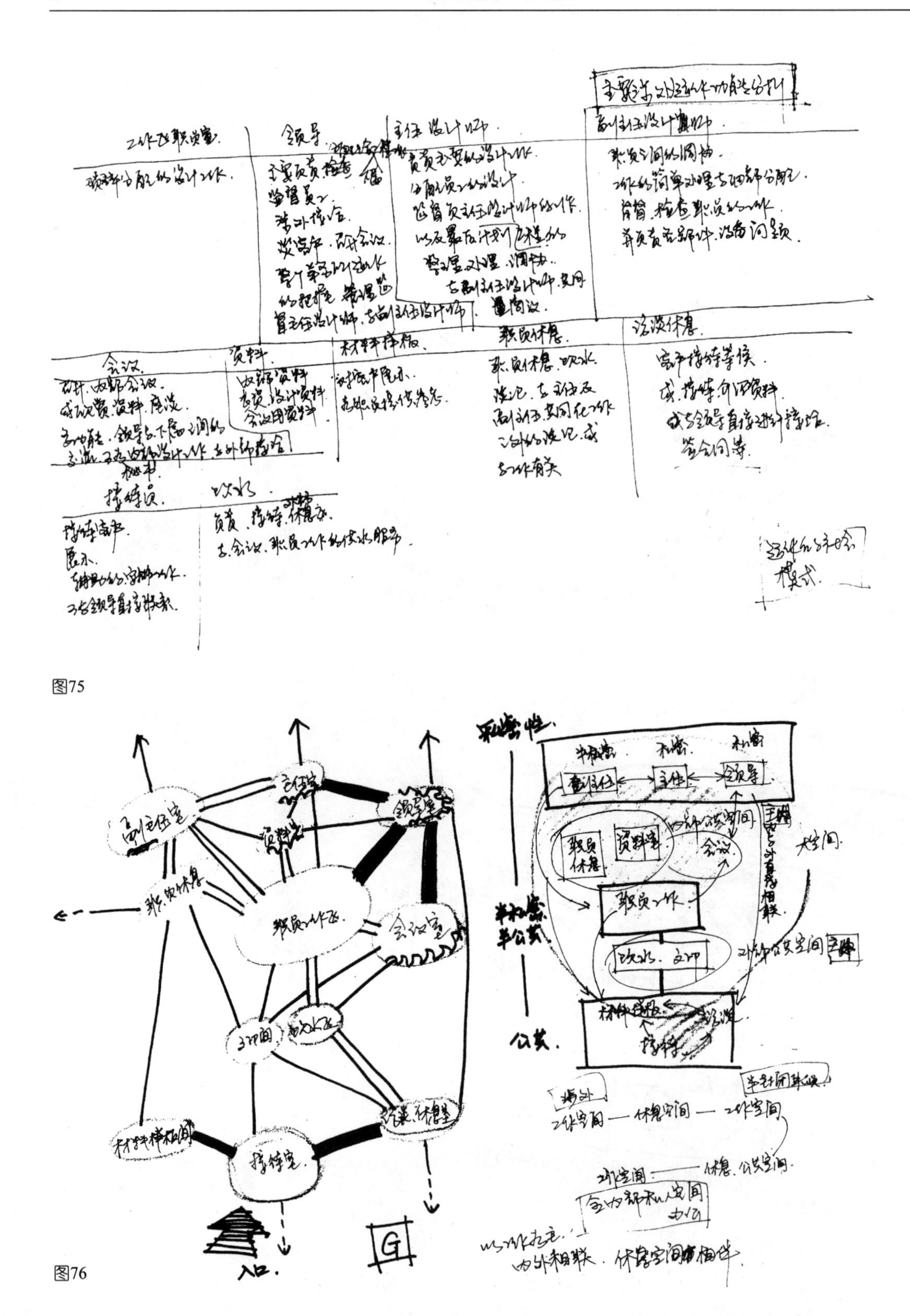

图75

图76

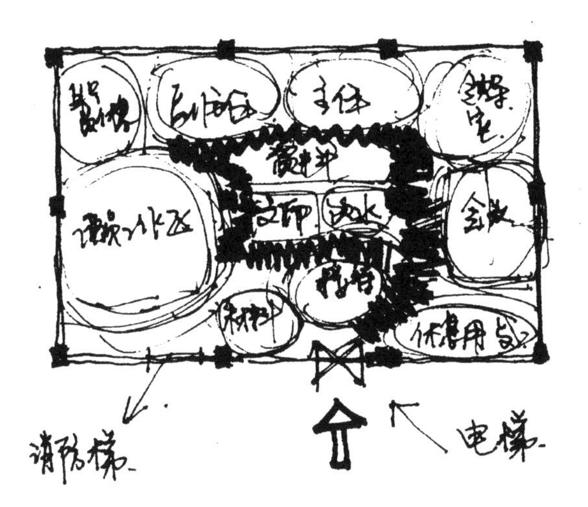

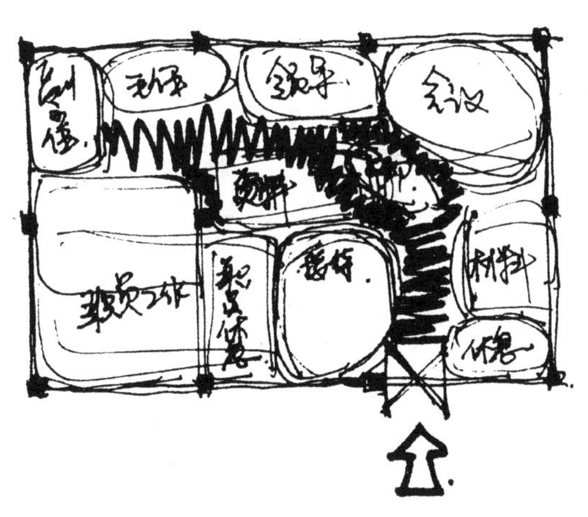

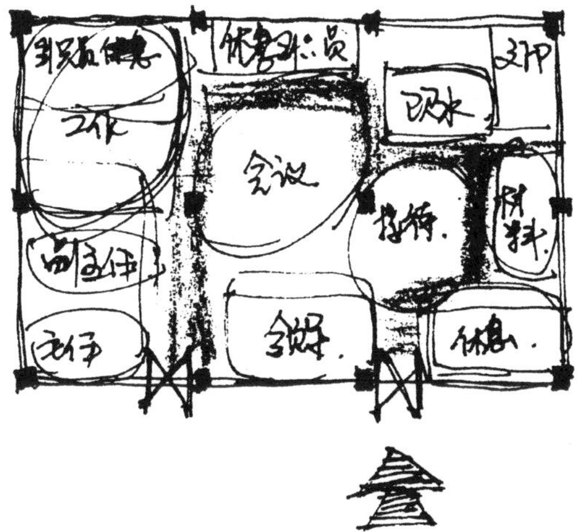

图77

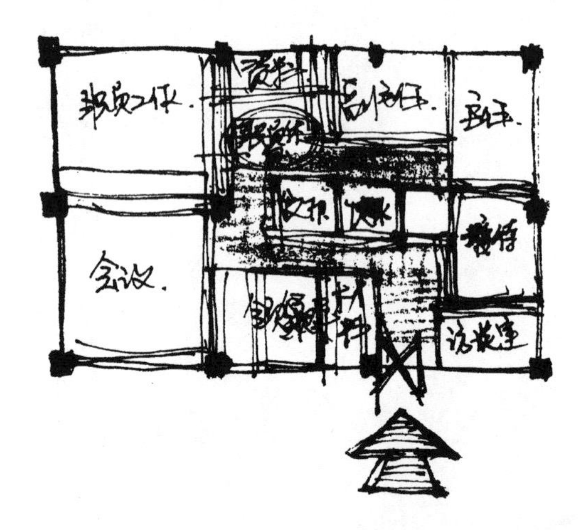

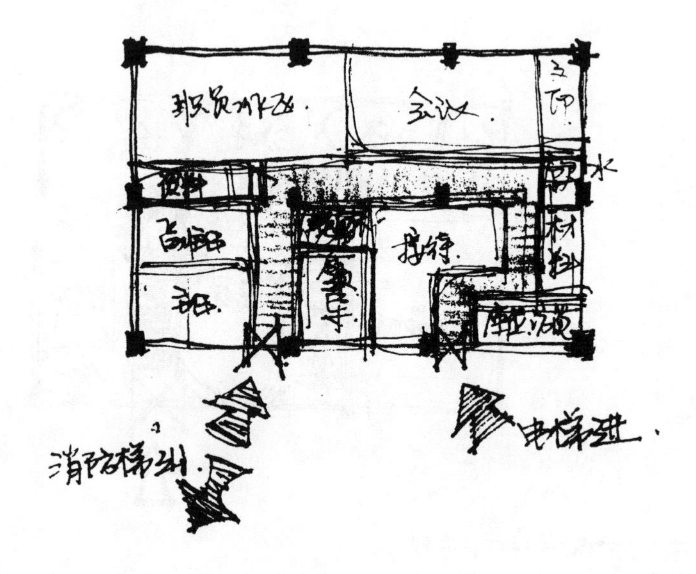

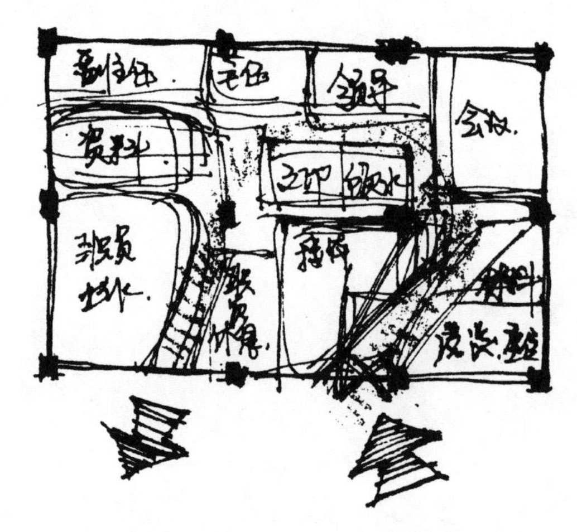

图78

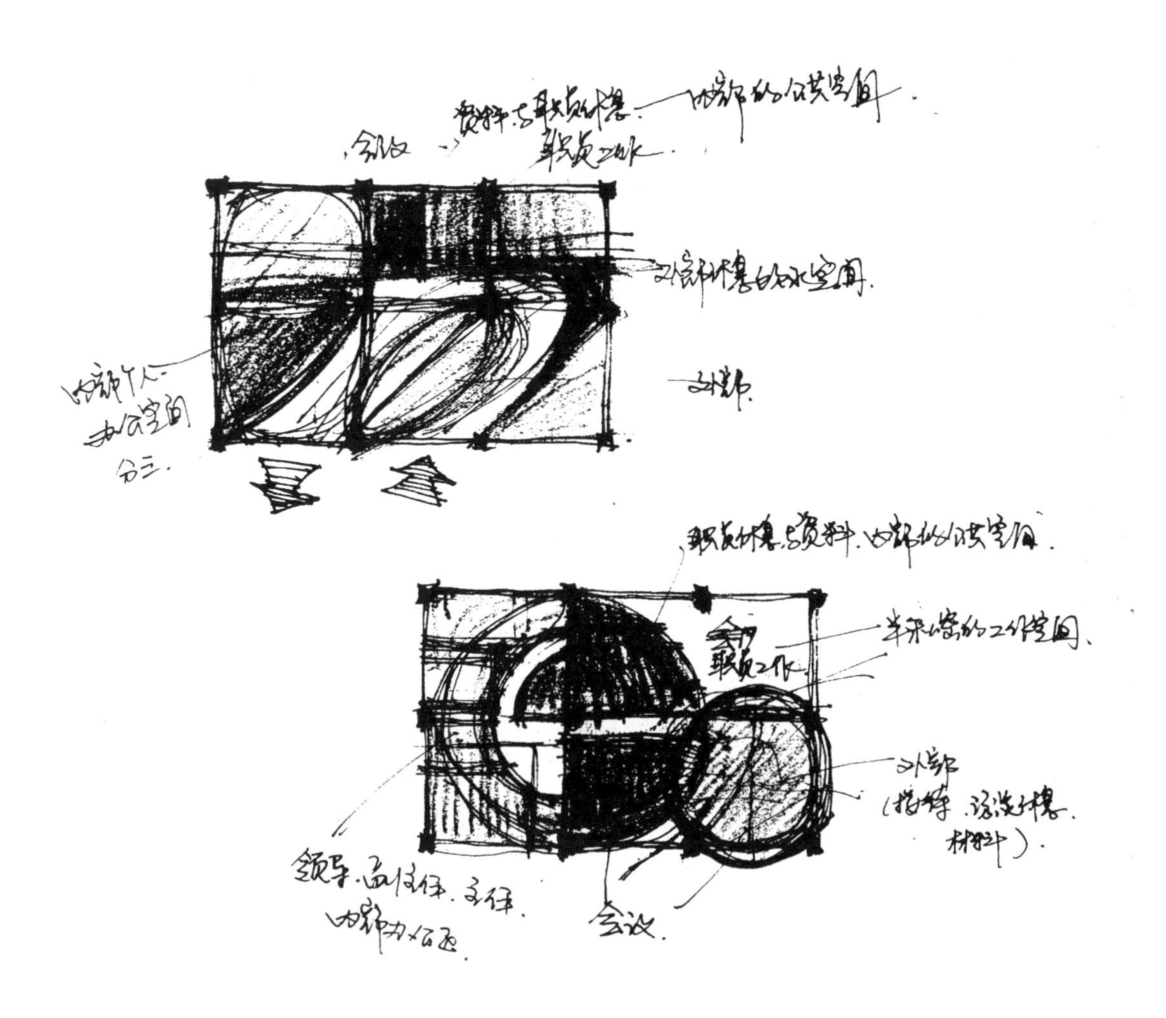

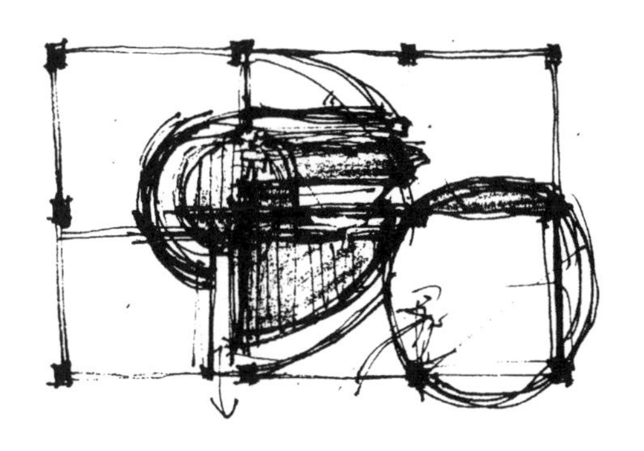

图79

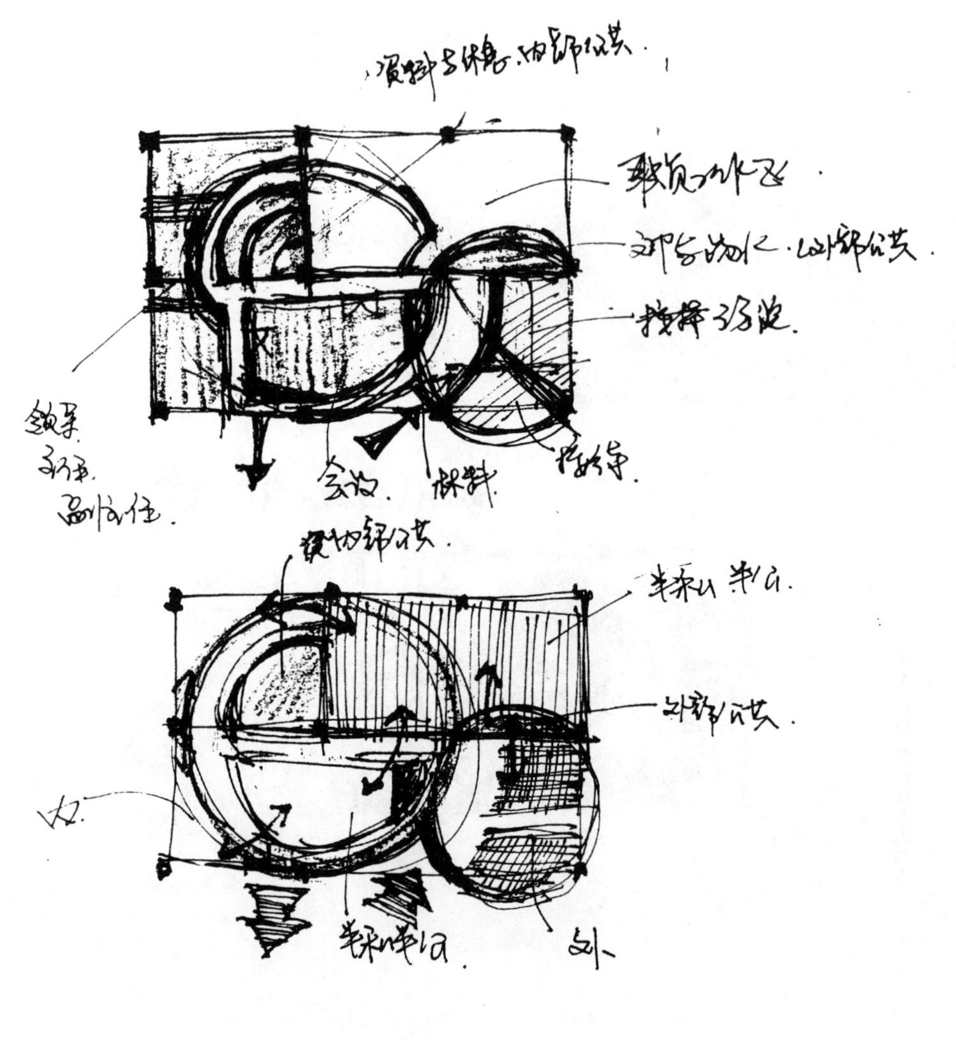

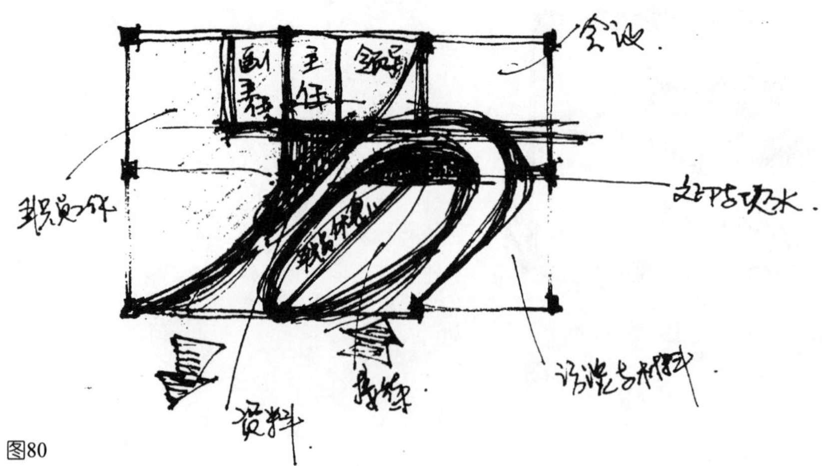

图80

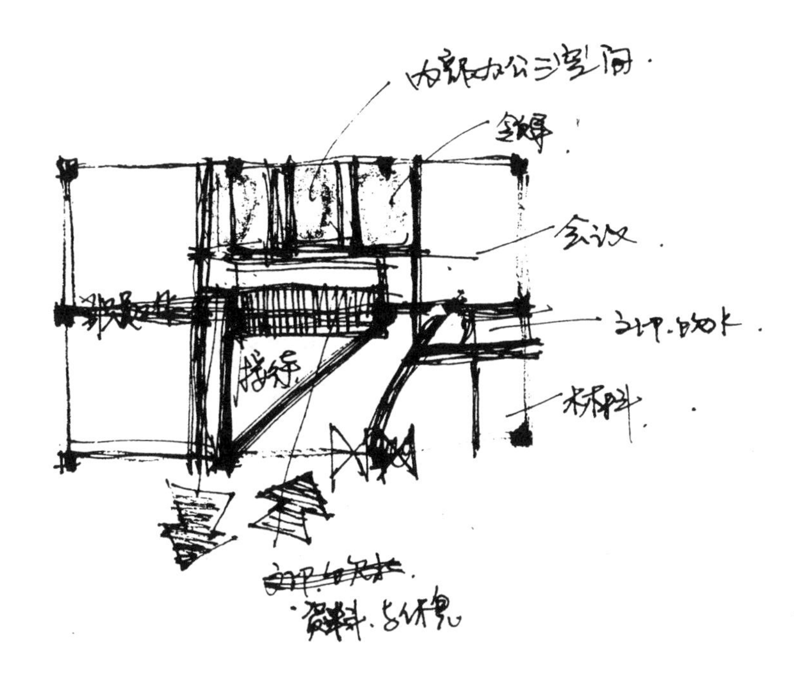

图81

通道面积太大，会议室与领导室房间可调换，接待区可面积小一些。
休息、资料、储藏、打印、饮水要考虑细一些。

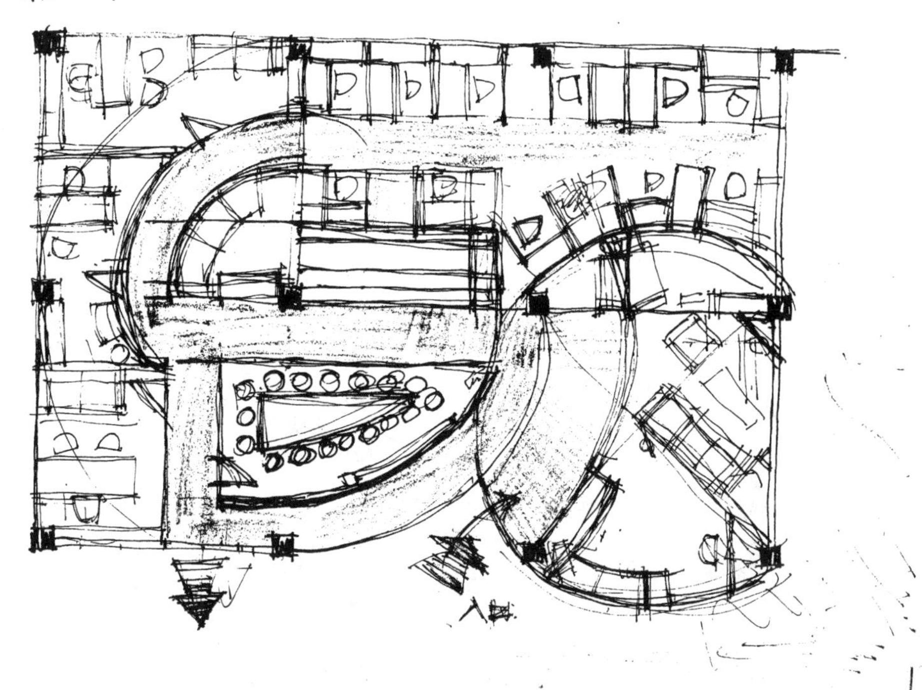

图82

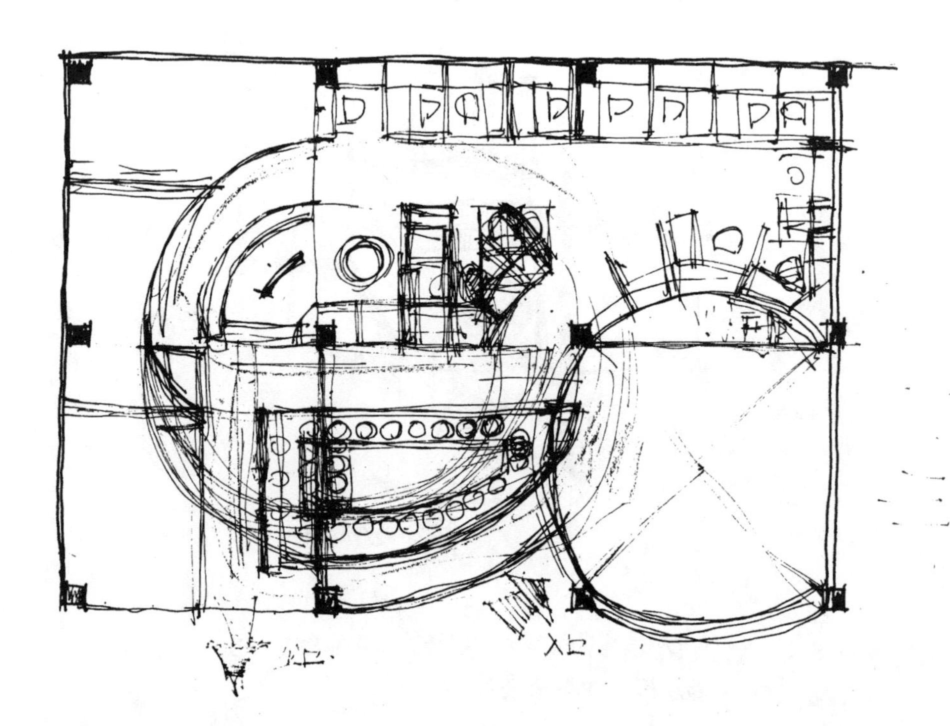

图83

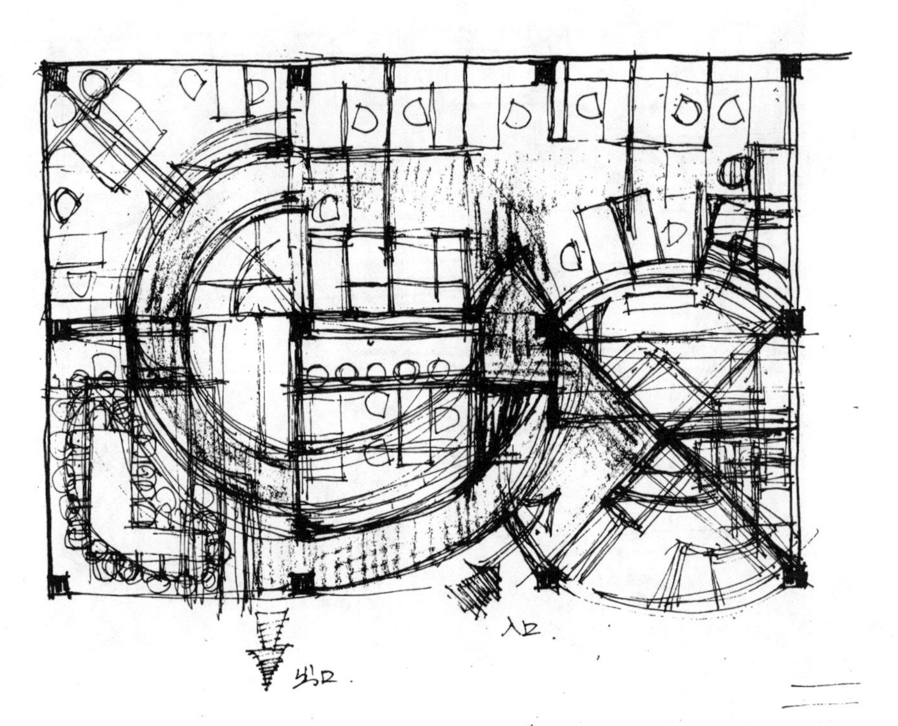

图84

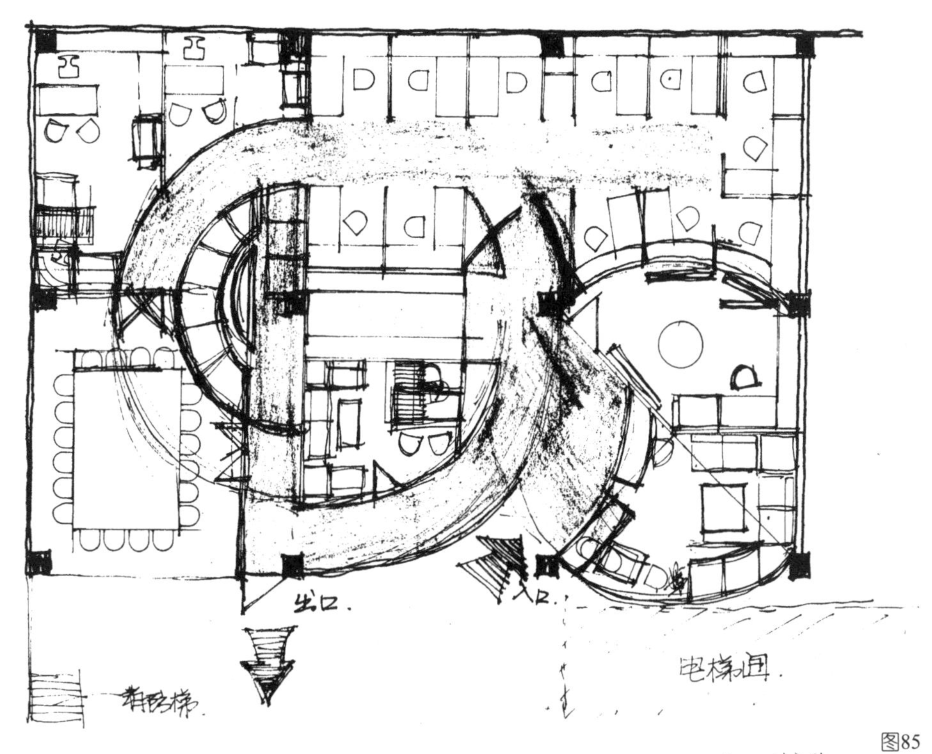

图85

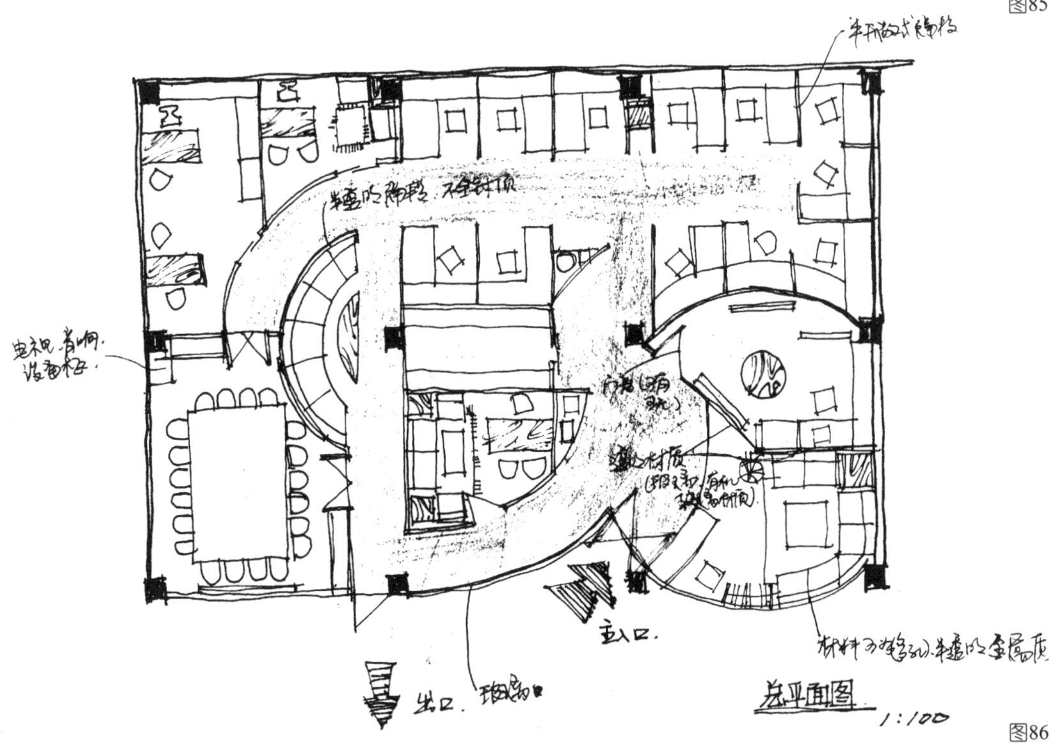

图86

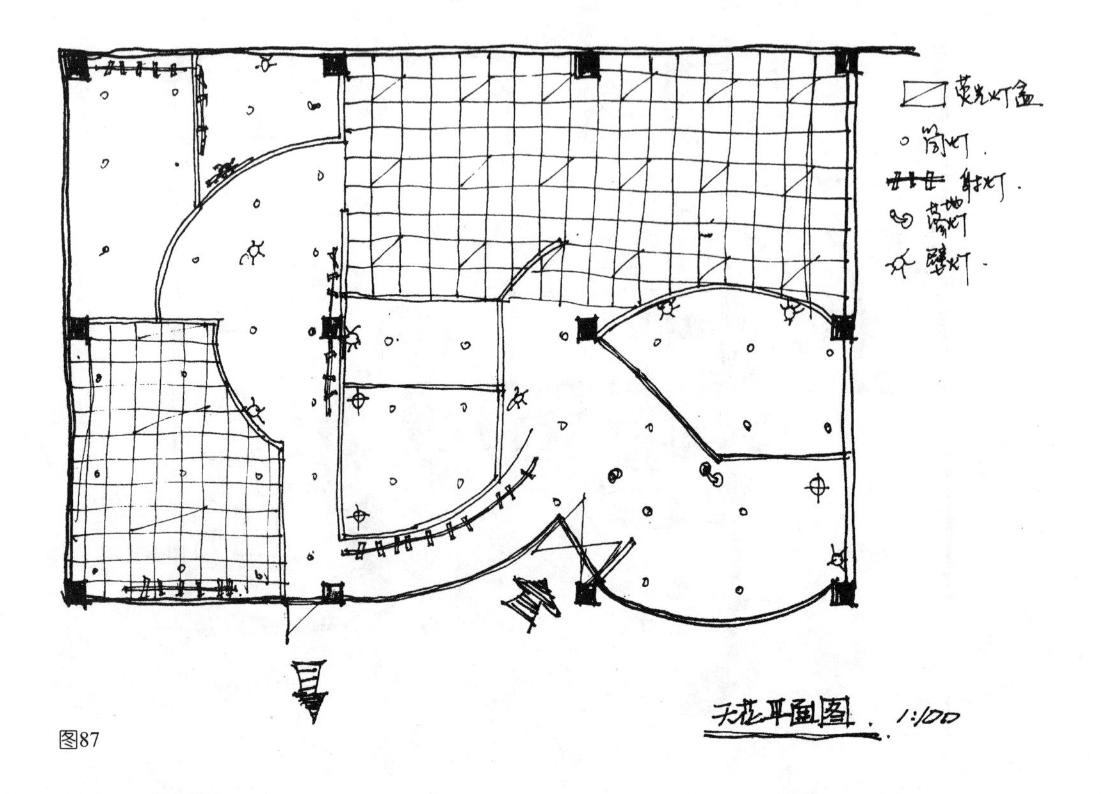

图87

4.3 功能与平面

在室内设计中使用功能合理的设计，主要是在平面图的绘制过程中完成。我们将这个过程称为平面功能分析。

室内设计的平面功能分析主要根据人的行为特征。人的行为特征落实到室内空间的使用，基本表现为“动”与“静”两种形态。具体到一个特定的空间，动与静的形态又转化为交通面积与有效使用面积，可以说，室内设计的平面功能分析主要就是研究交通与有效使用之间的关系，它涉及到位置、形体、距离、尺度等时空要素。研究分析过程中依据的图形就是平面功能布局的草图。

平面功能布局草图所采用的图解思考语言就是本书所列举的：本体、关系、修饰。所采用的主要语法正是建立在这种抽象图形符号之上的圆方图形分析法。

平面功能布局草图所要解决的问题，是室内空间设计中涉及功能的重点。它包括平面的功能分区、交通流向、家具位置、陈设装饰、设备安装等。各种因素作用于同一空间，所产生的矛盾是多方面的。如何协调这些矛盾，使平面功能得到最佳配置，是平面功能布局需要解决的主要课题，必须通过绘制大量的草图，经过反复的对比才能得出理想的符合功能要求的平面。

4.3.1 功能分类的平面特征

研究功能分类的平面特征是决定平面功能布局的首要任务。在明确功能分类的平面特征之后再进行平面功能布局的设计，会收到事半功倍的效果。

交通流向

以室内人流活动的交通功能进行分区是平面设计的首要特征。这种以交通功能为目的分区，基本可以按照单向、双向和多向的概念进行分类。在这里“向”指的是人流活动的方向，人流活动的合理组织是室内平面功能布局是否恰当的基础。而人流活动的方向定量又是以同一时间，进出同一室内空间的行为特征与活动功能所决定的。

单向交通的平面布局形式一般在居住与工作空间中采用。进出房间只考虑一条主交通线，只要这条交通线能够方便连接各类使用功能的空间，平面的布局就是合理的。能够以最短的交通线连接最多的功能空间，同时又能够照顾到美观的空间视觉形象体现，那么，这种平面设计就是最优秀的。

双向交通的平面布局形式一般在需要双向交流的商业与公共接待空间中采用。如银行、邮局、售票处、小型商店等类空间。在这里，内部与外部的两类人流不能够交叉，需要有不同的出入口和两条主交通线。两类人流在互不干扰的空间中进行各自的活动，并最终交汇于同一界面进行交流。在这种空间的平面布局中，既要考虑各自交通线的合理性，又要考虑各自活动空间的人流容纳量，同时还要考虑到达交汇界面的便捷性。只有每一个环节都丝丝入扣才能在功能与审美的平面设计中达到高度的统一。

多向交通的平面布局形式则用于各类大型的公共空间。大型交通设施：如车站、机场、码头等；大型体育与文化设施：如综合体育馆、综合剧场、展览场馆等。在这里人流、物流和交通工具错综复杂，交通线呈现多量向的特征，仅靠线路的自然导引已很难满足人到达特定功能空间的需要。 必须有科学的视觉导引系统作为辅助才能达到目的。由此可见，各种交通的合理分流是这类空间平面设计的关键。

功能分区

从人在空间中的使用功能出发，按照界面分隔程度的高低进行分区是平面设计的主要特征。在封闭性与流动性、公共性与私密性之间进行选择是这类设计的主要内容。人是具有情感的高级动物，既要求有独处空间的私密性，又要求有与他人共处同一空间的公共性。表现在室内空间的平面布局，就成为如何根据使用功能进行空间界面的分隔，以及按照需求进行界面分隔封闭程度的设计。就建筑的单体空间而言，一般总是按照进入空间的时间先后来安排从公共到私密，也就是说，在居住和工作类的空间中，在入口的周围安排公共性空间是符合逻辑的。而界面的封闭与流动并不一定与公共性与私密性有直接关系，关键是要看视觉交流的对象，所谓公共与私密主要是针对人来讲，而非赏心悦目的景物。所以界面分隔的高低程度是因地而异的。

平面的布局形态还表现在功能技术因素限定的特征方面。在这里选用的设备、家具的特定类型都会对其产生影响，而且还要特别注意声音传播的问题。在各类设备中采暖与通风类型对空气流动的方向有着特定的需求，要求设计中的平面界面分隔与之配合。家具中储藏类的柜架属于高尺度类型，具有界面分隔的特征，需要与空间平面布局的界面分隔一起综合考虑。隔声、吸声、传声与平面的形态有直接的关联，需要根据不同空间的功能作相应的形态配合。

4.3.2 平面布局的设计手法

虽然室内平面的设计是以功能分区为最终目的，但就平面的空间构图而言依然有着自身的规律。这种构图的规律符合审美的一般原则。按照这样的原则，再结合室内空间组织的需求，就产生了平面布局的设计手法。

网格与形体

网格与形体是平面布局设计手法的作图基础。是室内空间组织体现于平面布局的基本要素。室内平面的尺度模数与空间比例体现于图面表现为纵横交错的定制网格，网格坐标两个方向的绝对等距尺寸，决定了不同空间比例作图的发展基础。在空间的几何形体与自然形体之间，建筑的室内一般采用几何形体，在几何形体之中又以矩形为主。几何形体的本质区别又在于线型的不同，也就是直线与曲线的区别。方形、三角形、梯形、多边形都是直线形态；圆形、椭圆形则都是曲线形态。以坐标直线构成的矩形其方向与比例的受控性最强，与作图网格的空间感觉完全相符，因此易于设计者操作。以不同方向直线构成的三角形与多边形，以等圆曲线构成的圆形与椭圆形，则要在网格的控制下转换空间的概念，因此难于设计者掌握。而纯粹的自然形体则是直线、等圆曲线、自由曲线的综合，对于建筑与室内来讲这完全是一种特殊样式。只有在一些极特殊的场合使用。按照网格作图的方法进行平面布局的设计，容易使设计者确立正确的空间概念和尺度概念。至于选用何种空间形体却没有一定之规。需要从功能与审美的综合因素去通盘考虑。

局部与总体

局部与总体的协调概念是平面布局设计手法的指导思路。是以单元的空间形态统一总体平面布局的形体构思。室内给予人的空间印象一般总是从一个单元空间开始的。一栋建筑的室内空间总体印象就是由一个个单元空间串接起来的。因此单元空间的形体概念会影响到整栋建筑。“单元和整体之间最简单的关系是两者的整体相同——即单元等于整体”。“单元到整体关系的最普遍的形式是把单元集合起来构成整体。集合单元就是把各个单元放在彼此接近的位置，使人们能感觉到它们之间存在的某种联系。要表示这种联系，单元之间既可以直接接触，也可以不接触。单元集合创造整体的方法有以下几种：连接、隔开和重合”。[1] 设计者组合单元的能力体现于平面布局的作图，就是处理局部与总体的关系。如同作文确立主题，一切都要围绕着主题做文章。杂乱无章的单元组合不可能造就完美的总体空间效果。

均衡与对位

均衡与对位是平面布局设计手法空间构图的主体法则。是室内空间分隔要素相互位置确立的定位依据。均衡体现于空间构图，表现为绝对均衡与相对均衡。绝对均衡就是空间构图的视觉对称，相对均衡就是空间构图的视觉平衡，如同天平两端砝码的大小与位置。在平面布局的设计中，均衡的视觉体现虽然不如立面构图那样明显，但还是能在人的空间运动中体验出来，这是一种时空转换的节奏感和韵律感。如果设计者不能在平面作图中体现均衡的原则，那么一定会造成空间的比例失调和尺度失当。在实际建造的空间当中就会给人以狭小、动荡、憋闷，以至无所适从的空间感受。要在平面布局的构图中做到均衡，除去基本的比例尺度概念外，平面中表达空间实体的点（柱）、线（墙）、面（房间）线性对位构图法则就显得十分重要。这种线性对位的构图法则，实际上就是一种符合平面几何作图规律的数学概念。在作图的过程中，总是寻找形与形之间的线性契合点。如圆形中圆心的对位，两段曲线的相切对位，两个矩形的成比例对位等

---

[1]［美］罗杰·H·克拉克、迈克尔·波斯，汤纪敏译，《世界建筑大师名作图析》6页，中国建筑工业出版社，1997年版。

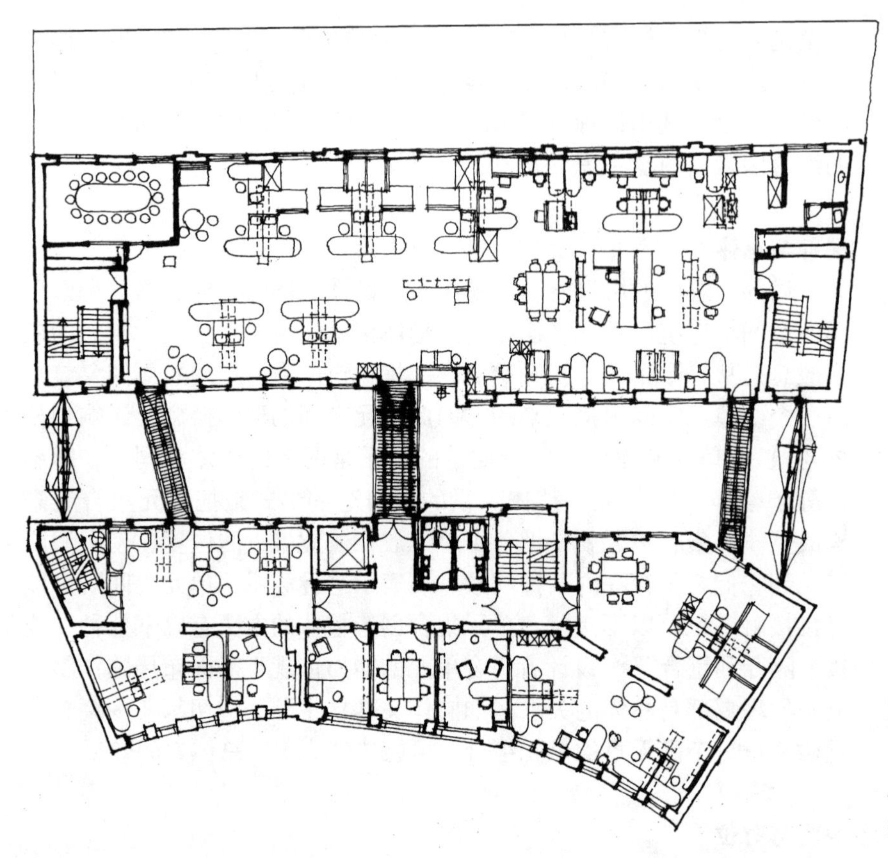

图88 室内平面中的家具以其自身的功能尺度组成了和谐的空间构图，其整体的空间形象也必定是完美的（lmagination总部）

等。依照这种方法作图，一般来讲总能够达到均衡的目的。这已为不少成功的实例所证明。

加法与减法

加法与减法作为调整空间构图形态的设计手法，是改变单元空间的形体并协调平面总体布局的形体构思技术。由于室内空间的大小是由建筑提供的面积所限定的，对于某栋建筑的室内空间来讲，实质性的增加或减少是不存在的，这间房的面积增大，旁边的那间房就会变小。因此这里讲的加法和减法，主要是针对整体空间分隔的构图技巧而言。在特定的面积限定中，采用容积率大的形体实际上就是加法，反之就是减法。由于建筑物中的房间相互衔接，因此怎样合理地运用加法与减法，是需要根据房间的功能与视觉形象，在协调交通流线的过程中反复作图来确定的。在这里因地制宜是一个重要的原则。

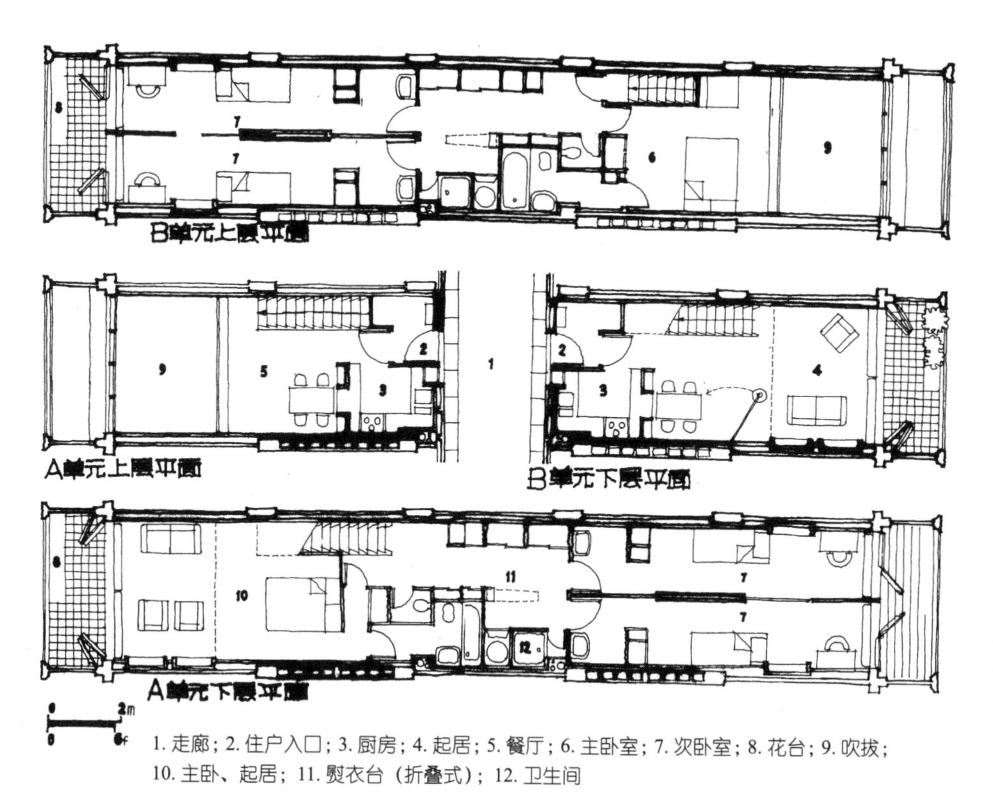

1. 走廊；2. 住户入口；3. 厨房；4. 起居；5. 餐厅；6. 主卧室；7. 次卧室；8. 花台；9. 吹拔；10. 主卧、起居；11. 熨衣台（折叠式）；12. 卫生间

图89　勒·柯布西耶的马赛公寓在两层狭长的空间中以矩形平面的紧凑构图，合理安排了经济适用又富于变化的居住空间（马赛公寓住宅单元平面）

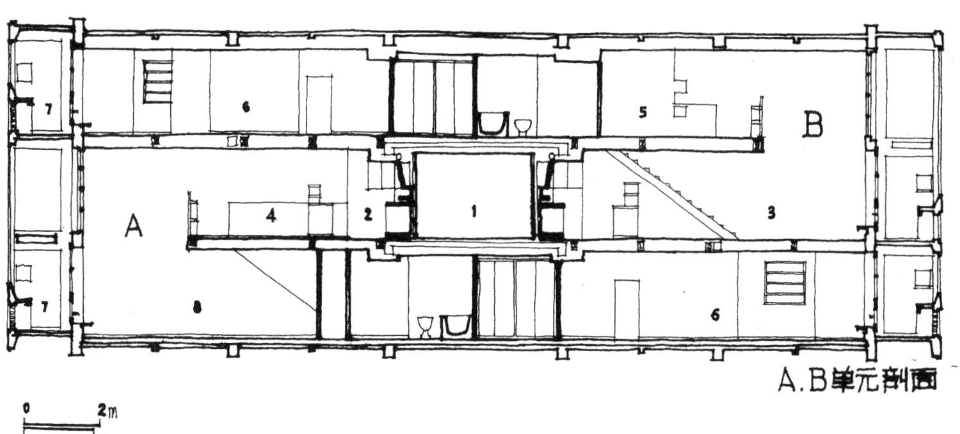

1. 走廊；2. 厨房；3. 起居；4. 餐厅；5. 主卧室；6. 次卧室；7. 阳台；8. 主卧、起居

图90　马赛公寓住宅单元剖面

重叠与渗透

重叠与渗透作为单元空间过渡的平面布局设计手法，是空间组织中静态、动态与虚拟空间构图的典型综合方式。室内空间相互衔接的特点决定了界面相互影响的定位特征。于是，单元空间的相互重叠与渗透就不可避免。实际上，现代建筑中的室内平面构图特征就主要体现于空间的流动。所以有意识地利用重叠与渗透的构图手法，容易造就比较符合时代特点的室内空间。就空间构图的平面作图技巧而言，重叠与渗透空间效果的体现，主要是根据具有衔接或相邻关系的不同界面形体的特征所决定的。界面形体的方向、高低、开洞等视觉限定要素在这里具有决定作用。虽然界面在平面图的表现中只是线状的图像，但设计者必须以三维空间形象的视觉表象去推断实际的效果。

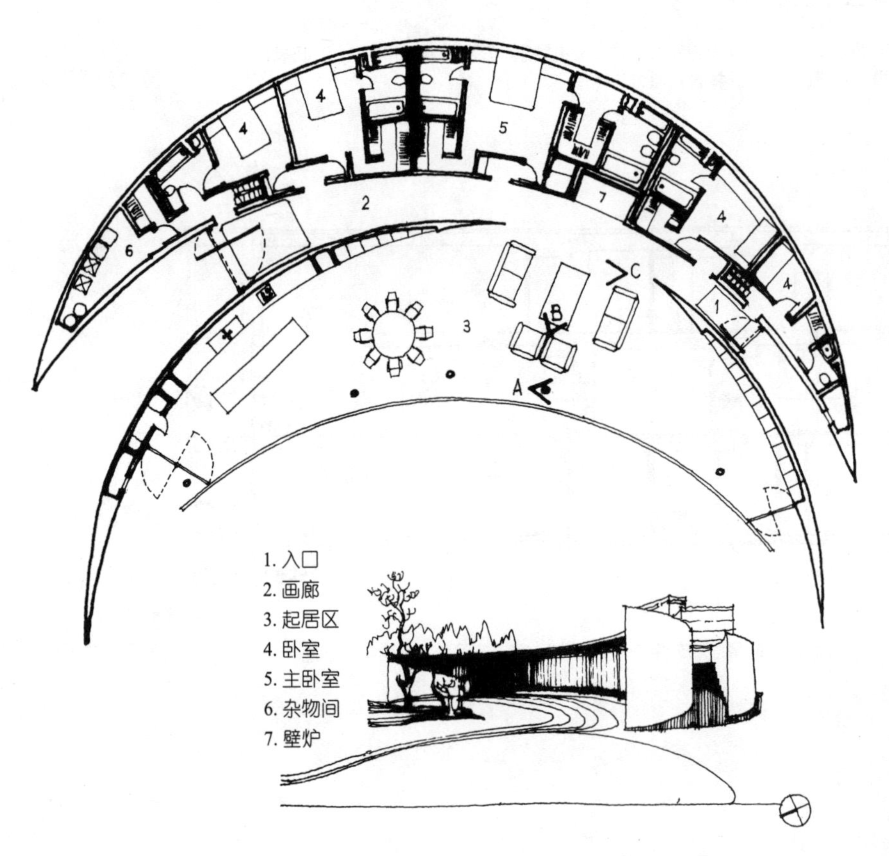

图91　英国威尔士的新月圆心多重弧线的交叠平的整面玻璃窗墙体，构筑封闭的空间

图92 新月住宅A视点

图93　新月住宅B视点

图94 新月住宅C视点

4.3.3 从平面到空间的思考

室内设计始于平面的图解思考是符合其设计程序的。这里所讲的平面还是体现两种概念：一种是平面图的概念；一种是作图的二维概念，即包括立面图和剖面图，甚至透视图（以二维方式表现三维景象）。虽然室内设计的作图呈现二维的空间量向，但是作为设计者的空间思维，却应该始终保持四维的时空概念。也就是说即使是画一张平面图，在画图的过程中头脑里始终要想到二维图纸可能产生的真实流动空间的形象。当然这种形象有无数种可能发展的前景，设计者还要通过不同量向的图解思考反复验证。不一定最初的三维空间想象就能够真正成立。但是作为一种从平面到空间的思考，作为设计者空间量向概念转换的图解工作方法，则是每一个室内设计者必须掌握的。

平面图的空间思考主要基于人处于交通流线各点与功能分区不同位置时的视觉感受。实际上是用平面视线分析的方法来确立正确的空间实体要素定位。实体要素包括界面、构件、设备、家具、器物等内容。要考虑关键视点在不同视域方向的空间形象，所谓关键视点是指人的活动必经的主交通转换点和功能分区中的主要停留点。在综合各种因素影响的情况下，最终确立平面的虚实布局，这种经过空间形象视线分析的平面布局显然具有实施的科学性，同时也能够达到空间表现的艺术性。

如何体现空间整体构图艺术表现力的观感是立面图空间思考的主要内容。由于室内时空连续的形象观感特征，作为一个典型的具有六个面的室内空间，其四个墙面应该作为统一的立面进行构图设计。这一点在本书的“界面与空间构图”中已作了分析。需要强调的是，设计者如何把握室内立面、平面和顶平面综合构图的方法。并通过空间思考的预想去进行验证。当然还要考虑室内空间中的实物与立面景象重叠的视觉作用，在这里主要指墙面前置物品的影响。

剖面图本身作为连接室内天与地的界面构造图解，实际上已经从另一个侧面为我们树立了空间的整体形象。设计者通过对照平面图、顶平面图和立面图，将建立起一个完整的空间模型。如果再加上空间透视图，一个实实在在的房间就应该明晰地确立在设计者的头脑中。设计者完整的空间概念就是这样通过从平面到空间的思考而逐渐确立的。

平面图作为室内设计空间想象的基础图纸，在所有二维的图形中具有最多的空间表达技术含量。如果设计者仅凭平面图就能够想象出丰富的三维空间形象，那么他就已经迈过了室内设计专业技能的第一道门槛。

4.4 形象与空间

室内设计是以满足人的物质与精神需求为目的，在建筑构件的限定下进行的环境设计。物质的需求在于可供自然与人为环境系统所运行的物理空间的建造。精神的需求在于室内空间形象的合理塑造。环境系统的科学运行需要依靠技术性强的专业配合，并主要由建筑与结构工程师设计完成，空间形象的塑造则主要依靠室内设计师的艺术创造。虽然室内设计师的工作要兼顾物质与精神两个方面，在建筑整体构造完成的情况下也介入一部分构造与环境的技术工作。但从整个设计工作的实际运行情况来看，从艺术角度出发的空间形象创造是设计工作的主要方面。

4.4.1 空间形象概念的确立

室内设计的空间形象概念从理论的角度来讲，也许一句话就能够概括。这就是本书反复强调的：以人的感官所感受的室内空间实体与虚形所反映的全部信息。也就是空间总体氛围的表象概念。但是作为一门操作性极强的专业，毕竟还是要通过各种技术的手段、运用不同的材料、按照艺术设计的规律、用图形思维的方式，最终完成空间形象的创造。既要有理论的指导，又要掌握实际的设计手段。在详细分析空间形象设计的技术手法之前，我们需要对空间形象设计表达的概念作一个准确的界定。

空间形象的艺术氛围需要通过一定的物化方式进行表达。这种物化方式就是针对室内空间实体形象的设计，和通过对这种实体形象设计所产生的虚空意境的再创造。

室内空间的实体形象是由建筑的结构、围合的界面、家具与设备、陈设与装饰物品所组成。这些三维的形体具有可视的实际空间表象，自身的造型、色彩、材质，直白地表露出所代表的风格。这种有意识的风格营造就是设计者对于空间实体的形象设计。

空间实体的形象设计应该按照材料、形体、色彩、质感的顺序依次综合考虑。材料是塑造形体的基础，不同材料的构造方式以及自身的表象往往具有特定的形体塑造方式。选材和材料搭配是设计者首要的专业技术；形体是空间形象存在的本质，形体的塑造成为空间形象变化最显著的特征。在室内空间中，形体塑造既可以从整体的形象入手，也可以从构造细部的节点推开。纵观世界室内装饰发展的历史，我们可以看到以形体塑造产生的具有符号意义的装饰构件所起的重要作用；色彩是表达空间形象视觉感受最直接的要素。色彩所反映的表象，对空间大小、轻重、虚实的意境起着至关重要的作用。不同色彩所唤起的人类情感是其他要素所不能取代的。正确选用色彩是设计者实际操作技术中最难过的一关。质感与光影的关系是显而易见的，选择不同质感的材料体现于空间形象的表达，能够协助形体与色彩达到所要表现对象的特质。高雅与通俗的气质往往是通过质感所体现的。因为只有质感才能直接作用于人的触觉，并通过触觉达到细腻的空间体验。

空间实体的形象设计在技术上是通过装修与装饰两种手段来实施的。装修是通过对已被建筑结构限定了的空间的再设计，是运用二次封装的方式重塑其空间形象，多采用几何构图的材料组织来达到美化空间的目的。装饰是通过艺术品、家具、器物、绿化等所共同营造的。纺织品在室内的装饰中起着重要的作用，需要设计者予以充分注意。

空间实体要素选用的类型与数量的多寡、风格的取向与形式的简繁，都会对室内虚空意境的营造产生巨大的影响。究其室内空间设计的本质，我们最终所需要的是这个虚空意境的“无”而不是围合界面的“有”。这种从“有”到“无”的情境转换，主要是通过人的生活经验审美的联想作用。中国传统的匾额、隔扇、盆景所含蓄传达的诗画意境与现代照明材料以其绚丽的光色变化所构成的商业氛围给予人的审美联想是截然不同的。

“盖居室之制，贵精不贵丽，贵新奇大雅，不贵纤巧烂漫。凡人止好富丽者，非好富丽，因其不能创异标新，舍富丽无所见长，只得以此塞责”。[1] 在室内设计中，所谓的高档材料并不一定能够营造所要表达的意境。只有以空间总体概念出发的设计理念指导，和与之相适应的空间设计构图技巧，方能创造理想的虚空意境。“创异标新”的意境创造要依靠设计者超凡的空间想象力，要依靠设计者深厚广博的生活积累。如果只停留于“舍富丽无所见长”的一般装修概念，那么我们将永远也达不到室内设计的最高境界。

4.4.2 实体要素的空间组织

空间的实体要素是以其自身的合理定位，实现其整体空间审美价值的。如何进行实体要素的空间组织，是设计者在整个设计过程中重点考虑的问题。

---

[1] [清] 李渔《闲情偶寄·居室部》。

整体形态

由建筑限定的房间总是呈现一定的空间形态。实现实体要素空间组织的第一步，就是要根据限定的形态决定装修的整体形态。一般来讲，由建筑限定的室内空间总是从两个方向呈现出不同的几何形。一个是水平剖面的方向，另一个是垂直剖面的方向。矩形、圆形、三角形是剖面形态中最基本的三种几何形，室内的整体形态就是在三种基本型的变化组合中造就的。如果没有特殊的设计概念，依照建筑限定的原有剖面形态来决定室内装修的整体形态是较为适宜的。因为这种模式容易与建筑结构和设备达到理想的配合。当然审美的个性化特点会减弱，除非建筑本身的形态特征就很突出。采用与原有形态完全不同的样式需要慎重考虑，如构造与设备条件是否允许，对面积的影响有多大，拟采用的这种样式是否能与原有形态的比例尺度相配等等。如果没有更多的问题，这种模式的设计手法往往能够创造出不同凡响的空间整体形态。

（彩图：142、143、144）

空间构件

在实体要素中空间构件的视觉作用是十分明显的，尤其是建筑构件暴露于室内空间时，一定要注意利用。从目前建筑发展的趋势来看，工厂化装配式构件的建筑只会越来越多。由于机械加工的构件本身就经过设计，外形美观工艺精巧，处于室内空间可以充当特定的装饰物，没有必要再进行额外的装修，除非其比例与室内的氛围不符。在这里需要格外指出的是关于加装构件的问题。从室内设计的角度出发凡是加装构件，绝大多数是为了空间形象的美观。只有很少一部分是为了功能。从设计的整体概念来讲，加装构件是一个十分慎重的问题，其衡量的标准应该是审美的优点压倒了功能的需求，确实是物有所值。这个值就是审美的价值。也就是说经过加装构件后，室内空间的视觉效果对人的愉悦作用远远胜过了其他。当然这只是一般性的原则。如果是一些特殊的空间需求，加装构件仍然是装修行之有效的利器。

（彩图：145、146、147、148、149、150、151、152、153）

界面构图

在所有的室内空间实体要素中界面无疑是主体，它的空间组织对室内整体氛围的影响将是决定性的。关于界面的分隔与组合在本书的“空间组织”一节已经有过分析。在这里主要对界面中的立面样式——墙面的设计手法进行分析。墙面的定位是根据房间功能的需求来确定的，实际上是平面布局的设计内容。而我们在这里所讲的则是墙面本身的空间构图。基于房间整体的墙面空间构图而言，基本上可分为四种类型：

（1）单面整体构图

这种构图适应性最强，一般的室内空间都采用这种构图。除了踢脚线或顶角线的过渡控制外，主要靠门窗等必备构件的工艺处理来达到调节构图装饰空间的目的。表现在顶平面往往与灯具或设备管口形成完整的几何构图。

（2）水平方向分格构图

水平方向的分格构图，利用材料接缝的不同处理手法，变化分格的间距，营造出舒展的视觉空间。由于水平的线型与交圈的踢脚线、顶角线完全平行，因此容易造就统一完整的墙面效果。

（3）垂直方向分格构图

垂直方向的分格构图，是利用材料接缝手法处理。向上的线型与人的立面主观印象完全相符，容易营造稳定与活跃的空间氛围。在接缝处添加的灯具或构件极易造就节奏感与韵律感强的装饰效果，因此在装修中采用的非常多。

（4）散点自由构图

散点自由构图属于艺术性较强的处理手法。这种手法并没有一定之规，既可以是平面的画作，又可以采用不同的材料进行点缀。图案与线形变化多样，可以作出十分丰富的界面造型。

除去以上四种类型，墙面的三维造型也是极富戏剧性变化的组织手法，诸如开洞、壁龛、插接等手法。总之墙面的处理手法是千变万化的，设计者不要拘泥于所谓的规矩。只要能够满足特定的功能需求，什么样的构图都可以采用。

（彩图：154、155、156、157、158、159、160、161）

家具选型

作为设计方案图纸，建筑平面图与室内平面图的最大区别在于画不画家具。因为家具在界面围合的室内陈设空间中，是体量最大的实体。它的存在会改变室内交通的流线与功能分区。而且家具的选型直接影响到空间的整体造型。所以家具选型是室内空间实体要素中不可忽视的设计组成部分。尺度选型是家具选型的首要问题，尺度失当再漂亮的家具也会失去自身的魅力。虽然同一类型的家具其绝对对比尺度的差异并不大，但是由于室内尺度的衡量标准是cm，即使差10cm，在人的感觉中也会是很大的差别。风格选型是室内空间艺术氛围创造体现于家具选型的最重要方面，需要在装修设计时通盘考虑，一般总是要与装修的风格取得一致。如果采取对比的手法则对比度越大越好。综合选型是指成套家具之间的相互协调。其选择的原则与尺度选型和风格选型的规律基本相同。

家具摆放

家具摆放实际上就是平面设计的组成部分，室内设计师面对建筑平面图，除去考虑界面的分隔组合外，更重要的是决定家具的摆放位置。在一个单位功能平面中就是靠家具的正确摆放，来决定交通的流向和功能的分区。家具摆放要遵循满足功能需求的成组配合。所谓成组配合是指特定使用功能的家具组合。沙发与茶几、音响电视柜；写字台与工作椅、书柜；床与床头柜、梳妆台等等。每一个组合中必有一种家具处于主体位置，确定了它的位置其他的才能随之就位。这是由人的行为特征和房间的面积与功能所决定的。一般情况下，家具靠墙摆放是绝大多数的选择，这是受交通与面积的影响，同时也是立面构图的需要。在封闭性强、空间面积小的房间中这种摆放方式确实行之有效。但是在开敞性的综合功能大空间中，采取这种方式就显得不那么合适，往往需要成组自行围合。在不少场合，家具的摆放与人的社会行为有着密切的联系，摆放的位置、距离和方向都会成为体现人的社会地位与主宾关系的空间暗示符号。坐姿家具在这方面表现得尤为突出。因此家具的摆放既要考虑功能因素也要考虑精神因素。

陈设组件

在实体要素中陈设组件可以说是类型丰富。电气设备、灯具、日用器皿、艺术品、工艺品、织物成品、植物盆栽等等不胜枚举。形态的多样性使陈设组件具有广泛的选择性，因此在空间的总体构图中具有砝码的作用。因为其他的实体要素都与使用的功能关系密切，很少有削减的可能。唯有陈设组件完全可以根据实际的需要去选型。就像是天平上的砝码，一直加到平衡为止。既然陈设组件的摆放主要起着砝码的作用，那么在实际的摆放过程中就要考虑好平面与立面都能够兼顾的最佳位置。平面位置的选择需要考虑交通与使用功能的影响。立面的位置则是人的视点与视域作用于陈设物和墙面的重叠景象选择。这是一个需要反复比较的权衡过程。其构图的手法自然要遵循艺术的一般规律，需要注意的是人的视点变换所引发的四维空间效果。也就是说，不论站在房间的任何角度观看，所要安置的这件陈设品都能够与所有的立面相配。

4.4.3 光色要素的合理运用

在室内空间形象的塑造中，光与色是空间系统中虚拟形态表达最重要的部分，通过控制光照的强度，改变光照的投射方式，达到室内色彩的合理表现，从而创造出不同的空间意境。

采光控制

采光的控制实际上是由开窗的样式所决定的。在钢材和玻璃没有问世之前，由于建筑受到结构和材料的制约，窗的基本形制并没有发生本质的变化。西方建筑石构造的洞窗和东方建筑木构造的隔扇窗一直延续了数千年。只有在钢结构大量运用于建筑，以及玻璃工艺的日新月异，采光的形式才发生了根本的变化。今天，在房间的任何部位开窗都不再是一件难事。比如，人们可以使在不同的时间、不同的季节、不同方向的房间呈现不同的不受人主观控制的光线效果；而北向进光的天窗则能够人为控制光线投射的方向；完全用反射阳光的采光方式在目前的一些公共建筑中已有不少运用……在今后的室内设计中，设计者完全可以利用最新的技术，按照实用功能的特殊要求去创造适宜、可控的采光方式，但目前，阳光直接照射或者通过界面的反射仍然是室内采光最常见的方式。

照明配光

照明的配光主要是指电光源灯具的合理运用。电光源灯具已经为我们提供了直接照明、反射照明、散射照明等多种照明类型。现代的电光源也已经能够产生各种光色的灯型。可以说，室内照明的物质基础已经十分雄厚。从设计者的角度来讲，主要是如何确立照明设计是室内环境设计关键环节的概念问题。从目前的情况看，不少设计者只有直接照明的概念，而缺少运用综合照明手法的意识。由于在设计的图形思维阶段，有关于光线的视觉形象难于展现在画面。设计者在头脑中也很难预想灯具亮起来之后的实际效果。为了跨过这个难关，不妨在剖面图上做一些光线投射的分析，同时结合计算机绘图的灯光配置数据，根据实际空间光照的印象积累，是可以逐渐确立起照明配光设计经验的。就室内设计而言，照明配光除了照度的功能需求外，一定要考虑照明的装饰效果。否则在一些特殊的场合就达不到应有的视觉效果。

光影组织

室内光环境的设计在采光与照明两个环节中，我们所想到的往往是光照的问题，而很少考虑光影的效果。但是在实际的空间中光影所起的作用也是很大的。阳光透过窗户经过窗框的遮挡会在室内产生与之相对的影子，通过窗框的分格或者窗帘的样式，能产生丰富的阴影，像百叶窗或百叶帘。而照明配光的光影组织则是通过光线投射于界面的凸凹层面所产生的。光影作为界面构图的一部分，能够产生非常突出的空间视觉感受。减少光影与增加光影需要根据界面构图的需要。有时为了一种特殊的光影效果，甚至需要专门设计特殊的构件。光影的组织在技术的操作上并不难解决，难的是设计过程中是否有光影的概念。从设计者的角度来看，确立光照作为设计要素的概念已经很难，那么光影的设计概念可能就更不容易确立。在这方面确实需要设计者下不小的功夫。

色彩选配

室内色彩的选配建立在光环境设计的基础之上。就色彩选配的基本原则而言并没有特殊之处。需要注意的还在于室内空间的四维特征。也就是本书“光源与色彩”一节所讲明的那些道理。在这里列举了室内色彩设计的一般手法，作为实际设计项目中的参考。

（1）色彩

色是光的产物，有光才有色。经过三棱镜的折射，阳光依红、橙、黄、绿、青、蓝、紫的顺序排列，以这七种色组成的圆环称为色环，色环中的色互相配合就产生了色谱。

色谱具有明度、纯度、色相的变化。

明度：明度是色彩的明暗变化，由亮到暗的关系。

纯度：纯度是色彩的饱和度，由浓到淡到灰的关系。也称彩度。

色相：色相的变化是质的变化，如：由红到绿的变化。

色彩搭配就是根据需要，依照色谱调整明度、纯度的比例关系以及变化色相。

（2）典型的室内配色

暖色系列：暖色系主要包括红、黄、橙、紫红、赭石、咖啡等色彩。暖色具有热诚、奔放、刺激等特点，使人感觉温暖。

冷色系列：冷色系主要包括蓝、绿、蓝紫等色彩，具有安静、稳重、清怡、凉爽等特征，使人感觉沉静。

亮色系列：亮色是对暗色相对而言，是指一些明度较高的颜色。特点是明快、亮堂，有一尘不染的清洁效果。

暗色系列：暗色是一些明度较低的颜色。暗色显得端庄、厚重，烘托气氛更浓，如果配上灯光将更具魅力。

艳色系列：艳色指纯度较高或形成强烈对比的颜色。具有活跃、热闹的气氛，最适合儿童心理。同时艳色还具备豪华、高贵感，因材质不同而各具特色。

朦胧色系列：朦胧色即色相、纯度、明度、都比较接近，好像隔着一层纱雾蒙蒙的。感觉到一种柔和、静雅、和谐的气氛。

（彩图：162、163、164、165、166、167、168、169、170、171、172、173、174、175、176、177、178、179、180、181、182、183、184、185）

4.5 构思与项目

室内设计作为建筑设计的组成部分，以创造实用、舒适、美观、愉悦的室内物理与视觉环境为主旨。室内设计的总体运行就是依据空间规划、构造装修、陈设装饰的设计内容，通过建筑平面设计与空间组织，建筑构造与人工环境系统专业协调，构件造型与界面（地面、墙面、顶棚、柱与梁、门与窗）处理，光照色彩配置与材料选择，器物选型布置与装饰设置，按照设计定位、设计概念、设计方案、设计实施的工作程序来实现其目标。

4.5.1 设计定位

设计定位的基础在于建筑营造的条件，包括地理、区位、结构、风格等内容，涉及政治经济、专业发展、决策背景等社会文化因素，最终由使用功能、审美取向、技术条件的综合权衡来设定目标。

在设计定位阶段，需要对项目设定目标的全部要素进行多角度的分析，通过定位策划的多方案对比优选来确定指导思想。可以借助于图形语言工具，将各种要求逐一对应地表达出来。由多种需求的综合优选，产生出明确的概念，落实为简单的图形。对平面、组群关系、功能分析的可能性进行多元探讨。是一个由抽象到具象的演绎的过程。设计目标的确立，需要综合考虑场所效益、育人效益、社会效益三方面的影响。

设计定位的目标

设计是人类改变外部世界、优化生存环境的创造方式，也是最古老而又最具现代活力的人类文明。人类通过丰富而多样的生产与生活方式设计创造来调整人与自然、人与社会、人与人之间的关系，同时推动现代社会的文明体验、相互沟通与和谐进步。

设计学是关于设计行为的科学，设计学研究设计创造的方法、设计发生及发展的规律、应用与传播的方向，是一个强调理论属性与实践的结合、融合多种学术智慧，集创新、研究与教育为一体的新兴学科。

作为国家全面协调可持续的科学发展观，设计学对应于经济建设、政治建设、文化建设、社会建设、生态文明建设五位一体的总体布局，设计学科发展有着相应的属性定位。经济属性是产业角度的设计学本质；政治属性是国家角度的设计学本质；文化属性是专业角度的设计学本质；社会属性是大众角度的设计学本质。以上四项的设计学本质，归结于人类面向生态文明建设的可持续发展属性，是时代赋予设计学本质的内核。在战略发展的意义上，成为设计定位的终极目标。室内设计作为直接影响人居生活方式，主导价值观走向的专业门类，自然应当将可持续设计的观念作为定位目标的准则。

掌握人类居住环境演化的历史与文化知识，成为确立室内设计定位目标的基础。中外艺术史、中外科学技术史、中外工艺美术史、中外设计史是其直接的知识领域；美学、社会学、人类学、生态学、经济学、管理学是其相关的知识领域。

室内设计作为一门应用型专业，是以设计学环境设计专业方向的知识体系作为其理论基础。立足于环境设计的研究对象，这就是自然、人工、社会三类环境的关系。研究人的生存与安居成为设计问题的核心。通过对组成环境设计系统相关专业内容，城市、建筑、室内、园林设计历史与理论的学习，研究环境艺术与环境科学关系的问题，了解并掌握环境设计问题既古老又有新挑战性的学科规律。学习并具备理论研究与实践结合的能力，掌握环境体验与审美创造相结合进行优质环境设计的知识。

环境设计的学科交叉性与专业综合性，体现其历史与理论的基础源于城市、建筑、园林、室内等专业领域。需要从设计哲学和现代设计理论的角度，学习研究与之相关的环境设计发展简史（包括形成“环境艺术”风格样式与流派的近现代外国美术史内容）。按照历史沿革的文化形态，了解历代设计风格和艺术表现的总体特征，建造结构和施工技术的发展，以及与建筑环境相关的雕塑、绘画、工艺装饰等方面的艺术成就。认识人工环境与自然环境、社会生活的关系，以形成正确的设计审美观。提高艺术与设计文化修养，构建设计的环境整体意识，树立面向生态文明的可持续发展设计观。

设计定位的内容

设计定位的内容，是以设计目标的受众定位所决定的。受众定位是以其经济与政治地位的背景，受文化定位、需求定位、技术定位三个方面的总和所制约。设计受众的文化定位指向：受所处人文生活环境中自身文化、社会文化、专业文化、管理文化，四个层面思想观念的影响；设计受众的需求定位指向：受索取产品或居所的个人需求、社会需求、场所需求，三个层面环境状态的影响；设计受众的技术定位指向：在获得事物与环境价值的体验中，受功能定位、审美取向、技术手段下达成的设计目标所控制。

设计学理论体系由设计审美理论、设计认知理论、设计技术理论、设计教育理论等四部分构成。由"设计历史与文化"、"设计思维与方法"、"设计工程与技术"、"设计经济与管理"四个子知识领域构成基本的知识结构。该结构涵盖设计调查、设计创意、设计表达、设计工程、设计管理及设计教育等多个专业环节。并以学科本体、专业研究、相关学科的多元结构形成设计学的学科范围。室内设计的产品统合特征，使其能够充分体现设计学的全部知识、技能与观念。

设计是面向服务对象的创造过程，在这个过程中思维与表达的互动，始终贯穿在使用者与设计者甲乙双方交流的三种状态中。在明确设计目标、建立设计概念、绘制设计方案和完成设计实施的四个阶段。甲方（使用者）内部的需求定位交流——第一种状态；乙方（设计者）自身的分析判断交流——第二种状态；甲乙双方取得共识的思想交流——第三种状态。表面上看四个阶段的三种状态交流，主要是技术因素在起主导作用。究其实质所反映的仍然是双方基于经济、政治、社会、文化背景面向生活方式的价值观导向，以及这种导向汇流于某种观念后的定位。

设计定位的拓展与规划，体现于发展战略与实施战术的层面。室内设计战略的时代定位：装饰的设计理念代表着传统，属于农耕文明的第一阶段；空间的设计理念代表着当代，属于工业文明的第二阶段；环境的设计理念代表着未来，属于生态文明的第三阶段。室内设计战术的阶段定位：体现设计本质的可持续设计——统合空间规划、构造装修、陈设装饰的整体设计；体现低碳概念的可持续设计——研究人的环境行为特征以价值体验为导向的设计；体现生态概念的可持续设计——实施创新驱动战略突破专业技术壁垒的环境设计。

设计定位的方法

设计定位的方法在理论层面，来自设计学的学科属性。设计是一种具有物质文明及精神文明双重内涵的创造方式。在物质层面，它通过改变外部世界从微观形式到宏观形式的物质形式，来达到改变人类自身处境、优化生存环境的目标；在精神层面，它通过创造新的功能形式以及新的视觉经验，在提升人的感官舒适、行为效率的同时提升社会的文明品质、实现人的尊严，因此它具有历史的传承性、文化的创新性和文明的进步性特征。

设计定位的方法在操作层面，来自设计学的学科内涵。设计学以人的设计行为为对象，是关于设计行为的发生、发展、属性、内涵、目标、价值、程序、方法及其解释与评价体系的科学。因此，设计定位的考察、调研、分析、归纳强调“问题意识”导向，以发现问题、分析问题、解决问题为内涵的基本方法广泛指导着各领域的设计思维，对人的行为规律及生理特征、事理特征、情理特征的关注与把握构成设计定位研究的逻辑基础；以学理分析为主并积极辅以社会调研、心理实验、个案研究等质性研究方法构成设计定位研究的工具体系。[1]

确立明晰的设计定位，涉及公共资源与设计管理的知识。现阶段市场在资源配置中的决定性，已得到国家决策层的认可。相关的知识领域扩展到：室内设计市场的劳动资源配置、知识资源配置、技术资源配置、管理资源配置、资本资源配置。设计市场的良性发展在于优化以上公共资源的配置。这部分知识的获得，需要通过选修经济管理与公共管理的相关课程。

设计管理在现阶段所依据的知识体系，主要在于信息论系统与控制论系统。前者是当代科学方法论的基础，是将信息的获取、编码——译码、调制、信息变换、传递、加工、处理等的系统目的性运作，抽象为一个信息的传递与交换的过程。后者是信息时代探索处在多输出、多输入、高精度、参数时变中的复杂闭环系统的方法论。

与设计定位相关的设计管理方法，主要在于设计的人力、项目、程序、营销四个方面。设计人力管理体现于使用与培养并举的战略和目标与过程并重的策略；设计项目管理体现于时间与人力资源配置的双向权衡；设计程序管理遵循发现问题、识别问题、分析问题、明晰方向的问题导向思维程序，按照由大到小、由高到低、由统到分的程序进行控制。设计营销管理按照设计理念与设计品牌的市场推广意识，根据消费需求与满足的定位确定目标市场战略，培育从产品到商品的开发与市场营销观念。

设计定位的方法与技能，必须依靠设计者思维的基本技能。通过文案与手绘的图形推导，分析设计对象所处环境的各种制约因素，从而寻求设计定位的切入点。设计定位文案的撰写过程，就是文献、资料、情报汇集的过程，只有完成足量的实地与实情的调查与研究，才能真正实现精准的设计定位。文案的合理逻辑，依据手绘图形的推导过程，因为只有通过图形的分析，才能准确显现设计项目各类要素所

[1] 中国高等学校设计学学科教程研究组. 中国高等学校设计学学科教程. 北京：清华大学出版社，2013.

处环境的时间与空间运行状态。

设计定位是项目面向业主、决策、社会、专业四个文化层，体现场所精神与使用价值的目标。其设计思维的方法与技能，在于文案的图形推导，理想的方法是工作坊（WORKSHOP）的讨论式教学。运用直觉判断——触发信息的直接领悟；类比推理——触发信息的直接转移；逻辑整理——实践检验与信息反馈。这样三类推理模式，其与科学认识的程序——从累积到整理；科学研究的对象——从事物到系统；科学发展的阶段——从常规到革命。共同建构起指向设计定位的工作方法。

基于文化定位的设计价值观念

室内设计的文化定位必须建立在可持续发展观念的全球化层面。"文化是民族的血脉，是人民的精神家园"。[1] 面向生态文明建设的可持续发展属性，是时代赋予设计学的本质内核。可持续发展的设计学属性具有战略层面的意义。

由于室内设计直接参与人居环境的建设系统，其业态处在建筑业的下游，设计成果作为生活方式的终极呈现，具有极强的社会影响力。室内设计面向大众的社会属性，是提升其生活品质。通过符合国情生活方式与实现方式的研究，为设计活动提供知识资源。通过室内设计知识的科学普及，深化大众对于设计的理解，从而提升全社会对设计价值的认知。

设计文化战略的指向体现在三个层面：（1）"人与物" 的设计指向——将设计思路的主导引向以造型为目标的物象视觉体现；（2）"人与人" 的设计指向——将设计思路的主导引向以适用为目标的物象身心体现；（3）"人与环境" 的设计指向——综合以上两种设计思路的优势，通过设计改变人的行为方式与价值观念，使人的基本生活方式符合生态文明的建设规范。室内设计的专业综合特征，决定其必须走第三种指向的文化战略路线。

文化属性是专业角度的设计学本质。室内设计是最能体现跨越人类文明形态古老而新兴学科特点的设计学专业。设计是人类基于生存的本能，以进化所达成的智慧，通过思维与表达，以预先规划的进程，按照生活的目标和相应的价值观，以生存环境背景的制约和生产力发展水平所形成的条件，通过人工器物的发明过程，创造与之相适应的生活方式。不同生活方式历经岁月的磨砺，作为历史和传统沉淀为文化。从这层意义出发，设计就是文化建设。而室内设计恰是文化建设

[1] 胡锦涛在中国共产党第十八次全国代表大会上的报告. 坚定不移沿着中国特色社会主义道路前进 为全面建成小康社会而奋斗.

的主要力量。

4.5.2 设计概念

在设计概念阶段，需要综合设计定位已经确立的各种目标要求，通过发散性的形象思维程序，构思出明确的设计概念，在文化层面形成设计的主题精神。

这是一个形象思维的图解思考过程。构思需要通过图形来优化与延展，以此激发创作潜力。在图形的表达中，不断发现与创新。由图形催生的新想法，还要经过理性的逻辑思维，深入推敲和对比，在理解原有概念的基础上，再产生新的形式与观念，碰撞出崭新的灵感火花。

室内设计的概念发展阶段，需要具体落实到空间的平面与立面形式推敲之中。针对已产生的概念构思，绘制大量不同发展方向的设计草图，再利用形象思维派生出尽可能多的分支，只有通过不断拓宽思路的多图形对比与修正，最终优选出的设计概念才能相对完善。

设计概念的构思

设计概念的构思，来自于设计者的思维能力。即：设计概念推导的思维能力，这种能力来自于人类“思维模式”建构的传承。

古中国传统的思维模式，侧重于求同性。它要求子民们必须遵循深沉的伦理修养。重以德育人，讲忠孝仁义，尚安平少欲，以奠定人治社会的统治基础。古西方开放性的思维模式，侧重于对自然的认知、开发、利用；关注科学思维的求异性、独创性。着力于生产力的发展，以推进理性、进步的社会基础。只是，在现实世界，一切事与物都是多元的、不完备的，任何事物也都是可错的、非单一存在的，并没有什么事物是永恒的、或是绝对正确的。且多元事物相互之间只有在特定条件下始有可能并行不悖；而相互相悖则是必然的。正因为存在着互为相悖，使能出现彼此之间的各有其不同的另类的创造性思维。才能出于相互间的互补、促进而产生前所未有的发明创造与新的科学方法论。[1]

设计概念的拓展主要依靠两种思维与表达的技能，这就是语言表达能力和图形表达能力。前者是使用语言与文字表达设计思想的能力，表现为口语演讲与文字写作的概念传达；后者是采用徒手绘制图形通过观看想象的概念推演。口语和文案的概念传达只有与图形信息的反馈相结合，才能最大限度开发人脑的潜质，形成从图形思考到图解分析的深化，最终实现设计概念的拓展。

[1] 潘昌侯：“为‘艺术与设计’教学所收集汇编的参考资料。”中的“思维模式”一节。

图形思考具有五个方面的特点。(1)感性优先——挣脱常规和习惯的枷锁，打破逻辑思维的束缚；(2)不假思索——边画边想，先画后想，力戒想好再画；(3)自我交流——切勿畏惧，打开思路，放开手笔，保存过程；(4)信息循环——切勿擦除，保存灵感，在信息循环中发现“新灵感”；(5)集中高效——掌握时间，集中精力，专心思考，切勿拖沓。

图解分析是文字分析抽象和形象化的过程。是运用图解的语言来分析物与物之间关系的方法。其独特能效在于对语言文字表述的转化。因为，语言文字的表达具有时间性和过程性，图解分析的表达具有空间性和系统性。因此具有视觉传达的同时性，能将个体间错综复杂的关系完全地、直观地呈现。从而实现理性分析、对比甄选、开阔思路、把握整体，尤其适合设计概念推导的理解与接收。

在设计概念的推导中，图形表达应贯穿过程的始终，是概念初现从想法到落实的有效手段。在这个图解分析的过程中，图形不仅仅是平面上的形象，立体空间的形态也是图形的一种，绘图与模型的方法，包括计算机在内的多种媒介，都可以运用在图形思考到图解分析的思维与表达过程中。这种统合语言文字和图解分析的设计方法，就是一种通过图形进行思维，将潜藏在脑海中似是而非的主观想法，外化为可视直观的时空形态，为对比优选的设计决策提供可靠的依据。

图形思维是充分运用图形和图式的语言，进行思考、分析、交流、表达的思维过程，是一个从视觉思考到图解思考的过程。图形思维是帮助设计师产生的创意的源泉和动力。图形思维贯穿设计的始终，在不同的阶段表现出不同的优势。图形思维不仅仅可以运用于设计，它还可以帮助人们分析和处理生活中的各种事物。[1]

设计概念的推导

设计概念的推导是一个开采“脑矿”的过程。人脑有1.35kg重，其中有1000亿个脑细胞可以吸收10万多个信息，每个脑细胞同其他细胞之间的链接空间在千兆以上，这是一座令人惊叹的拥有巨大资源的矿山，这是每个人每天可以随时随地开发的矿产。对自己的矿藏所做的“开采”是一种艺术思维的方式，体现于能否激发灵感的顿悟状态。

设计概念的推导需要倡导打破“公婆之理”的方法。理藏公婆之间，道隐是非之外。打破“公婆之理”，认识是非之道，并不是和稀泥。对事要多些看法：透视看，关联看，换角度看，过后看，片段认识使

---

[1] 任艺林：清华大学美术学院研究生“设计艺术的图形思维”课程学习研究报告。

事物显得很容易解决，但这种容易将会使设计者自以为看清了事物的因果关系，却常常未能关照到更加多元联系的复杂性。艺术的基本功能体现于：再现（客观生活）与表现（主观情感）两种类型。艺术表达能力因此涉及人的感觉、意识、想象、情感、思维、语言等哲学心理学领域的问题。掌握多层次的艺术表达能力，尤其是迅速捕捉自身思维火花的图形写照，是“脑矿”开采与冶炼的最佳途径。

设计概念的推导还要善于驱动“驱动力”：我们每天面对网上大量被编辑加工过的形形色色的咨询时，不要忘记上好周遭“活性事物之网”，学习用观察的“鼠标”“点击”事件，“打开”事像，“下载”事理，“复制”到思考的“文件包”里，并“粘贴”到“心页”之上，还要对头脑的“桌面”常作“清理”和“刷新”！[1]

设计是启发想象的艺术，设计是系统整合的科学。对于客观世界的感觉，通过艺术思维非格式化地释放想象和发散创意，成为设计概念的引导；对于设计对象的创意联想，通过科学思维将不同的设计要素整体关联、合力共振，成为设计概念的主导。两者必须以强烈的设计目标作为支撑，才能实现创新性思维达成的设计概念。

感觉：“客观事物的个别特征在人脑中引起的直接反映，如苹果作用于我们的感官时，通过视觉可以感到它的颜色，通过味觉可以感到它的味道。感觉是最简单的心理过程，是形成各种复杂心理过程的基础。”[2] 思维以感觉所获得的信息为基础。感觉是人的感受器官接受客观世界的刺激，形成的主观认知，由视知觉、听直觉、嗅知觉、味知觉、肤知觉的综合，形成复杂知觉。是人面对客观世界形成的时间知觉、空间知觉、运动知觉的综合反映。其反映通过人的语言、手势、动作，物的实体、模型、工具，以自然物和人工物的各异形态反馈，不同的形态又通过人的感官接受、储存、加工、传递为有效信息，形成感觉到联想的思维循环。[3]

在艺术与设计的感觉与联想中，可以利用艺术独特的表现形式，表达问题和解决问题；可以利用设计综合的创造，通过不同形式的表达来解决问题。无论艺术还是设计，在其感觉与联想中，对于“形”与“形态”概念的思考，都是绕不过去的一道坎。物成生理谓之形——《庄子·天地》；形色天性也——《孟子》；行者，生之具也——《史记·太史公自序》；形是一个多维、动态的概念。形之外：空间、外表、材质；行之内：功能、定位、关联；行之互动：客户、用户、环

[1] 刘胜男，清华大学美术学院研究生“设计艺术的图形思维”课程学习研究报告。
[2] 中国社会科学院语言研究所词典编辑室编．现代汉语词典（第6版）．北京：商务印书馆，2012.
[3] 武宇翔，清华大学美术学院研究生“设计艺术的图形思维”课程学习研究报告。

境；形之时间：过程、动态、变化。对于设计所涉及的形态塑造，可以通过体验、理解、交流、模拟、完善、评估、总结等种种手段和方法达到目标的实现。

设计概念的确立

设计概念的确立在于思维外化于纸面图形所构建设计表象的对比优选。

由于“纸张是大脑的界面”（保罗 萨福Paul Saffo），其界面信息的视觉传达形成图形思维，这是一种方便学习与理解的结构，一种传递或者建构知识的好方法。通过绘制路径或顺序，成为思维基本架构的视觉呈现。当下的人们似乎也看重这些路径和顺序，不过大多依赖电子工具计算机来表现，从而造就一个图形泛滥的时代。机器感、束缚感、排斥感的影响，使思维表达的顺畅感觉大打折扣。

概念表达的“图形”在不同的背景下，会出现推与拉的状态。让人感觉被“推”的情况：指令、太多内容、事先安排的格式、冲突与攻击、做决定、做评估、做提案；让人感觉被“拉”的情况：开放式问题、简单图像、寂静、从迷途返回、白纸和留白、开放式的手绘图、不确定性、方案出意外时。在这里，推的状态使人产生抵触，拉的状态使人愿意参与。理想的境界是文字与图像的图形语言建构，使之形成行云流水般的思维外化拓展。

文字是构筑信息的基本元素，具有直觉化、便捷化、表意化的特征。文字是一种记录和传播信息的载体符号。它除了本身所承载的基本内容以外，还具有文字的精神状态，能赋予人们无穷的联想、情感、回忆，当这些情感以某种审美形式表现出来时，留下的是特殊的审美意味。文字符号作为重要的信息符号和视觉传达手段，它不仅提升了人们的视觉传达信息的品质，还促进了人们生存方式的艺术化，推动了社会的向前发展。

图像是构筑信息的表层元素，具有直观性、生动性、概括性的特征。优秀的图形设计可以在没有文字的情况下，通过视觉语言进行无声的沟通和交流，它能跨越地域的限制、突破语言的障碍、渐变文化的差异，从而达到无声传播的艺术效果，具有“一图顶万言”的传播效能，是走遍全球的“世界语”。

记录的所有图形都能在纸上显示冲突的信息，柔化了口头语言所强化的非此即彼，用图形可以让人们直观地看到对事物的理解。用视觉画面打开想象空间，更接近希望和梦想、意图和愿景。不假思索的图形综合不是单纯处理单独的文字和图形，而是探索信息之间的总体联系与组织结构。将所有内容转换成视觉表达，通过两种模式更综合地考虑事情。[1]

作为设计用户与其服务的行为系统：发现问题、定义问题、解决问题、评估方案、生产实施的程序，在于寻找目标的定位。环境设计和产品设计最大的不同是：产品一般只适应一类特定的用户或人群，而空间则需要适应几乎是所有的人群。通过对不同人群进行归类，发现不同人群的心理预期。分析不同人群的心理预期，找出他们关心的核心价值取向。通过大数据资源搜索的筛查与选择，并结合用户文化层、社会文化层、专业文化层对于特定空间与场所的需求，得出与项目设计定位相适应的设计概念，最终由决策层定案。

科学方式的判断与推理，是一个分析涉及项目各种变量，确定所有变量，从而得到结果，解决一个问题的方法。设计方式的判断与推理，是一个先设定结果再发现问题的流程。需要分析涉及设计项目的各种因素，由于因素的不确定性，又需要足够多的路径使通往已确定目标的路得到优化。因此需要足够发散的思维，去冲破不同因素制约关系的障碍，从而解决问题。

科学方式直击事物的本质，设计方式关注事物间规律性的联系。两者间接与概括地反映于思维：科学方式倾向于逻辑思维，设计方式倾向于形象思维。 在这里形象思维的意义在于与外界交互所产生的纷繁知觉，这种知觉对思维的发散具有重要影响。当一个设计师面对一个设计项目，与他交互的世界呈现出各种不确定的因素。他会面对普通用户与人群，设计团队成员与合作者，与之沟通、聊天，这种社会性和群体性行为有利于思维的发散；他会身处项目所在的环境，体验来源于自然和人为环境感知觉的所有信息，从中寻求解决专业问题的方法；他会依靠自身的动作与手势，以潜意识扩展的行为，帮助发散思维和组织语言；他会巧妙利用信息时代大数据的资源，寻找海量数据与设计上更为宏观的相关关系，为设计带来更多灵感相关性。当然，这些工作又需要通过电脑建模，来补充数学逻辑，推导参数化图形，通过工具、模型、益智型模型推导软件加强空间知觉。[2]

虚拟与物化的观念

培养视图与绘图能力，培养和树立空间想象能力及分析能力，是实现从虚拟到物化教育观念转换的关键技能。从主观思维的意象转为客观世界的表象，是概念建立并走向概念设计的过程，即：提出一个概

[1] 肖媛，清华大学美术学院研究生“设计艺术的图形思维”课程学习研究报告

[2] 武宇翔，清华大学美术学院研究生“设计艺术的图形思维”课程学习研究报告

念，再针对这个概念进行设计。意象只是虚拟的意识，具有人的情感色彩，而表象则是物化的设计现象，具有理性表达的属性。将意识通过手绘(包括电子工具)用图形同步表现，注重设计者理解创作的过程，以明确的步骤和目标。从概念走向概念设计，进而转化为设计方案。

在实验层面掌握室内设计基本的设计程序与方法。重点是思维与表达的形式与内容，图形在思维与表达中运用的技能。图形表达的优点在于：高效、直观性、客观性、可保存、可助思维结构化；图形思维的特点在于：直观、有效传达、打破界限；图形思维发挥的领域在于：沟通——自我沟通和他人沟通，理解——进一步分析，思考——通过工具表达的外化使思路延伸。迅速将设计者头脑内的思想，用图形与图表的方式落实到纸面上，将人思考的过程视觉化。[1]

4.5.3　设计方案

设计方案是设计概念从虚到实的技术落实过程，也就是使用专业的图形语汇将概念落实于纸面，产生专业化、技术化、形象化的方案。传统的设计方案绘制过程，完全是人的主观思维与客观手绘程序。今天，这个程序已经基本被电子计算机等新型媒介所替代。因此，更加凸显了概念设计阶段的重要性。

经过图解思考优化的方案设计，最终还有一个转化过程，这就是进行方案的施工图设计。概念与方案必须落实到施工图纸的层面上，才具有可操作性。实施过程中还可以对方案进行细化与修正。

利用图形思维的方法，对方案的施工可能性进行终极探讨，从功能、审美、技术等方面对各种施工的可能性进行衡量，是方案设计阶段工作的主要内容。

设计方案的内容

设计方案是概念设计的成果经过总结归纳的最终表达。设计方案是设计概念思维的进一步深化，成为设计对象付诸实施前的关键环节。在方案的设计阶段，需要设计者进一步收集、分析、运用与设计任务有关的资料与信息，通过构成设计所有要素的对比优选，进行设计方案全部文本和图纸的制作。

进入到方案设计阶段，需要设计者对于制图、透视、设计表现以及概预算等相关知识具有一定的驾驭能力，通过对平面图、顶平面图、立面图、方案表现图和设计说明、造价概算、材料与陈设选择等

[1] 金觉非，清华大学美术学院研究生“设计艺术的图形思维”课程学习研究报告

方面工作的完成来实现。

室内设计是一项复杂的系统工程，其设计项目的实施主要通过委托设计或招投标设计的方式来完成。这两种方式在具体的实施过程中有所不同，如果是委托设计，在设计构思、功能定位、创意草图阶段就有更多的机会与时间同甲方进行沟通与交流，因而在方案设计阶段就会避免走很多弯路，拿出的设计成果更容易得到甲方的认可与接受。而公开的招投标设计与委托设计不同，作为设计师这时在进行方案设计前就应该在人文环境调研和功能分析等方面多下功夫，从不同的方面去思考，通过几个方案的展示来争取甲方的认可。

设计方案综合表达的基础知识，在于通过勘测的方法，深化建筑与室内制图的知识、规范及绘制方法的认识。以实地实体的勘察测量训练，提高设计者从三维空间到二维投影图再到三维空间形态塑造的理解能力，要求掌握符合国家标准的相关专业制图规范以及测量绘制方法。切实掌握正投影法的基本理论及其应用，培养学生的空间逻辑思维能力、形象思维能力和创新精神。培养阅读设计工程图纸的基本能力，得到徒手与计算机绘制工程图纸的基本训练。

以基础知识为支撑的文字语言、手绘图形、计算机辅助图形三类设计表达，构成设计方案综合表达的主要内容。

文本与口语表达。设计概念与设计方案演示的文本与语言表达训练。文本陈述的逻辑性，语言表达的程序性，主题思想表现的确定性等内容。通过实际设计课题的登台演讲与幻灯文件演示。

手绘设计图形表达。通过徒手绘画技法教学，掌握以素描、色彩为基本要素的具有一定专业程式化技法的专业绘画技能。重点是透视效果图的基础表现技法，包括形体塑造、空间表现、质感表现的程式化技法、绘制程序与工具应用的技巧、不同类型单件物品的绘制特点。手绘表现图的形式多种多样，主要包括水粉、水色、彩色铅笔、马克笔等技法。

计算机辅助图形设计表达。对计算机专业绘图软件及硬件知识的介绍（内容应根据计算机技术发展的情况及时调整变动）主要专业辅助图形设计软件的应用方法及技能讲授。此类软件应包括：3D建模渲染软件、2D工程图形设计软件、其他相关的应用软件。

在设计方案的制作过程中，依然需要拓展设计思维，选择合适的工作方法。重点在于：数字技术表达——计算机辅助图形的设计表达能力；设计掌控能力——对设计方法和设计表现的掌控能力；概念拓展能力——科学的室内空间系统规划与室内设计概念推导能力。

设计者对于项目的环境体验，经由目测、速写、测量、记录等方式，提升以下能力：思维能力——对空间形态的感知思维能力；认知能力——对工程图纸的视读能力；创新能力——通过“空间形态—平面图纸—空间形态”思维绘图过程形成的创造想象能力。

利用目测使用工具记录与测量场所的方法，以空间实景手绘速写的透视图作为辅助勘测手段，综合逻辑思维与形象思维认知应用于项目设计方案的测绘与制图。

在方案系统表达的进程中，强化视图与读图的作业训练，进一步理解投影原理以及项目空间视图与空间立体之间的关系，初步完成从“平面到空间”的思维训练过程，从而达到能够阅读与绘制项目空间视图的目的。

理解并掌握符合国家标准的环境设计相关专业制图规范，明确建筑平面图、立面图、剖面图；室内平面图、立面图、细部节点图；景观平面图与竖向图等图纸的规定画法及简化画法。

使用计算机参数化技术，熟悉并掌握一种二维与三维软件的操作技能。

设计方案的程序

设计方案的制作程序，因遵循系统控制的方法。系统是自成体系的组织；相同或相类的事物按一定的秩序和内部联系组合而成的整体。在自然辩证法中，同“要素”相对。由若干相互联系和相互作用的要素组成的具有一定结构和功能的有机整体。系统具有整体性、层次性、稳定性、适应性和历时性等特性。就设计的实用概念而言需要的是控制论系统。“控制论系统当然是一般系统，但一般系统却不一定都是控制论系统。一个控制论系统须具备五个基本属性：可组织性：系统的空间结构不但有规律可循，而且可以按一定秩序组织起来。因果性：系统的功能在时间上有先后之分，即时间上有序，不能本末倒置。动态性：系统的任何特征总在变化之中。目的性：系统的行为受目的支配。要控制系统朝某一方向或某一指标发展，目的或目标必须十分明确。环境适应性：了解系统本身，尚不能说可成为控制论系统。必须同时了解系统的环境和了解系统对环境的适应能力。”❶

利用步行与目测来研究场所的方法，观察与诠释特定的场所环境。从中进行最佳的观察、辩证、理解与搜集线索。汇总线索进而理解某个场所的故事与其背后的动能、建造时间和为谁而建。借由物质与感觉指标探讨社会经济演变、趋势、问题、弱点、政策与准则等议题。

❶ 张启人. 通俗控制论. 北京：中国建筑工业出版社，1992.

以系统化方法进行入户与田野调查，并由探究及确认环境事件的发生以建立新的模式。关注人们如何感知环境、如何使用环境、在环境中人们期望会发生的事件。不刻意强调缜密的资料搜集，而着重于连结不同的数据源、假设点、验证流，通过串联发现线索，进而导出可能的结果。理解特定环境的实质系统：室内的尺度、纹理、光色、房间、陈设、室外的街廓、街道、区域、基础建设与大自然。

评估复合结构的方法。复合结构包含实质环境、感知、价值观、规划行为、设计专业、政府官员、顾客、媒体与不同的用户。

环境观察的记录、表达与交流的各种技巧。学习基础的图面语言，这些语言经由表达工具的使用，如：绘图、拍照、计算机仿真及计算机排版，可以进行环境的分析与设计。

通过对室内设计相关专题典型案例的研讨与分析，对涉及环境的空间形态、场所特征、平面规划、构成要素的教学，对设计程序各环节的工作方法进行指导，以实验教学的交互方式实施设计全过程的作业训练，使学生掌握从概念设计到方案设计，以及最终实施设计全过程的能力。重点把握总体统筹控制与选项协调融通的环境设计能力。使学生了解相关专题的设计内容，从而建立人与人、人与物、人与环境互动的设计标准及方法；培养学生艺术与科学统合的设计观念，将人文关怀与技术手段融会于设计的全过程；掌握室内设计空间控制系统功能、设施、建造、场所要素相关机理的基本知识和理论；掌握室内设计空间规划、装修构造、陈设装饰完整的专业设计程序与方法。以上专业内容的工作程序在于：运用画法几何的正投影理论知识，建立正确的空间尺度与比例观念，通过室内设计制图知识的拓展、掌握不同比例制图规范及相应绘制深度的方法。

文案制作的技能，体现在理论与实践、观念与技术的结合层面，一个设计项目的文案是以具有内在逻辑的系统文字、图形和实物（材料样本）呈现。这就要求学生了解两类控制系统的运行。

其一：以材料优选概念主导的环境设计建造控制系统。通过特定空间中人为建造在材料与构造技术选择方面的研究课题，学习材料与构造在空间实际运用中的理论知识和技术经验，经由结合社会实践的案例或实例，掌握经济、适用、美观三位一体的建造设计方法。

其二：以人文关怀的理念规划环境设计场所控制系统。通过特定空间中限定使用功能以人的行为特征实施设计的研究课题，学习在自然与人工环境的任一场所中，合理适配场所与特定人群需求的设计方法。

最终完成设计文案专业水平的高度与深度，实际就是设计者对于以上控制系统把握的技能，这些技能体现在四个方面。

（1）分析能力：设计方案优劣的分析能力；

（2）认知能力：对工程图纸的视读能力；

（3）设计表达能力：记录与传达环境印象与概念的能力；

（4）创新能力：通过“空间形态—平面图纸—空间形态”思维绘图过程形成的创造想象能力。

设计方案的制作

室内设计的最终结果是包括了时间要素在内的四维空间实体，其设计方案是在二维平面作图的过程中完成。在二维平面作图中完成具有四维要素的空间表现，并体现在设计方案的制作中，显然是一个非常困难的任务。因此设计方案的制作，必须调动所有可能的视觉图形传递工具。这些图面作业采用的表现技法包括：徒手画（速写、拷贝描图），正投影制图（平面图、立面图、剖面图、细部节点详图），透视图（一点透视、两点透视、三点透视、轴测透视）。

室内设计方案作图的程序基本上是按照设计思维的过程来设置。室内设计的思维一般经过：概念设计、方案设计、施工图设计三个阶段。平面功能布局和空间形象构思草图是概念设计阶段图面作业的主体；透视图和平立面图是方案设计阶段图面作业的主体；剖面图和细部节点详图则是施工图设计阶段图面作业的主体。设计每一阶段的图面作业，在具体的实施过程中并没有严格的限制。为了设计思维的需要，不同图解语言的融汇穿插在设计方案中，也是经常采用的方式。

设计方案的制作过程是设计概念思维的进一步深化，同时，又是设计内容表现关键的环节。设计者头脑中的空间构思，最终就是通过方案图作业的表现，展示在设计委托者的面前。视觉形象信息准确无误的传递，对设计方案的表达具有非常重要的意义。因此平立面图要绘制精确，符合国家制图规范；透视图要能够忠实再现室内空间的真实景况。可以根据设计内容的需要采用不同的绘图表现技法，如水彩、水粉或透明水色、马克笔、喷绘之类。目前，在室内设计工程项目的领域，采用计算机技术制作设计方案已是主流，尤其是正投影制图部分，基本已完全代替了繁重的徒手绘图。透视图的计算机表现同样也具有模拟真实空间的神奇能力，用专业的软件绘制的透视图类似于摄影作品的效果。

作为学习阶段的方案图作业仍然提倡手工绘制，因为直接动手反映到大脑的信息量，要远远超过隔了一层的机器，通过手绘训练达到一定的标准，再转而使用计算机必然能够在方案图作业的表现中取得事半功倍的效果。

在室内设计的设计方案制作中，平面图的表现内容与建筑平面图有所不同，建筑平面图只表现空间界面的分隔，而室内平面图则要表现包括家具和陈设在内的所有内容。精细的室内平面图甚至要表现材质和色彩，立面图也是同样的要求。

一套完整的方案图作业，应该包括：设计主导概念的报告文本，平立面图、空间效果透视图以及相应的材料样板图和简要的设计说明。工程项目比较简单的可以只要平面图和透视图。具体的作图程序则比较灵活，设计者可以按照自己的习惯，以时间控制的观念做出相应的安排。

文案写作：掌握以设计概念表达为主要内容，结合文字、图表、图片等要素的设计报告写作方法。

正投影制图：掌握扎实的制图基本功，包括工具（手绘与计算机辅助技术）的正确使用；图线、图形、图标、字体的正确绘制；不同设计阶段以不同尺度比例呈现的规范；通过测绘的手段，要求学生确立正确的制图绘制程序与方法；掌握专业设计方案图及施工图的绘制方法。

手绘图形：掌握以素描、色彩为基本要素的具有一定专业程式化技法的专业绘画技能；通过对景观设计资料的收集、临摹与整理，用专业绘画的手段，初步了解专业的概略；通过绘制透视效果图验证自己的设计构思，从而提高专业设计的能力与水平；从专业绘画的角度，加深对空间整体概念及色彩搭配的理解，提高全面的艺术修养。

电子计算机辅助设计与绘图：掌握电子计算机基本知识，学会操作系统专业软件，至少掌握一个专业设计或绘图软件系统（如CAD、PHOTOSHOP）的使用方法。

材料与构造：构造与技术发展沿革。各类材料的物理性能，不同专业工程的结构、界面、环境效益和使用质量，材料、色质、肌理的艺术表现；不同专业所用材料的分类，材料的安装方式以及辅料的类型。室内装修与装饰工程在施工中的材料应用与艺术表现方式，各类材料连接方式的构造特征，界面与材料过渡、转折、结合的细部处理手法。室内环境系统设备与空间构图的有机结合。

方案整体表达与时间控制的观念

培养和树立空间想象能力及分析能力。从人与人、人与自然关系的本质内容出发，结合环境设计理论知识学习与实践技能训练，掌握以图形推演为主导的环境设计思维能力。通过设计思维与表达、环境设计专业基础、专业设计知识的学习，研究环境社会学与综合设计的问题，了解并掌握方案表达设计阶段的思维与表现模式，以及设计语言、设计程序、设计方法等内容。学习并具备从物质形态和意识形态两个方面展开工作的能力，掌握环境优化、环境安全和符合环境生态可持续发展的设计知识，建立标准化概念。

室内设计方案表达的基本知识和理论。立足环境设计系统的整合理念，结合室内设计相关专业工程建设知识学习与图形技术实施的技能训练，掌握运用材料构建塑造空间形态和表达设计概念的能力。通过测绘与制图、材料与构造知识的学习，研究环境心理学与环境物理学的问题，了解并掌握经由逻辑思维与形象思维捕捉对象认知环境的综合勘测手段。学习并具备从主观技能和客观物质两个层面介入技术的能力，掌握设计实施技术路线优选抉择的知识与实际动手操作的技能。

室内设计系统的环境概念（空间规划、界面装修、陈设装饰）。以时空序列概念主导的环境设计功能控制系统，通过特定空间中人的主观行进路线与客观交通布局设置之间取得匹配，合理配置交通功能空间与实用功能空间的设计方法，就是时间控制的观念。在室内的环境中，人的步行速度依然是时间控制要素的标准度量，不同之处只在于步行速度的快慢和停留时间的长短。在建筑内部空间使用功能较为单一的年代，人在空间中的行进速度和停留时间相对一致。而在当代由于内部空间的使用功能复杂多元，步行速度和停留时间就呈现出相当的差距。正是这种差距使室内设计出现了完全不同的空间处理手法。

方案设计的制作过程所耗费时间的长短，与每个设计者的思维模式与操作技能，有着直接的关系。每项设计方案呈现的文本与图纸总量相对恒定，属于可以预估的受控系统。每个设计者应该明确面对某一具体项目时，投入人力所需工时的总量，似乎这是个不值一提的常识性问题，但恰恰是这一点成为设计方案在有限时间能否提交的关键。由于受经济、政治、文化、社会发展阶段的影响，相当一部分业主不了解设计程序的周期，给予设计者的时间根本没有包括设计创意阶段所需的最低限度。而在整个项目的全部设计过程中，方案制作所需的刚性时限，往往成为制约设计方案提交的主要因素，因此，需要在该阶段的设计管理中明白完成一个项目制作整套设计文本与图纸的时间，逐步养成面对设计项目的时间控制观念。

4.5.4 设计实施

设计的实施阶段是检验设计者是否具备完整人格和专业素养的关键点。良好的沟通能力与决策能力是设计顺利实施的基本保证。

空间场所的总体掌控，装修材料、家具灯具、陈设织物的选择，细部节点与设施设备选型的推敲，都要通过详尽的施工图纸深化来贯彻。优化的施工图是保证设计作品完成的重要因素。经过实施的设计方案，能够经受住时间的考验，才能称其为作品。只有接受公众的评判，才能使设计者对初始定位、概念构思、方案设计进行反思，以期增加经验，取得不断进步。

设计实施的要点

室内设计的综合性与复杂性，决定其项目的系统控制工程特征。室内设计项目实施程序对于不同的部门具有不同的内容，物业使用方、委托管理方、装修施工方、工程监理方、建筑设计方、室内设计方虽然最后的目标一致，但实施过程中涉及的内容确有着各自的特点。这里所讲的设计实施对象主要是针对设计者。

以室内设计方为主的项目实施程序，涉及经济、政治、文化、社会，以及人的道德伦理、心理、生理，还包括技术的功能、材料，审美的空间、装饰等等。室内设计方必须具备广博的人文、社会科学与自然科学知识，还必须具有深厚的艺术修养与专业的表达能力，才能在复杂的项目实施程序中胜任，犹如“导演”角色的设计实施工作。

设计实施程序的系统控制概念极强，从项目工程的开始到完成都受到以下几点的制约与影响。

（1）经济、政治、文化与社会背景：每一项室内设计项目的确立，都是根据主持建设的国家或地方政府、企事业单位或个人的物质与精神需求，依据其经济条件、社会的一般生活方式、社会各阶层的文化定位、人际关系与风俗习惯来决定；

（2）设计者与委托者的文化素养：文化素养包括设计者与委托者心目中的理想空间世界，他们在社会生活中所受到的教育程度、欣赏趣味及爱好、个人抱负与宗教信仰等；

（3）技术的前提条件：包括科学技术成果在手工艺及工业生产中的应用，材料、结构与施工技术等；

（4）形式与审美的理想：指设计者的艺术观与艺术表现方式以及造型与环境艺术语汇的使用。

室内设计项目的实施过程中，室内设计者在受到物质与精神、心理上主观意识的影响下，要想以系统工程的概念和环境艺术的意识正确决策就必须依照下列顺序进行严格的功能分析：社会环境、建筑环境、室内环境、技术装备、装修尺度与装饰陈设的功能分析。

设计实施程序制定的难度，关键在于设计最终目标的界定。就设计者来讲总是希望自己的设计概念与方案能够完整体现。但在现实生活中作为乙方的设计者，毕竟是要满足作为甲方的使用者。这就决定设计者不能单凭自己的喜好与需求去完成一个项目。设计师与艺术家的区别就在于：前者必须以客观世界的一般标准作为自己设计的依据；后者则可以完全用主观的感受去表现世界。这就需要学习思辨与协调的设计管理知识。

思辨在于找出设计方案在实施过程中可能出现的主要矛盾，事先策划相应的实施预案。协调在于同物业使用方、委托管理方、装修施工方、工程监理方、建筑设计方等各方与各专业的有效沟通。在设计实施程序中及早与各相关方的专业协调，对设计方案的实施具有重要意义。设计方案与各方、各专业，尤其是构造设备发生矛盾，只有通过及时沟通的人际协调才能解决。以装修构造为例，其结果无非是三种：满足设计方案的要求；放弃方案的设计概念另辟新路；在大原则不变的情况下双方作小的修改。因此，思辨的主观性与协调的客观性，只有在辩证统一的条件下才有可能实施。思辨与协调设计管理知识的获取在于研讨下列主题：

（1）设计管理的基本概念与构成要素；

（2）技术与艺术控制标准的权衡；

（3）自然、地区、社会条件对设计方案的制约；

（4）材料与设备选购的控制；

（5）统筹兼顾的工程实施程序。

探讨以上主题与方法：主要采用讲授与实验的方法，观察与诠释设计管理的知识。从设计案例的实施过程进行最佳的观察、辩证、理解与搜集线索。汇总信息进而理解案例实施各个环节。借由物质与感觉指标探讨设计管理构成要素的议题。以系统化方法进行技术与艺术控制标准的调查，并由此探究及确认环境设计工程实施中相关问题处理的一般模式。以系统控制的理论指导，学习统筹兼顾的工作方法，将纸面设计方案转化为可供施工管理程序使用的实施文案。

通过制定工程实施的计划与程序，提高思辨与协调的能力。设计思辨能力——室内空间序列的综合设计判断分析能力；设计协调能力——掌握大型复杂空间的整体协调设计能力，就是客观认知与主观判断的技能。

这种技能只有通过工程项目设计管理在知识、技能和社会运作的实际综合训练中才能获得。了解项目的设计环节及实际问题的解决案例与沟通方法，培养自身设计管理的实际操作与协调能力。通过设计管理第一手资料分析、评估与记录的方法，掌握从事设计管理工作所涉及的技能，例如：工程进度控制文案、施工现场技术协调、材料选择与设备选型等。

经由现场观察勘测与人际沟通技巧等方法的学习，能够提升以下能力：

（1）系统控制能力——对设计项目实施的控制系统进行演绎、归纳、提问和验证的能力；

（2）设计管理能力——以人为本，充分考虑使用者行为特征的设计目标管理能力；

（3）表达能力——记录与传达施工现场环境的印象与概念的表达能力；

（4）沟通能力——与人为善，积极向上的汲取精神与不耻下问的工作态度，以勤奋与理解达成与人沟通的能力。

设计者必须掌握达成技能的基本知识：客观认知能力——项目实施环境（人文环境与场所环境）对设计方案的制约；主观判断能力——设计实施过程中各技术环节的综合判断力。

设计实施的环节

设计方案概念创意的实现，固然需要设计者具备符合时代人文精神为基础的丰富空间想象力，但同样离不开施工技术作为其基本保障。对装饰材料选样的把握和对施工规范的了解，是学习室内设计项目管理与合理实现设计目标的有效前提。

施工图绘制完成，标志着室内设计项目实施图纸阶段主体设计任务的结束。接下来的工作，主要是与委托设计方和工程施工方的具体协调与指导管理。

材料选样是设计实施环节的第一步。通过了解材料的基本特性，认识材料选样的作用和意义。掌握设计空间界面材料的客观实际效果，把握材料选样的基本原则。材料的选样在室内工程项目中呈现的是空间界面材料的客观真实效果，对室内设计的最终实施起着先期预定的作用，作用于设计者、委托方，又作用于工程施工方，其作用具体可概括为以下几个方面：

（1）辅助设计——材料选样作为设计的内容之一，并非在设计完成后才开始考虑，而是在设计过程中，根据设计要求，全面了解材料市场，对材料的特性、色彩及各项技术参数进行分析，以备设计时有的放矢。

（2）辅助概算和预算——材料的选样与主要材料表、工程概预算所列出的材料项目有明确的对应关系。相对于设计图，材料选样更直观、形象，有助于编制恰当的概预算表及复核。

（3）辅助项目工程甲方理解设计——材料选样的真实客观，使甲方更容易理解设计的意图，易感受到预定的真实效果，了解工程的总体材料使用情况，以便对工程造价做出较准确的判断。

（4）作为工程验收的依据之一。

（5）作为施工方提供采购及处理饰面效果的示范依据。

材料选样必然要受到材料品种、材料产地、材料价格、材料质量及材料厂商等因素的制约，同时，也受到流行时尚的困扰。在一个相对稳定的时间段内，某一类或某一种材料使用得比较多，这就可能成为材料流行之时尚。这种流行实际上是人们审美能力在室内设计方面的一种体现。充分展示材料的特质，注重材料与空间的整体关系，以及强调材料的绿色环保概念，是材料选样方面应坚持的原则。

严格遵循施工规范是设计实施的重要环节。掌握室内装修工程的施工基本要求，了解施工的基本程序和规范，在施工技术方面打下良好基础，设计方案的可行性就有了坚实的技术保障。

作为设计实施的装修工程基本规范，在学校学习阶段需了解的专业知识主要在于以下方面：

（1）装修工程必须使设计方可施工，并具有完整的正式施工图设计文件。

（2）施工单位应具有相应的资质，并应建立质量管理体系和相应的管理制度，有效控制施工现场对周围环境可能造成污染和危害；施工人员应有相应岗位的资格证书，遵守有关施工安全、劳保、防火、防毒等法律、法规；施工单位应配备必要的安全防护设备、器具和标识等。

（3）装修工程设计必须保证建筑的结构安全，施工中禁止擅自改动建筑主体、承重结构或主要功能；严禁未经设计确认和有关部门批准擅自拆改水、暖、电、燃气、通信等设施。

（4）住宅装修施工时，不得铺贴厚度超过10 mm以上的石材地面；不得扩大主体结构上原有门窗洞口；不得拆除连接阳台的砌块、混凝土墙体和其他影响建筑结构受力的构件。

（5）施工所用材料应符合设计要求和国家现行标准的规定，严禁使用国家明令淘汰的材料；材料的燃烧性能应符合现行国家标准的规定；施工材料须按设计要求进行防火、防腐等技术处理。

（6）施工前应有主要材料的样板或做样板间，并经有关各方确认。

（7）施工中的电器安装应符合设计要求和国家现行标准的规定，严禁未经穿管直接埋设电线。

（8）管道、设备等安装及调试应在装修工程施工前完成，若必须同步进行，应在饰面层施工前完成，不得影响管道、设备等的使用和维修。

图纸会审的知识：

基本概念——图纸会审是指工程项目在施工前，由甲方组织设计单位和施工单位共同参加，对图纸进一步熟悉和了解，目的是领会设计意图，明确技术要求，发现问题和差错，以便能够及时调整和修改，从而避免带来技术问题和经济损失。图纸会审记录是工程施工的正式文件，不得随意更改内容或涂改。

基本程序——由于工程项目的规模大小不一、要求不同，施工单位也存在资质等级的差别，因此对图纸会审的理解和操作可能也会有所不同，一般的基本程序如下：

（1）熟悉图纸——由施工单位在施工前，组织相关专业的技术人员认真识读有关图纸，了解图纸对本专业、本工种的技术标准、工艺要求等内容。

（2）初审图纸——在熟悉图纸的基础上，由项目部组织本专业技术人员核对图纸的具体细部，如节点、构造、尺寸等内容。

（3）会审图纸——初审图纸后，各个专业找出问题、消除差错，共同协商，配合施工，使装修与建筑土建之间、装修与给排水之间、装修与电气之间、装修与设备之间等进行良好的、有效的协作。

（4）综合会审——指在图纸会审的前提下，协调各专业之间的配合，寻求较为合理、可行的协作办法。

施工组织设计的知识：

基本概念——施工组织设计是安排施工准备、组织工程施工的技术性文件，是施工单位为指导施工和加强科学管理编制的设计文件，也是施工单位管理工作的重要组成部分。如果实行工程总包分包，由总包单位负责编制施工组织设计或阶段性施工组织设计；分包单位在总包单位的总体安排下，负责编制分包工程的施工组织设计。施工组织设计的作用是全面设计、布置工程施工；制定有效、合理的技术和组织措施，确定经济、可行的施工方案；调整、处理施工中的疏漏和问题；加强各专业的协作配合，切实避免各自为政；力争实现人、财、物的合理发挥。

主要内容——开工前的施工准备工作；制订施工技术方案——明确施工的工程量，合理安排施工力量、机具；编制施工进度计划；确定施工组织技术保障措施——使工程质量、安全防护、环境污染防护等落实到实处；物资、材料、设备的需用量及供应计划；施工现场平面规划等等。

施工图作业则以“标准”为主要内容。这个标准是施工的唯一科学依据。再好的构思，再美的表现，如果离开标准的控制则可能面目全非。施工图作业是以材料构造体系和空间尺度体系为其基础的。

一套完整的施工图纸应该包括三个层次的内容：界面材料与设备

位置、界面层次与材料构造、细部尺度与图案样式。

界面材料与设备位置在施工图里主要表现在平立面图中。与方案图不同的是，施工图里的平立面图主要表现地面、墙面、顶棚的构造样式、材料分界与搭配比例，标注灯具、供暖通风、给排水、消防烟感喷淋、电器电讯、音响设备的各类管口位置。常用的施工图平立面比例为1：50，重点界面可放大到1：20或1：10。

界面层次与材料构造在施工图里主要表现在剖面图中，这是施工图的主体部分，严格的剖面图绘制应详细表现不同材料和材料与界面连接的构造，由于现代建材工业的发展不少材料都有着自己标准的安装方式，所以今天的剖面图绘制主要侧重于剖面线的尺度推敲与不同材料衔接的方式。常用的施工图剖面比例为1：5。

细部尺度与图案样式在施工图里主要表现在细部节点详图中。细部节点是剖面图的详解，细部尺度多为不同界面转折和不同材料衔接过渡的构造表现。常用的施工图细部节点比例为1：2或1：1，图面条件许可的情况下，应尽可能利用1：1的比例，因为1：2的比例容易造成视觉尺度判断的误差。图案样式多为平立面图中特定装饰图案的施工放样表现，自由曲线多的图案需要加注坐标网格，图案样式的施工放样图可根据实际情况决定相应的尺度比例。

设计实施的协调

设计实施的项目组织与协调工作具有重要意义。了解并掌握组织与协调作为工程项目管理的主要内容，其涵盖的基本原则和方法，以增强对设计与施工之间系统性、协作性的有机把握。设计实施涉及到多学科、多工种、多专业的交叉和融合，从而导致专业之间的交叉作业更具有复杂性和系统性，因此，项目组织与协调工作就显得非常重要。

项目管理的主要内容就是设计与施工的组织与协调，它是工程目标顺利实现的保证。随着现代社会的快速发展，那种管理无序、缺乏理性的工程项目操作模式已不能适应时代的要求。设计实施的正规化、系统化、制度化发展方向，对于提高设计水平，增强项目质量，保证施工工期，降低工程成本都起到了重要作用，经济效益也会有很大改观。

“项目”一词其含义颇为广泛，它涵盖了诸多内容，存在于社会的各个领域。一般对项目较为通俗的理解，就是指在特定条件下，具有专门组织与目标的一次性任务。而项目组织与协调是指在一定的限定条件下，为实现目标对实施所采取的组织、计划、指挥、协调和控制的措施，其组织和协调的对象是项目本身，要求具有针对性、系统性、科学性、严谨性、创新性。

作为项目组织与协调的基本任务：就是要执行国家和职能部门制定的技术规范、标准、法规，科学地组织各项技术工作，使项目组织与协调形成有序、高效的状态，以提高设计实施的整体管理水平。同时还要不断革新原有技术，采用、创造新技术，提升设计水平，保证工程质量，实现安全施工，节约材料能源，强化环保意识，降低工程成本。

作为项目组织与协调的基本要求：国家现行有关建筑装饰行业的政策、法规及相关规范，基本都带有一定的强制性，在项目组织与协调的过程中均应不折不扣地贯彻、执行、落实。项目组织与协调工作是一项系统而严肃的重要环节，这时一定要采取理性、科学的态度和方法，遵循科学规律进行项目组织与协调。而不可完全沿袭诸如方案设计时的感性思维模式对待项目组织与协调工作，否则，可能会陷入难以想象的困境。项目组织与协调还体现于组织各专业的相互协调，会同甲方、监理、设计、施工等各方专业技术人员，提前分析出可能出现的问题，协商出解决问题的最佳方案。

项目组织与协调的基本内容体现在三个方面：

（1）基础工作——一般指为开展项目组织与协调创造前提条件的最基本工作，包括技术责任制、标准与规范、技术操作流程、技术原始记录、技术文件管理等工作。

（2）业务工作——施工前技术准备工作：主要包括施工图纸会审、施工组织设计、技术交底、材料检验、安全保障等。施工中技术管理工作：包括施工检验、质量监督、专业协调、现场设计技术处理、协助竣工验收等。基础工作与业务工作相互依赖，同等重要，任何一项业务工作都离不开基础工作的支持。项目组织与协调的基础工作不是目的，其基本任务依靠各项具体的业务工作来实施和完成。

（3）设计工作——作为设计者需要清楚两点：其一，了解编制施工组织设计及施工方案；其二，参加图纸会审和施工技术交底。

设计者在设计实施的全程，需要参加材料验收工作。事先学习、掌握各项技术政策、技术规范、技术标准及技术管理制度；了解保证工程质量、安全施工的技术措施；参与隐蔽工程验收；参与工程的质量检验，协助处理有关施工技术和各专业的组织与协调问题；现场指导施工，督促照图施工，主持现场设计和设计变更，保证设计效果；帮助甲方完成竣工图文件的编制。

技术交底知识：

技术交底是指工程项目施工之前，就设计文件和有关工程的各项技术要求向施工方做出具体解释和详细说明，使参与施工的人员了解项目的特点、技术要求、施工工艺及重点难点等，做到有的放矢。技术交底分为口头交底、书面交底、样板交底等。严格意义上，一般应以书面交底为主，辅助以口头交底。书面交底应由双方签字归档。

（1）图纸交底——其目的就是设计方对施工图文件的要求、做法、构造、材料等向施工技术人员进行详细说明、交待和协商，并由施工方对图纸咨询或提出相关问题，落实解决办法。图纸交底中确定的有关技术问题和处理办法，应有详细记录，经施工单位整理、汇总，各单位技术负责人会签，建设单位盖章后，形成正式设计文件，具有与施工图同等的法律效力。

（2）施工组织设计交底——施工组织设计交底就是施工方向施工班组及技术人员介绍本工程的特点、施工方案、进度要求、质量要求及管理措施等。

（3）设计变更交底——对施工变更的结果和内容及时通知施工管理人员和技术人员，以避免出现差错，也利于经济核算。

（4）分项工程技术交底——这是各级技术交底的重要环节。就分项工程的具体内容，包括施工工艺、质量标准、技术措施、安全要求以及对新材料、新技术、新工艺的特殊要求等。

施工基本程序的知识：

作为设计实施的装修工程，其基本的施工程序根据室内的空间特点制定，原则上一般可按照自上而下、先湿后干、先基底后表面的流程进行，其施工顺序可遵循以下规定：

（1）抹灰、饰面、吊顶及隔断施工，应待隔墙、暗装的管道、电管和电气预埋件等完工后进行。

（2）有抹灰基层的饰面板工程、吊顶及轻型装饰造型施工，应待抹灰工程完工后进行。

（3）涂刷类饰面工程以及吊顶、隔断饰面板的安装，应在地毯、复合地板等地面的面层和明装电线施工前，以及管道设备调试后进行。

（4）裱糊与软包施工，应待吊顶、墙面、门窗或设备的涂饰工程完工后进行。

项目实施的专业指导面向设计与施工的相互关系。了解和掌握施工过程中各专业需要提供配合的特点和规律，以便从设计的角度对施工进行技术指导。在项目实施中“设计”应始终处于“龙头”的地位，没有一个合理的设计作为艺术和技术保障，设计的整体效果和空间形象就无法通过工程的施工技术得以实现，也无法使施工得到更多的技术支持，因此设计与施工是一个问题的两个重要方面，施工技术的专业指导则是衔接、解决该问题的重要环节。

作为设计方的施工技术指导基本原则：在于严格执行涉及本专业

的有关技术政策、技术规范、法令法规，尊重施工图文件作为设计实施的法律性和严肃性，对技术交底、设计变更、现场指导、施工验收、资料整理等予以高度重视。

作为设计方的施工技术指导专业技能的具体内容：

——在于做好施工前的技术交底工作。

——指导施工材料的选择和组合搭配；检查施工工艺是否符合相关技术规范；监督施工中对设计的尺寸、造型、色彩、照明及饰面效果的技术落实和把握。

——认真办理设计变更、现场修改及洽商；协助检查隐蔽工程验收工作；协调设计与其他设备专业的冲突或配合问题。

——强调施工中对设计细部、节点的工艺要求；指导设计中的特殊处理、特殊构造的施工技术要求，帮助解决施工时出现的技术难题。

——参与竣工验收，重点关注饰面、细部及空间整体的视觉效果；重视施工技术指导的记录及资料整理、归档工作；总结施工技术指导的有关经验、教训，利于逐步完善该项工作。

创造实践教育与实验教学的条件，尽最大可能模拟设计实施的环境，通过现场体验、观摩与实习等多种手段和方法，提高学生面向社会工作两个方面的能力：

（1）系统控制能力——对设计项目实施的控制系统进行演绎、归纳、提问和验证的能力；

（2）设计管理能力——以人为本，充分考虑使用者行为特征的设计目标管理能力。

总体控制与分项融通的观念

设计实施的专业教育在于总体统筹的控制观念。室内设计总体控制的设计内容，涉及空间规划、装修构造、陈设装饰三个系统。设计的总体统筹在于控制三个系统相互间的平衡，使之能够在设计方案主导概念的统领下，达到环境场所总体空间形象和实用功效优化的目的。室内设计的总体控制对象分为自然环境要素与人工环境要素两个大的类别。前者是设计的基础要素；后者是设计的主体要素。室内总体的人工环境要素宏观控制包括：空间形体控制，比例尺度控制，光照色彩控制，材料肌理控制等内容。

设计实施的专业教学在于项目要素分项的协调融通观念。室内设计的协调融通由设计本质的内容所决定，其分项控制的多元设计机制运行，依靠设计者广博的知识和全面的技能。室内设计分项融通的控制方法教学，首先需要了解建筑设计的理论与实践。从环境设计选项控制的概念出发，对建筑环境系统的功能问题、室内外空间的组织问题、艺术风格的处理问题，以及工程技术的经验问题等有深入的了解。在此基础上，通过分项融通的协调观念指导教学。最终在设计实施中实现：

——创造空间意境基本要素的光照与色彩设计；

——运用材料对建筑构件和界面处理的装修设计；

——选择与调配家具、灯具、织物、植物、生活器具、艺术品的陈设与装饰设计。

服务于设计受众的观念

室内设计所涉及的专业门类众多，设计内容深入生活的不同层面，成为生活方式的艺术与科学。它所体现的价值取向和审美观念的差异，使社会的设计受众群体呈现出复杂的差异性。能够付诸实施的设计方案，总是适应了相应的环境，这个环境自然包括人际交往的社会环境。也就是说设计者必须掌握人际沟通方面的知识，能够进行复杂社会因素的融通，通过科学分析所处社会背景中人的需求定位，才能达到服务设计对象的彼岸。

就专业知识而言，设计者所具备的素质一般要高于设计的受众。但是作为一个社会存在的人来讲，相互间的人格是完全平等的。如果将专业知识的差异体现于人际交往，显然会违背人格尊重的平等原则，从而影响设计目标的实现。

因为设计的产品只有实现社会的应用才具有存在的价值。这就是设计的社会服务属性。因此，以社会价值体现作为最终目的，就成为服务于设计受众时设计者人际沟通所必须遵循的原则。

服务于受众的设计观念体现在教学中，就是使学生的人文与专业素养达到较高的水平。功能实用与形式美观的和谐统一是室内设计的至高境界，体现于设计实施就是在功能与形式两个方面的取舍与平衡。真正能够在设计实施层面做到这一点，在设计者的社会实践中是非常不容易的，而受众所面临决策的两难境遇也同样体现于此。从某种意义上讲，社会因素的融通在设计方案的实施过程中占据了十分重要的位置，甚至可以说远大于技术因素。这就需要设计者掌握相应的公关技巧。很多情况下，设计受众的信赖来自于设计者的人格魅力。要成为一个优秀的设计者，先要学会做人，讲的就是这个道理。而在专业的技术层面，掌握环境设计整合型设计工作方法（使用功能、物质实体、产品设备、建造技术和场所反映）以及室内设计完整的专业设计程序与方法，则是服务设计受众的正确途径。

彩图119　豪华的枝形晶体吊灯以其晶莹的视觉效果和显要的位置成为空间的主体（法国凡尔赛宫镜厅）

彩图120　同一空间的主体物会随着人的视线转移而转换。展厅中的雕塑就是这种变换的主体物（法国巴黎奥赛美术馆）

彩图121　由建筑构件造就的室内空间主体物具有不可替代的视觉效果（法国巴黎卢浮宫地下入口大厅）

彩图122　服装店中醒目的衣架以其造型和色彩成为空间的视觉中心（奥地利维也纳商业街）

彩图123　矗立在室内的柱子经过设计的处理都能够成为空间的主体物。这一组金属与彩色玻璃的组合显得别具一格，视觉效果尤为突出（澳大利亚黄金海岸PACIFIC　FAIR购物中心）

彩图124　斑驳陆离的幻彩釉面砖赋予柱子特殊的装饰效果，成为空间中夺目的主体物（韩国首尔ASEM会展中心）

彩图125　在平滑的地面铺装中运用石材拼接图案的手法造就出三维的视觉效果（意大利佛罗伦萨主教堂）

彩图126　彩色玻璃镶嵌构成的整体界面所产生的迷幻的空间视觉效果（日本箱根雕塑公园内塔楼）

彩图127　木雕与编织组合的墙面呈现出浓郁的毛利民族风情（新西兰罗托鲁阿毛利族村落会堂）

彩图128　层叠的玻璃横截面组构的柱面与玻璃幕墙面相映生辉（韩国首尔ASEM会展中心）

彩图129　钢架屋顶因为条形光电显示屏的介入而变得颇具动感，使得整个空间都活了起来（德国柏林国家美术馆）

彩图130　点式玻璃幕墙所构成的虚实相间的界面在室内灯光的照射下呈现出虚幻迷离的视觉效果(韩国首尔ASEM会展中心)

彩图131　悉尼歌剧院奇特的外部造型同样造就了内部空间不同凡响的界面效果（澳大利亚悉尼歌剧院）

彩图132　传统的木装修以其精细的雕刻呈现出十分耐看的界面，使人深深感受到细部的魅力（法国巴黎罗丹美术馆）

彩图133　意大利米兰大教堂精致的石材拼花地面与柱础（意大利米兰大教堂）

彩图134　不锈钢与玻璃组构的栏杆需要加工精美的零件作为点睛之笔（韩国釜山会展中心）

彩图135　圆润细腻的石制楼梯扶手给人以亲切的触感（澳大利亚堪培拉国会大厦）

彩图136　玻璃与金属板组合的双层墙面依靠连接件的细部处理拼接得天衣无缝（日本东京银座某商店外立面）

彩图137　室内陈设物同样需要细部（日本东京银座某商店橱窗陈设）

室内设计课---草图即思考过程

空间平面草图阶段

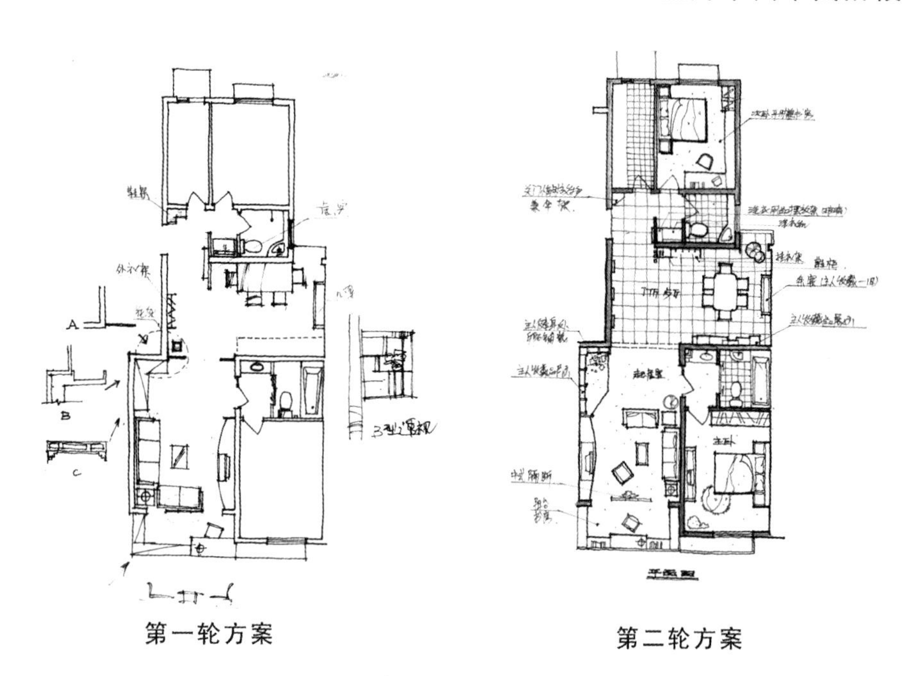

第一轮方案

第二轮方案

最后定稿方案

彩图138　清华大学美术学院环境艺术设计系"室内设计"系列课程第二单元：居住空间设计（环境艺术设计专业1998级学生李辰晨，指导教师宋立民）

环艺系九八级乙班　李辰晨

室内设计课---草图即思考过程

空间透视草图阶段

彩图139、140　清华大学美术学院环境艺术设计系“室内设计”系列课程第二单元：居住空间设计（环境艺术设计专业1998级学生李辰晨，指导教师宋立民）

环艺系九八级乙班　李辰晨

室内设计课---草图即思考过程

空间立面图阶段

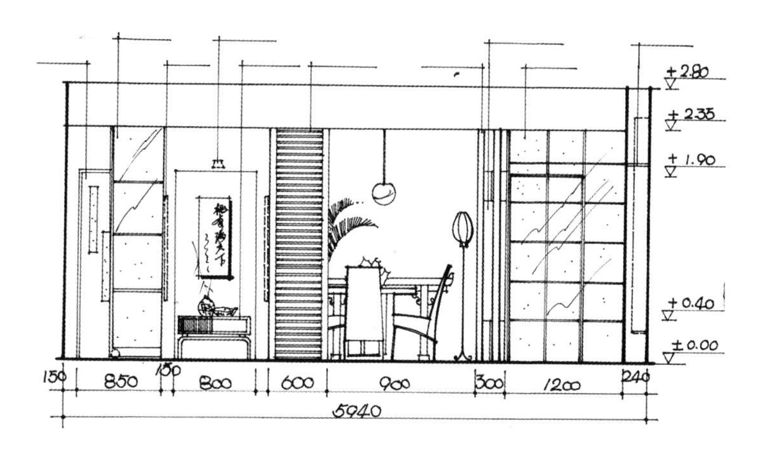

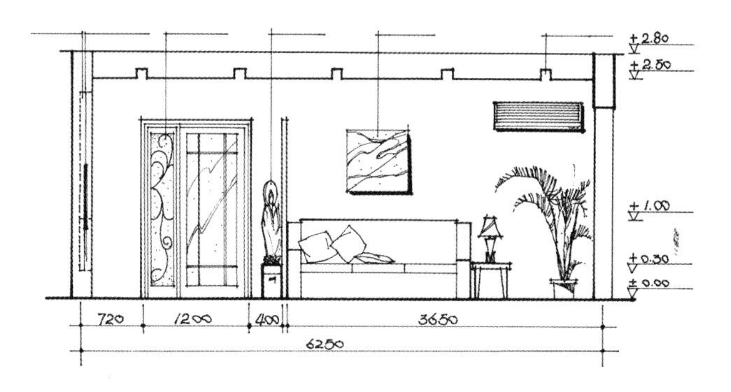

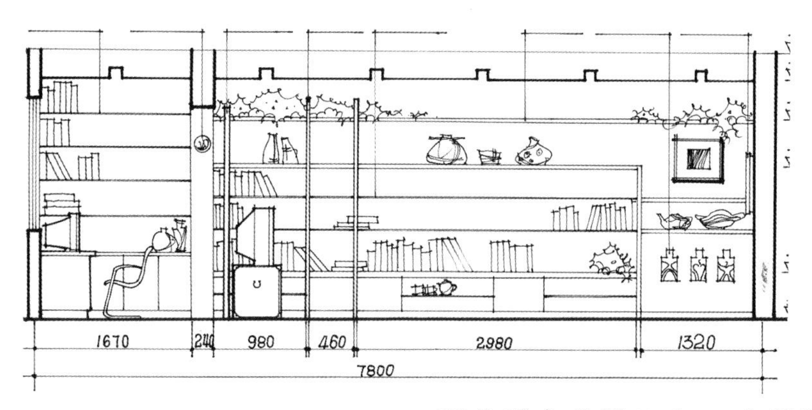

彩图140

环艺系九八级乙班　李辰晨

室内设计课---草图即思考过程

空间立面图阶段

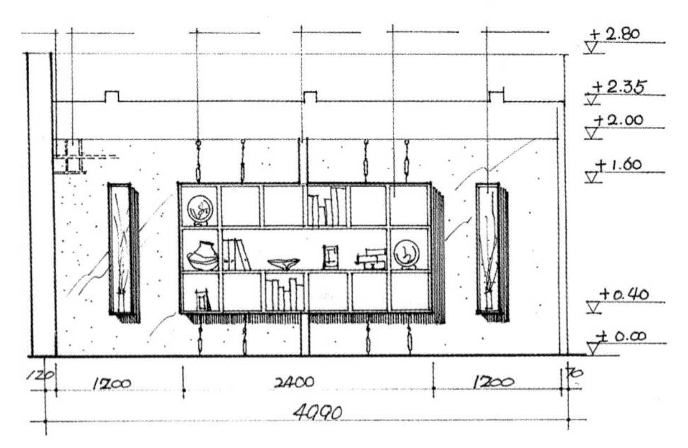

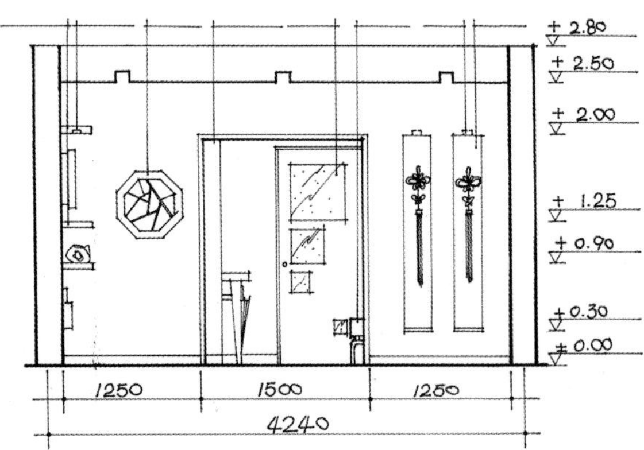

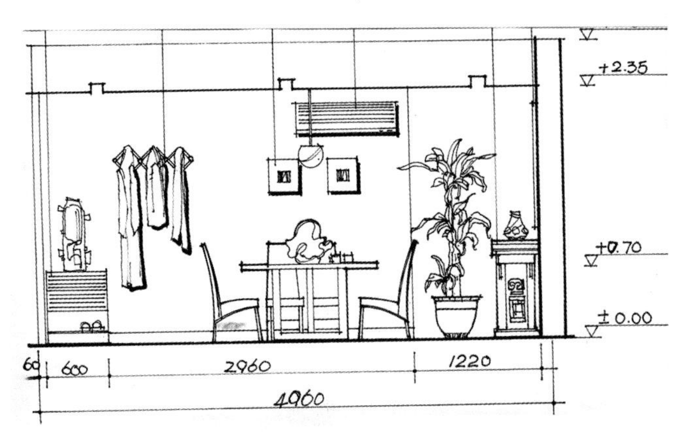

彩图141　清华大学美术学院环境艺术设计系“室内设计”系列课程第二单元：居住空间设计（环境艺术设计专业1998级学生李辰晨，指导教师宋立民）

环艺系九八级乙班　李辰晨

彩图142　对称的空间布局、弧形的拱圈结构、严谨的界面处理，造就了石构建筑典型的室内形态（梵蒂冈圣彼得大教堂）

彩图143　看似随意的空间布局、自由的曲线、细腻的界面处理，造就了现代复合材料组构的室内形态（韩国仁川国际机场航站楼）

彩图144　直线与曲线的组合在钢与玻璃的交响中奏鸣起现代空间形态的华美乐章（香港赤鱲角国际机场中环捷运车站）

彩图145　出檐较深的木构架造就了内外过渡的空间，构成本身也显示出材质的美感（日本京都龙安寺）

彩图146　木构架显示出的构造与质感之美是其他材料所不能比拟的（日本奈良东大寺）

彩图147　钢构架显示出的雄健与秩序之美代表了当代室内构件美的潮流所向（韩国釜山会展中心）

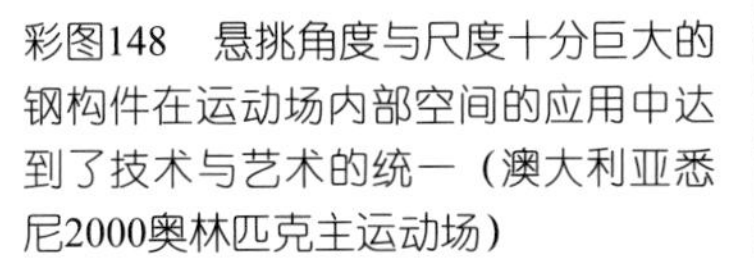

彩图148　悬挑角度与尺度十分巨大的钢构件在运动场内部空间的应用中达到了技术与艺术的统一（澳大利亚悉尼2000奥林匹克主运动场）

彩图149　装饰构件的设置非常符合商业空间的功能需求（澳大利亚悉尼QVB商场）

彩图150　运用现代构图与工艺制作的构件以蓬皮杜像作为巴黎蓬皮杜艺术中心大厅的点题之物（法国巴黎蓬皮杜艺术中心大厅）

彩图151　夸张的手形构件成为大厅中心的标志（新西兰奥克兰SKYCITY）

彩图152、彩图153 圆筒状的钢架玻璃装饰构件以其精湛的工艺代表了这个时代的审美取向（香港会展中心新翼）

彩图154　利用弧形走廊的纵深横向线型与立柱的竖向线型对比，加上浓烈色彩烘托组成的空间界面综合构图（澳大利亚墨尔本艺术中心）

彩图155　节奏感极强的界面构图（澳大利亚堪培拉国会大厦）

彩图156　由现代绘画作品作为整体墙面装饰，具有醒目色彩对比的单面整体构图（法国巴黎拉德方斯世界之窗大厦）

彩图157　采用线型与色彩对比的单面整体构图（新西兰罗托鲁阿毛利族村落手工艺表演厅）

彩图158　具有放射线型的界面构图（澳大利亚悉尼歌剧院）

彩图159　具有波浪曲线富于浮雕韵味的界面构图（澳大利亚悉尼某商店）

彩图160　具有几何图案变化的地面构图（澳大利亚悉尼QVB商场）

彩图161　依照建筑结构绘制图案的天花界面构图（梵蒂冈圣彼得大教堂）

彩图162　具有三维空间特点，配合灯光设置的放射线形天花界面构图（奥地利维也纳机场航站楼）

彩图163　利用弧面造就的典型反射式照明（香港赤蜡角国际机场中环捷运车站）

彩图164　综合配光照明所产生的商店展示效果（意大利米兰某商店）

彩图165　集中投射于商品的照明配光方式（日本东京银座某大型商场）

彩图166　合理的配光使商品呈现出鲜明的色泽（意大利米兰某商店）

彩图167　环形照明既符合化妆的功能需求，又营造了特殊的空间效果（意大利米兰某化妆品商店）

彩图168　烛光使圣心教堂的空间氛围充满了神秘的色彩（法国巴黎圣心教堂）

彩图169、彩图170　阳光投射所产生的光影成为室内空间氛围营造的重要因素（澳大利亚堪培拉国会大厦、韩国首尔喜来登酒店中庭）

彩图171　通过彩色玻璃投射的光影又是一种韵味（法国巴黎圣心教堂）

彩图172　光照经过玻璃的阻隔产生了特殊的视觉效果（日本银座OPAQUE商场）

彩图173　照明与反光材料配合所产生的室内环境景观（韩国首尔ASEM会展中心地下商业街）

彩图174　中性的灰色调空间（日本大阪梅田空中庭园大厦）

彩图175　明度极高的色彩装饰（奥地利维也纳机场航站楼）

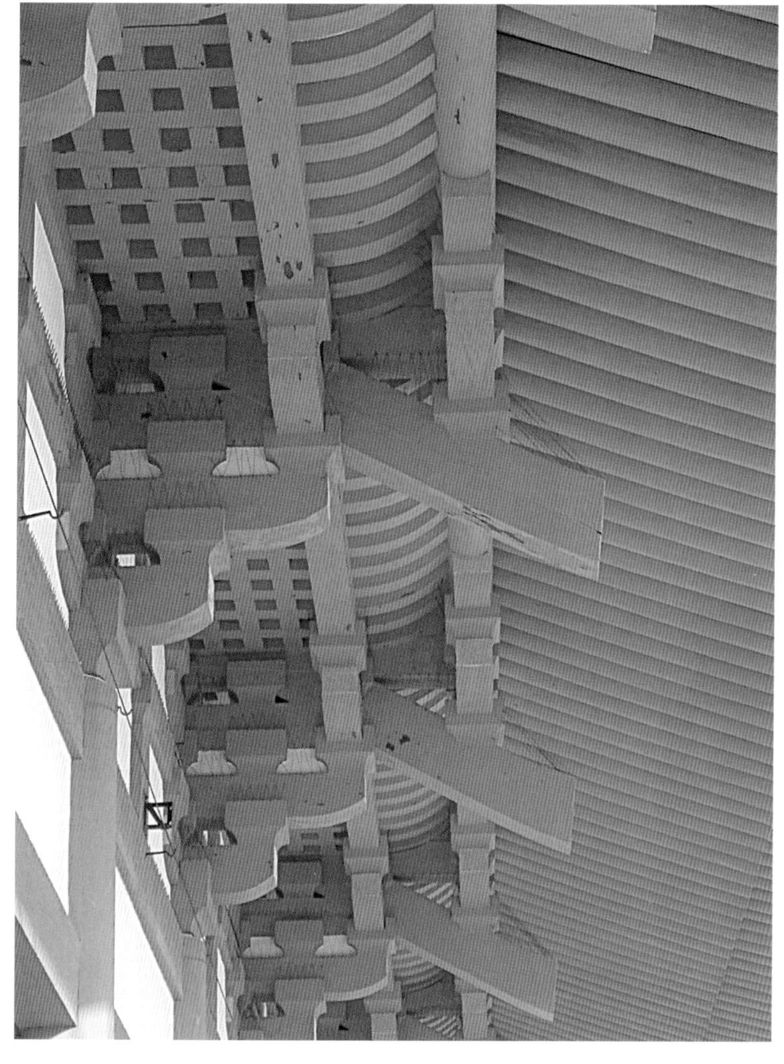

彩图176　纯度极高的色彩装饰（日本京都平安神宫）

彩图177　暖色调空间
(澳大利亚墨尔本艺术中心)

彩图178　冷色调空间
(韩国首尔ASEM会展中心电影厅)

彩图179 亮色调空间（澳大利亚黄金海岸某酒店）

彩图180 暗色调空间（日本东京银座资生堂总店）

彩图181 艳色调空间（奥地利维也纳某化妆品店）

彩图182　利用白色作红蓝调和对比的空间（澳大利亚布里斯班机场航站楼）

彩图183　利用色相作对比装饰的空间（澳大利亚黄金海岸某酒店餐厅）

彩图184　利用荧光色作红绿强对比的商业空间（澳大利亚黄金海岸某摄影商店）

彩图185　利用纯色增加灰度作红蓝弱对比的商业空间（澳大利亚黄金海岸某商店）

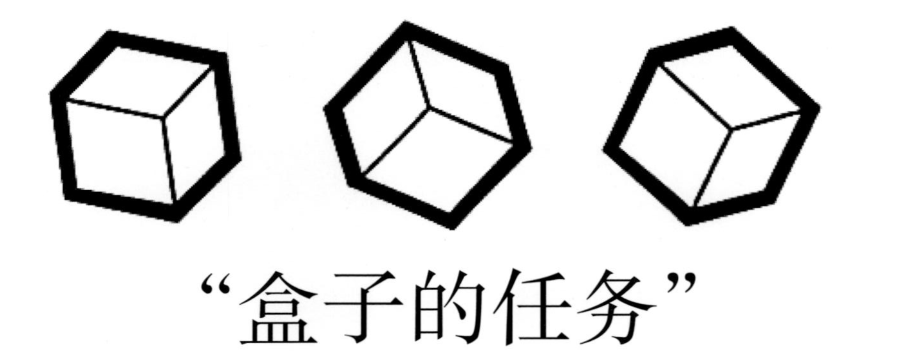

“盒子的任务”

BOX WITH A MISSION

城市化背景下低收入青年群体居住空间设计

Spatial and environmental design for low-income urban youth in the context of Chinese urbanization

环境艺术设计系
导师　郑曙旸
刘胜男

彩图185A　盒子的任务 ——城市化背景下低收入青年群体居住空间设计（清华大学美术学院2011级设计硕士刘胜男）

1. 通过对于城市低收入青年群体的共性特征、行为习惯、生活状态、生活需求以及居住环境的调研，将其现存的问题进行归类总结分析，多渠道对其生活方式进行了解。

2. 从室内设计的角度出发，尝试重新阐释“居住”，找出这一类人群具有共性的特定机能与针对不同生活方式产生的弹性机能需求。根据其生活习惯与居住需求营造空间，由内而外，提出适合青年人居住的空间环境设计基本策略，并在城市的不同层级环境下进行探讨。

3. 通过运用资源共享的观念与方法，探索室内空间的灵活性与适应性，体现室内设计的可持续发展，形成良性循环，促进彼此之间的交流。

4. 试图创造一种新的联系和多重选择的模糊性，倡导一种新的生活方式，在可供资源最小化的现实条件下灵活实现青年人需求的最大化，进行从功能构成、尺度量化、单元空间到介入外部环境的整体居住空间环境的设计。

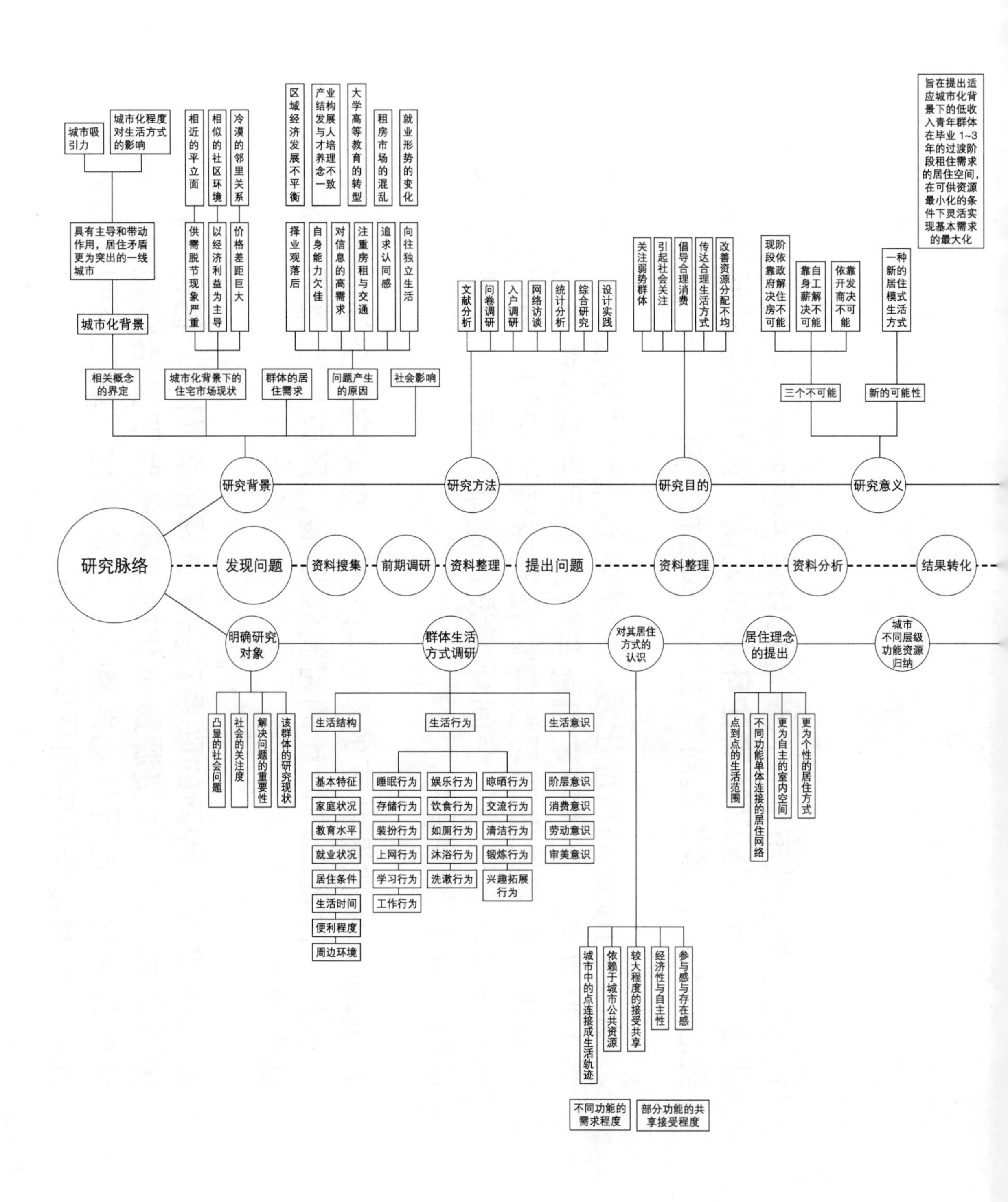
城市吸引力
城市化程度对生活方式的影响
具有主导和带动作用，居住矛盾更为突出的一线城市
城市化背景
相近的平立面
相似的社区环境
冷漠的邻里关系
供需脱节现象严重
以经济利益为主导
价格差距巨大
区域经济发展不平衡
产业结构发展与人才培养理念不一致
大学高等教育的转型
租房市场的混乱
就业形势的变化
择业观落后
自身能力欠佳
对信息的高需求
注重房租与交通
追求认同感
向往独立生活
相关概念的界定
城市化背景下的住宅市场现状
群体的居住需求
问题产生的原因
社会影响
文献分析
问卷调研
入户调研
网络访谈
统计分析
综合研究
设计实践
关注弱势群体
引起社会关注
倡导合理消费
传达合理生活方式
改善资源分配不均
现阶段依靠政府解决住房不可能
靠自身工薪解决不可能
依靠开发商决不可能
一种新的居住模式生活方式
旨在提出适应城市化背景下的低收入青年群体在毕业1~3年的过渡阶段租住需求的居住空间，在可供资源最小化的条件下灵活实现基本需求的最大化
三个不可能
新的可能性
研究背景
研究方法
研究目的
研究意义
研究脉络
发现问题
资料搜集
前期调研
资料整理
提出问题
资料整理
资料分析
结果转化
明确研究对象
群体生活方式调研
对其居住方式的认识
居住理念的提出
城市不同层级功能资源归纳
凸显的社会问题
社会的关注度
解决问题的重要性
该群体的研究现状
生活结构
生活行为
生活意识
基本特征
家庭状况
教育水平
就业状况
居住条件
生活时间
便利程度
周边环境
睡眠行为
存储行为
装扮行为
上网行为
学习行为
工作行为
娱乐行为
饮食行为
如厕行为
沐浴行为
洗漱行为
晾晒行为
交流行为
清洁行为
锻炼行为
兴趣拓展行为
阶层意识
消费意识
劳动意识
审美意识
点到点的生活范围
不同功能单体连接的居住网络
更为自主的室内空间
更为个性的居住方式
城市中的点连接成生活轨迹
依赖于城市公共资源
较大程度的接受共享
经济性与自主性
参与感与存在感
不同功能的需求程度
部分功能的共享接受程度

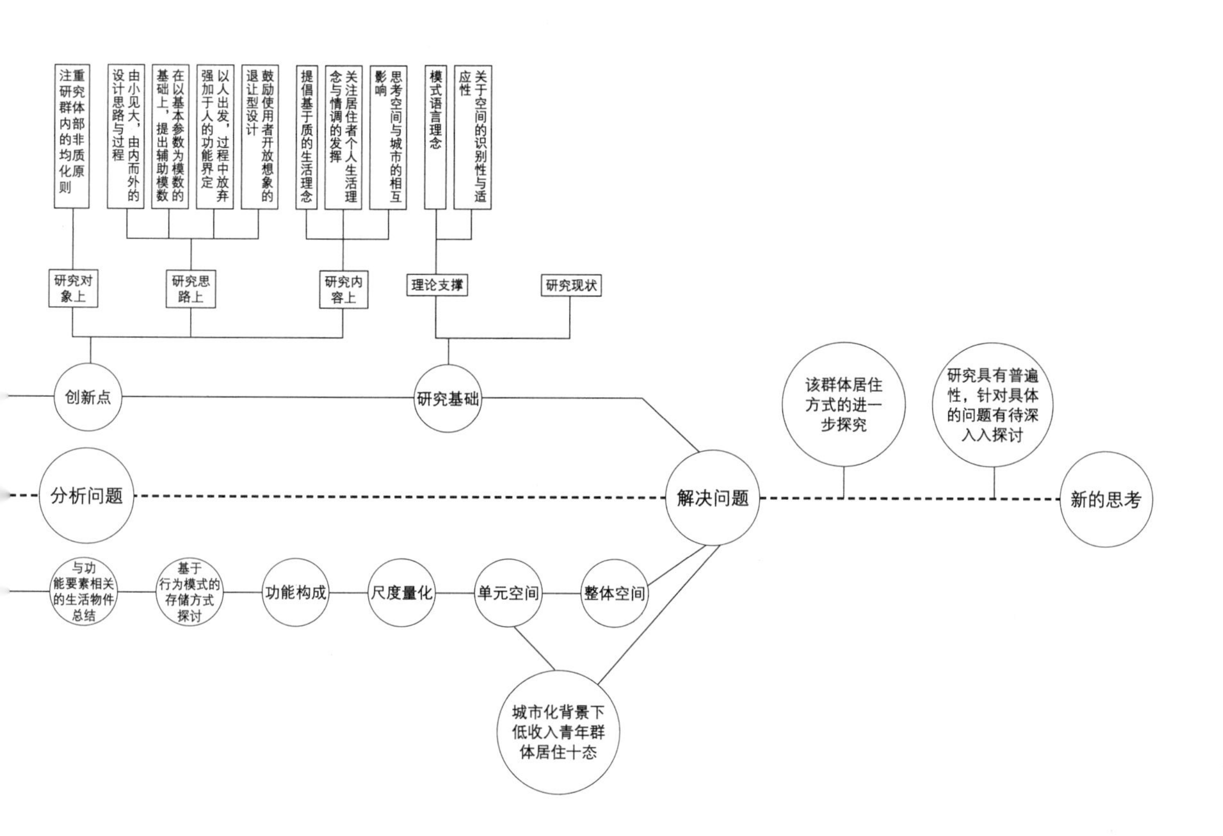
注重研究群体内部的非质均化原则
由小见大，由内而外的设计思路与过程
在以基本参数为模数的基础上，提出辅助模数
以人出发，过程中放弃强加于人的功能界定
鼓励使用者开放想象的退让型设计
提倡基于质的生活理念
关注居住者个人生活理念与情调的发挥
思考空间与城市的相互影响
模式语言理念
关于空间的识别性与适应性
研究对象上
研究思路上
研究内容上
理论支撑
研究现状
创新点
研究基础
该群体居住方式的进一步探究
研究具有普遍性，针对具体的问题有待深入入探讨
分析问题
解决问题
新的思考
与功能要素相关的生活物件总结
基于行为模式的存储方式探讨
功能构成
尺度量化
单元空间
整体空间
城市化背景下低收入青年群体居住十态

低收入青年群体

研究对象界定为一线城市范围内，受过大学高等教育，毕业年限1-3年，收入低于3000元的青年群体

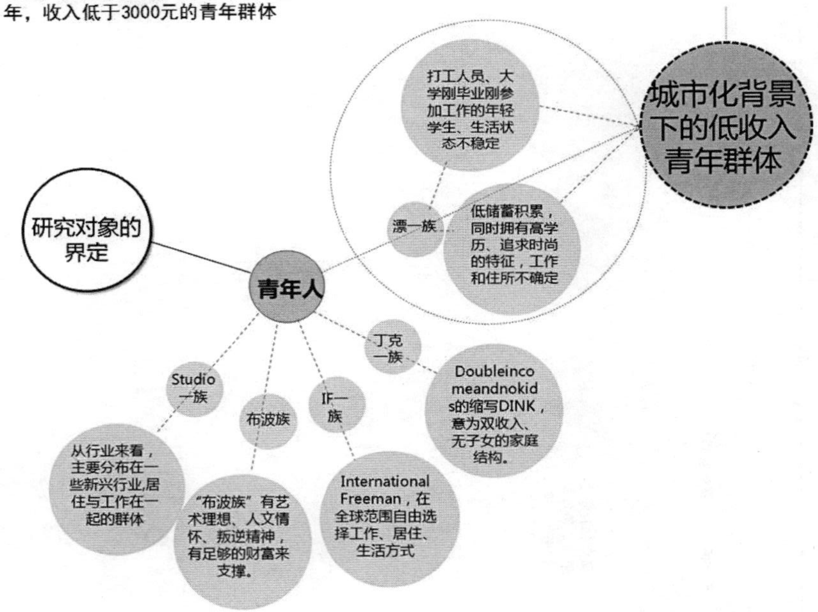
研究对象的界定
青年人
城市化背景下的低收入青年群体
漂一族
打工人员、大学刚毕业刚参加工作的年轻学生、生活状态不稳定
低储蓄积累，同时拥有高学历、追求时尚的特征，工作和住所不确定
丁克一族
Doubleincomeandnokids的缩写DINK，意为双收入、无子女的家庭结构。
IF一族
International Freeman，在全球范围自由选择工作、居住、生活方式
布波族
“布波族”有艺术理想、人文情怀、叛逆精神，有足够的财富来支撑。
Studio一族
从行业来看，主要分布在一些新兴行业,居住与工作在一起的群体

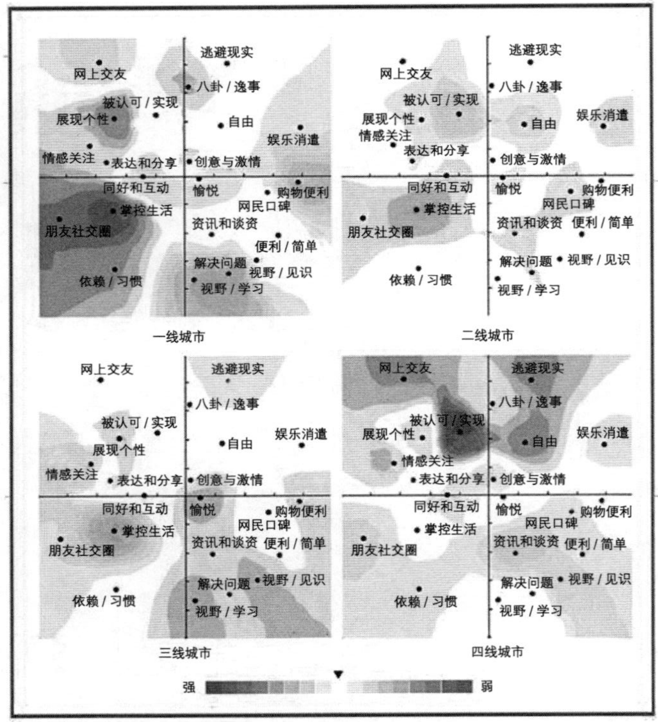
网上交友
被认可 / 实现
展现个性
情感关注
表达和分享
逃避现实
八卦 / 逸事
自由
娱乐消遣
创意与激情
同好和互动
掌控生活
朋友社交圈
依赖 / 习惯
愉悦
购物便利
网民口碑
资讯和谈资
便利 / 简单
解决问题
视野 / 见识
视野 / 学习
一线城市
二线城市
三线城市
四线城市
强
弱

调研框架

本文针对这一群体的居住现状调研着重从构成生活方式的三个要素出发，即生活结构、生活行为和生活意识，主要是关注他们是怎么生活的，观察其行为以及背后的决定因素和运行逻辑，包括有什么样的活动、拥有什么样的物品、留着什么样的发型、喜欢什么样式的衣服、带什么样的首饰、穿什么样的鞋、用什么样的牙膏、关注什么样的咨询、喜欢什么样的食物等，从一些生活细节入手设计调研，部分直接与居住空间的产品相关，部分则可以间接反映其内心的需求，有可能对居住空间产生影响，有需求的存在则可以为设计提供大量的机会。

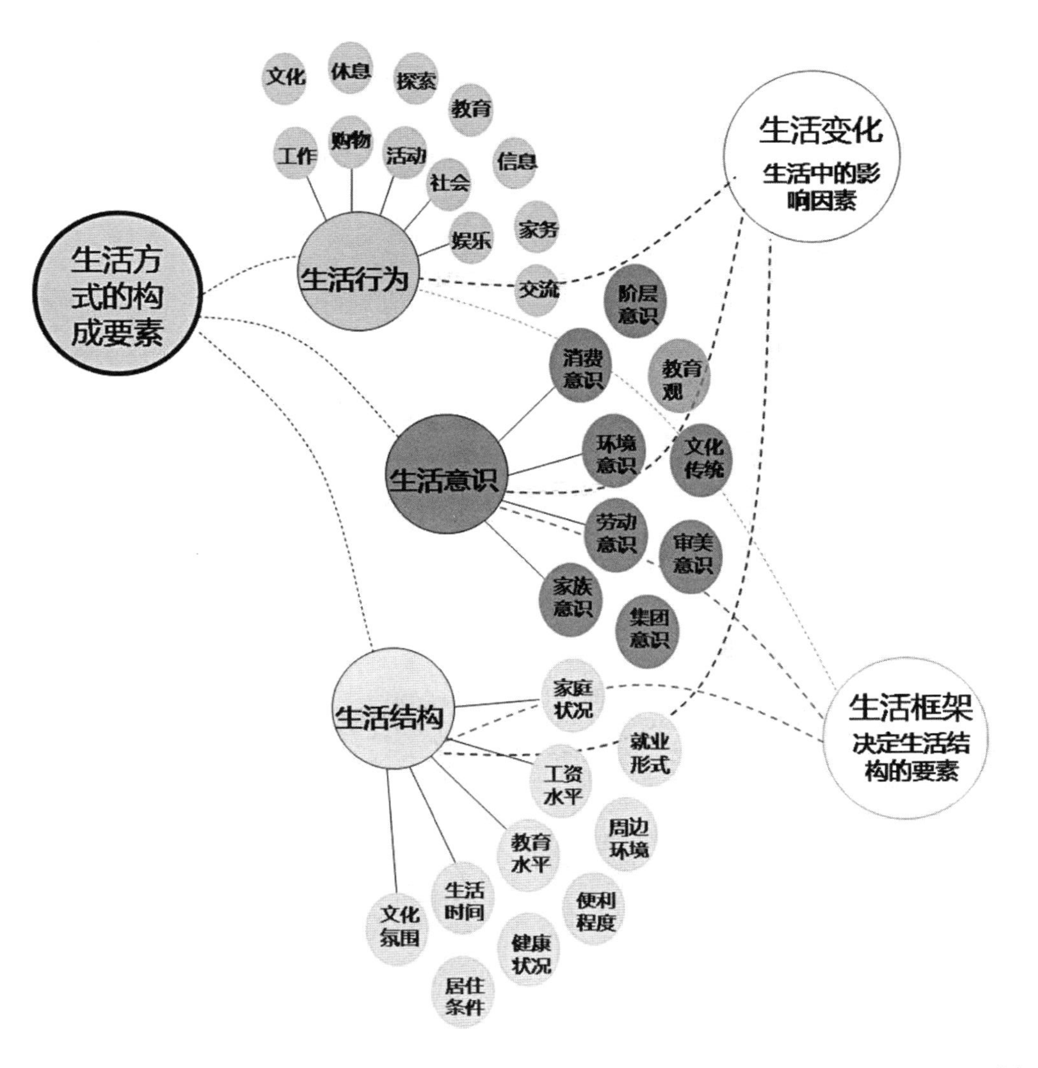

生活结构

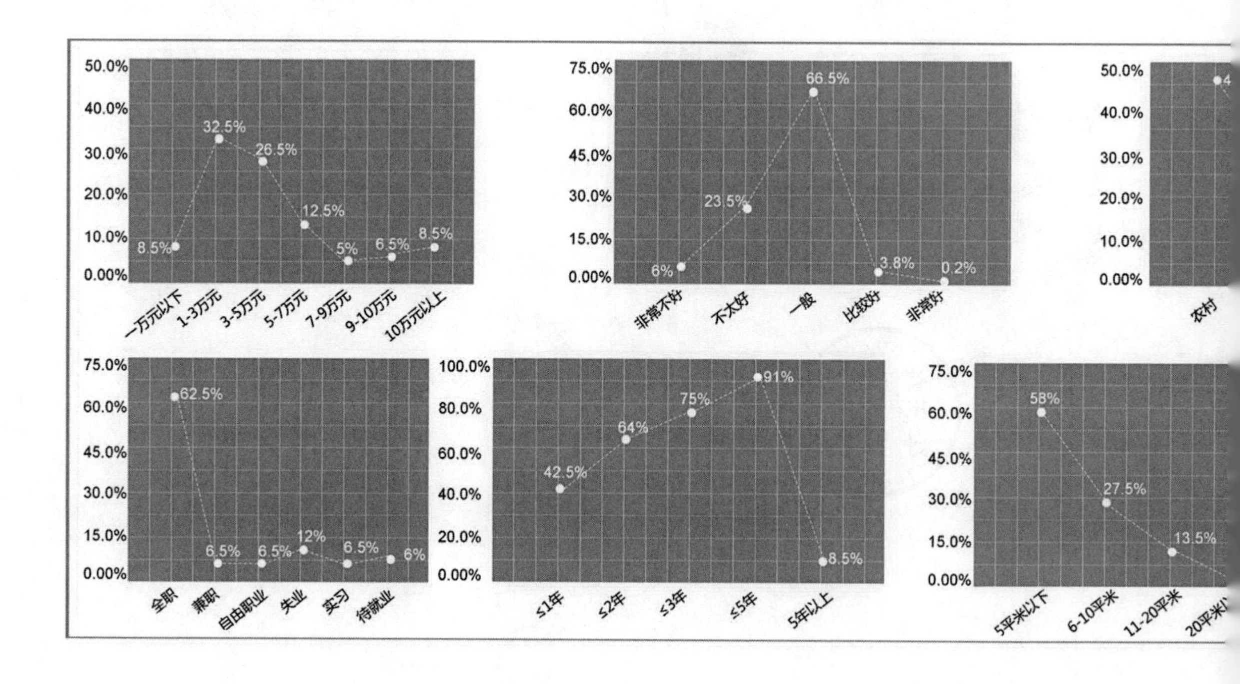
50.0%
40.0%
30.0%
20.0%
10.0%
0.00%
8.5%
32.5%
26.5%
12.5%
5%
6.5%
8.5%
一万元以下
1-3万元
3-5万元
5-7万元
7-9万元
9-10万元
10万元以上
75.0%
60.0%
45.0%
30.0%
15.0%
0.00%
6%
23.5%
66.5%
3.8%
0.2%
非常不好
不太好
一般
比较好
非常好
50.0%
40.0%
30.0%
20.0%
10.0%
0.00%
农村
75.0%
60.0%
45.0%
30.0%
15.0%
0.00%
62.5%
6.5%
6.5%
12%
6.5%
6%
全职
兼职
自由职业
失业
实习
待就业
100.0%
80.0%
60.0%
40.0%
20.0%
0.00%
42.5%
64%
75%
91%
8.5%
≤1年
≤2年
≤3年
≤5年
5年以上
75.0%
60.0%
45.0%
30.0%
15.0%
0.00%
58%
27.5%
13.5%
5平米以下
6-10平米
11-20平米

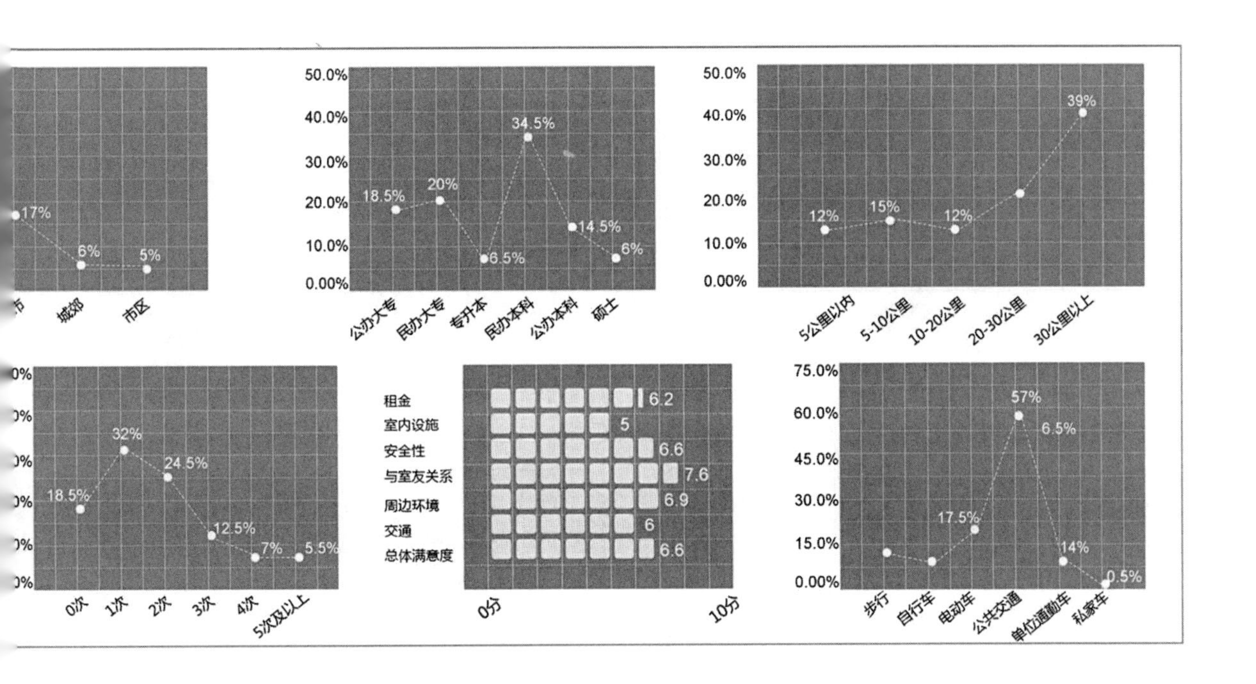

17%
6%
5%
城郊
市区
50.0%
40.0%
30.0%
20.0%
10.0%
0.00%
18.5%
20%
34.5%
6.5%
14.5%
6%
公办大专
民办大专
专升本
民办本科
公办本科
硕士
50.0%
40.0%
30.0%
20.0%
10.0%
0.00%
12%
15%
12%
39%
5公里以内
5-10公里
10-20公里
20-30公里
30公里以上
18.5%
32%
24.5%
12.5%
7%
5.5%
0次
1次
2次
3次
4次
5次及以上
租金
室内设施
安全性
与室友关系
周边环境
交通
总体满意度
6.2
5
6.6
7.6
6.9
6
6.6
0分
10分
75.0%
60.0%
45.0%
30.0%
15.0%
0.00%
57%
6.5%
17.5%
14%
0.5%
步行
自行车
电动车
公共交通
单位通勤车
私家车

生活结构

生活时间表

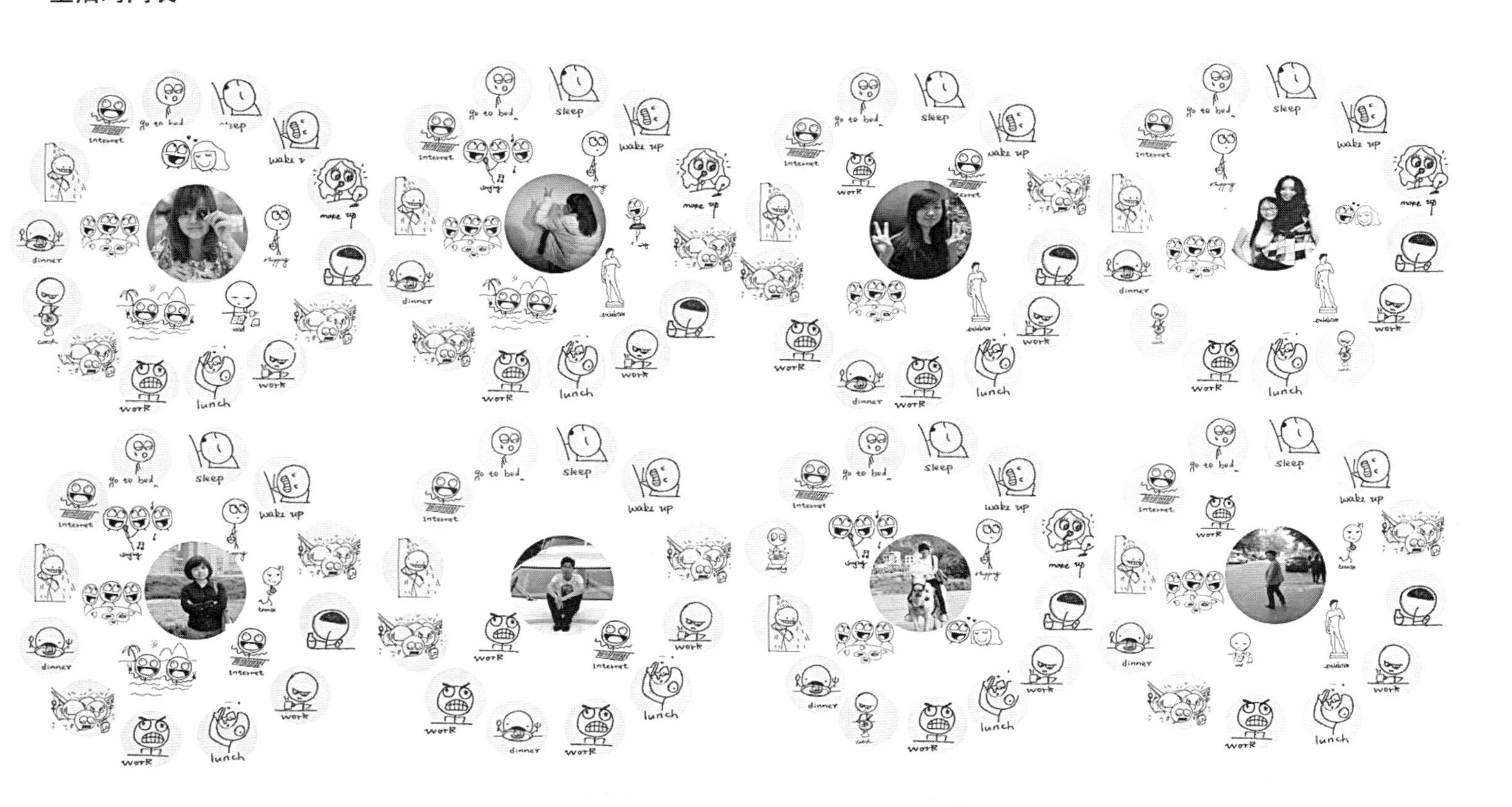

生活行为

低收入青年群体的行为上呈现出趋同性的特质，生活行为受到环境的极大限制，主要表现为工作状态疲惫萎靡，一方面试图努力工作证明自己；另一方面受到条件限制，往往在做着自己并不感兴趣的职业。职场新人还面临着各种压力、加班现象严重、薪酬福利待遇低、付出与回报不成正比等也容易造成青年人负面情绪滋生。疲于生计与未来发展的青年人活动行为与娱乐行为相较之前都有所减少；同时，家务、教育、文化、探索和交流行为都呈现不积极的状态。

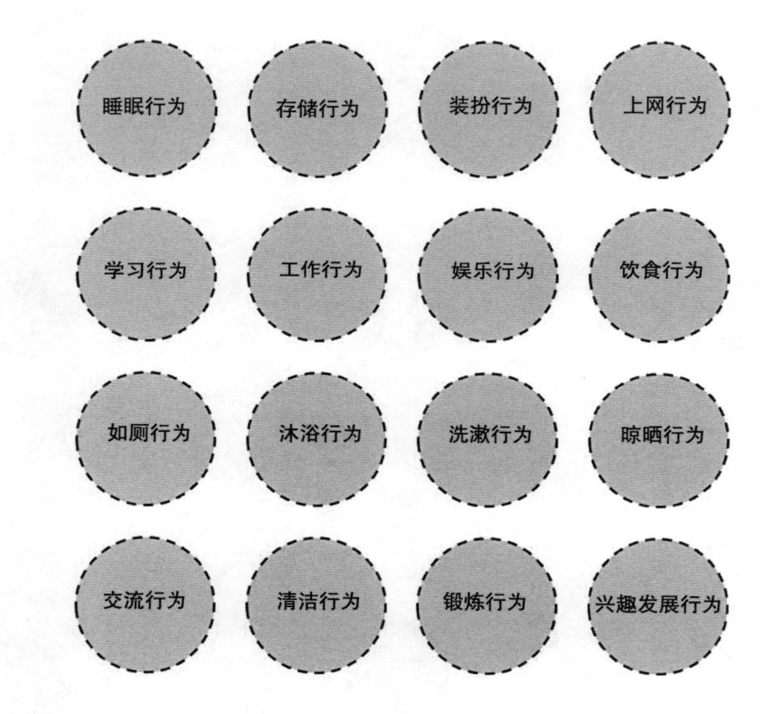

居住空间内需求分析（带颜色标记的行为为发生在居室内行为）

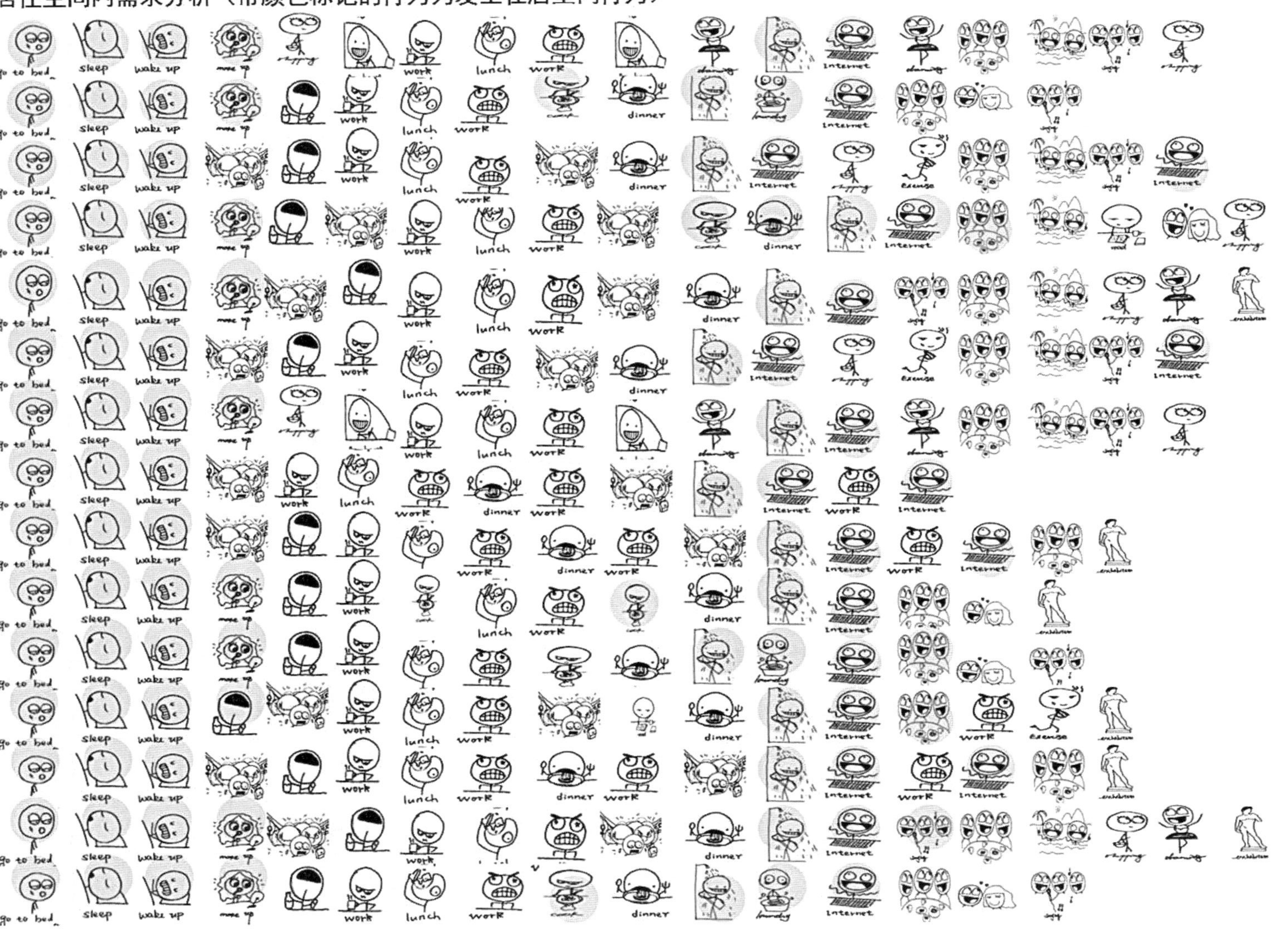

生活意识

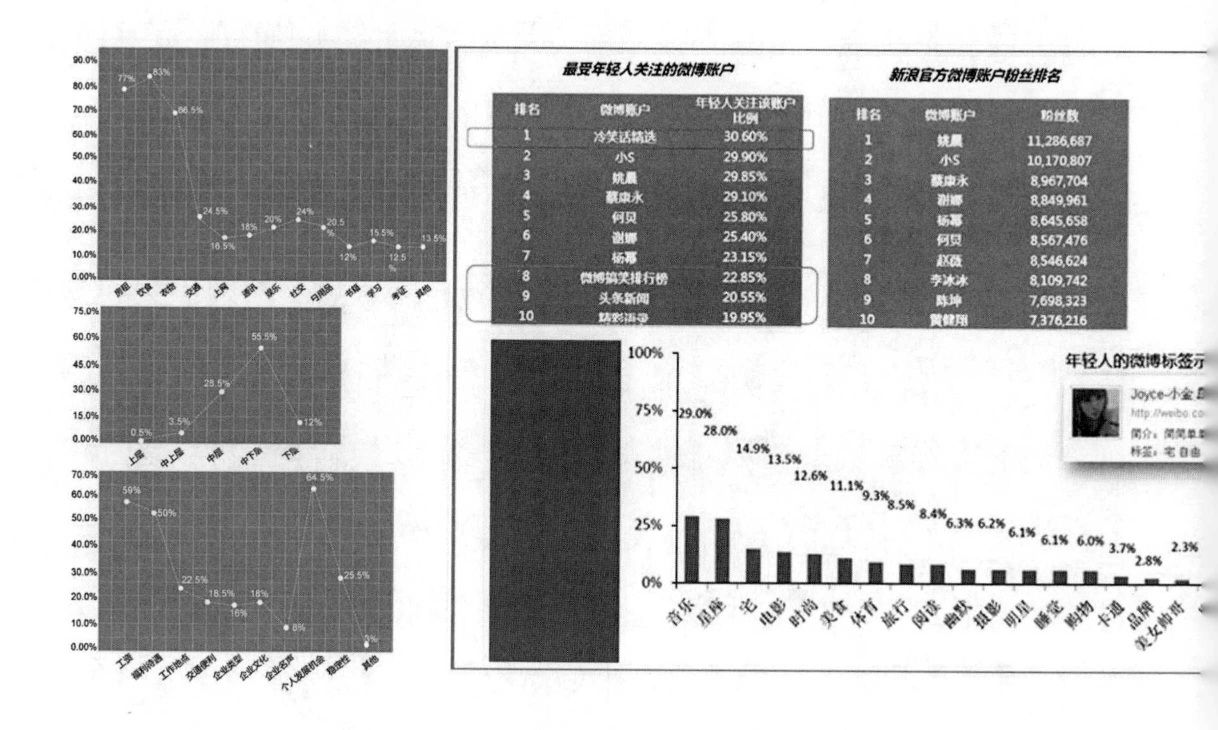

最受年轻人关注的微博账户

排名	微博账户	年轻人关注该账户比例
1	冷笑话精选	30.60%
2	小S	29.90%
3	姚晨	29.85%
4	蔡康永	29.10%
5	何炅	25.80%
6	谢娜	25.40%
7	杨幂	23.15%
8	微博搞笑排行榜	22.85%
9	头条新闻	20.55%
10	精彩语录	19.95%

新浪官方微博账户粉丝排名

排名	微博账户	粉丝数
1	姚晨	11,286,687
2	小S	10,170,807
3	蔡康永	8,967,704
4	谢娜	8,849,961
5	杨幂	8,645,658
6	何炅	8,567,476
7	赵薇	8,546,624
8	李冰冰	8,109,742
9	陈坤	7,698,323
10	黄健翔	7,376,216

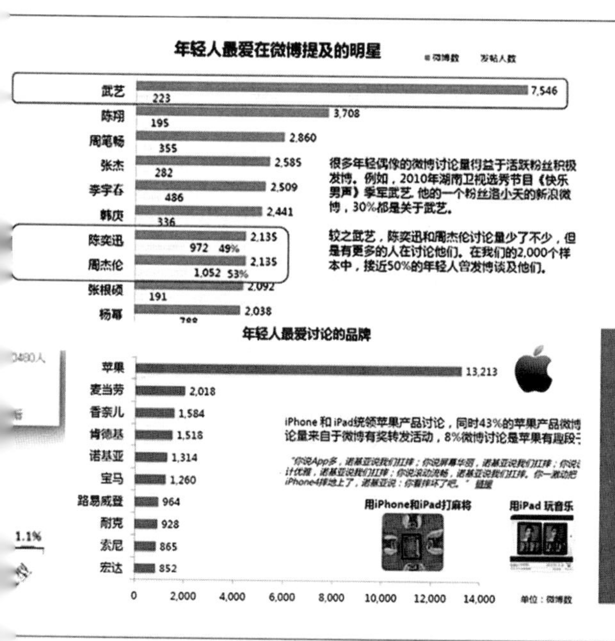
年轻人最爱在微博提及的明星
微博数
发帖人数
武艺 7,546 223
陈翔 3,708 195
周笔畅 2,860 355
张杰 2,585 282
李宇春 2,509 486
韩庚 2,441 336
陈奕迅 2,135 972 49%
周杰伦 2,135 1,052 53%
张根硕 2,092 191
杨幂 2,038
很多年轻偶像的微博讨论量得益于活跃粉丝积极发博。例如，2010年湖南卫视选秀节目《快乐男声》季军武艺，他的一个粉丝洛小天的新浪微博，30%都是关于武艺。
较之武艺，陈奕迅和周杰伦讨论量少了不少，但是有更多的人在讨论他们。在我们的2,000个样本中，接近50%的年轻人曾发博谈及他们。
年轻人最爱讨论的品牌
苹果 13,213
麦当劳 2,018
香奈儿 1,584
肯德基 1,518
诺基亚 1,314
宝马 1,260
路易威登 964
耐克 928
索尼 865
宏达 852
iPhone 和 iPad统领苹果产品讨论，同时43%的苹果产品微博
论量来自于微博有奖转发活动，8%微博讨论是苹果有趣段
用iPhone和iPad打麻将
用iPad 玩音乐
0 2,000 4,000 6,000 8,000 10,000 12,000 14,000
单位：微博数

品牌	账户	2000样本中关注此账户的比例	微博内容类型
1	杜蕾斯官方微博	2.95%	谐趣
2	星巴克中国	2.90%	温馨
3	adidasOriginals	2.75%	潮流
4	IDo官方微博	1.95%	温馨
5	ChanelClub	1.95%	潮流
6	LG竹盐	1.80%	慈善
7	CONVERSE中国	1.60%	潮流，街拍
8	阿里巴巴中国	1.55%	激励
9	VANCL粉丝团	1.45%	谐趣，友好
10	HM中国	1.45%	新品信息

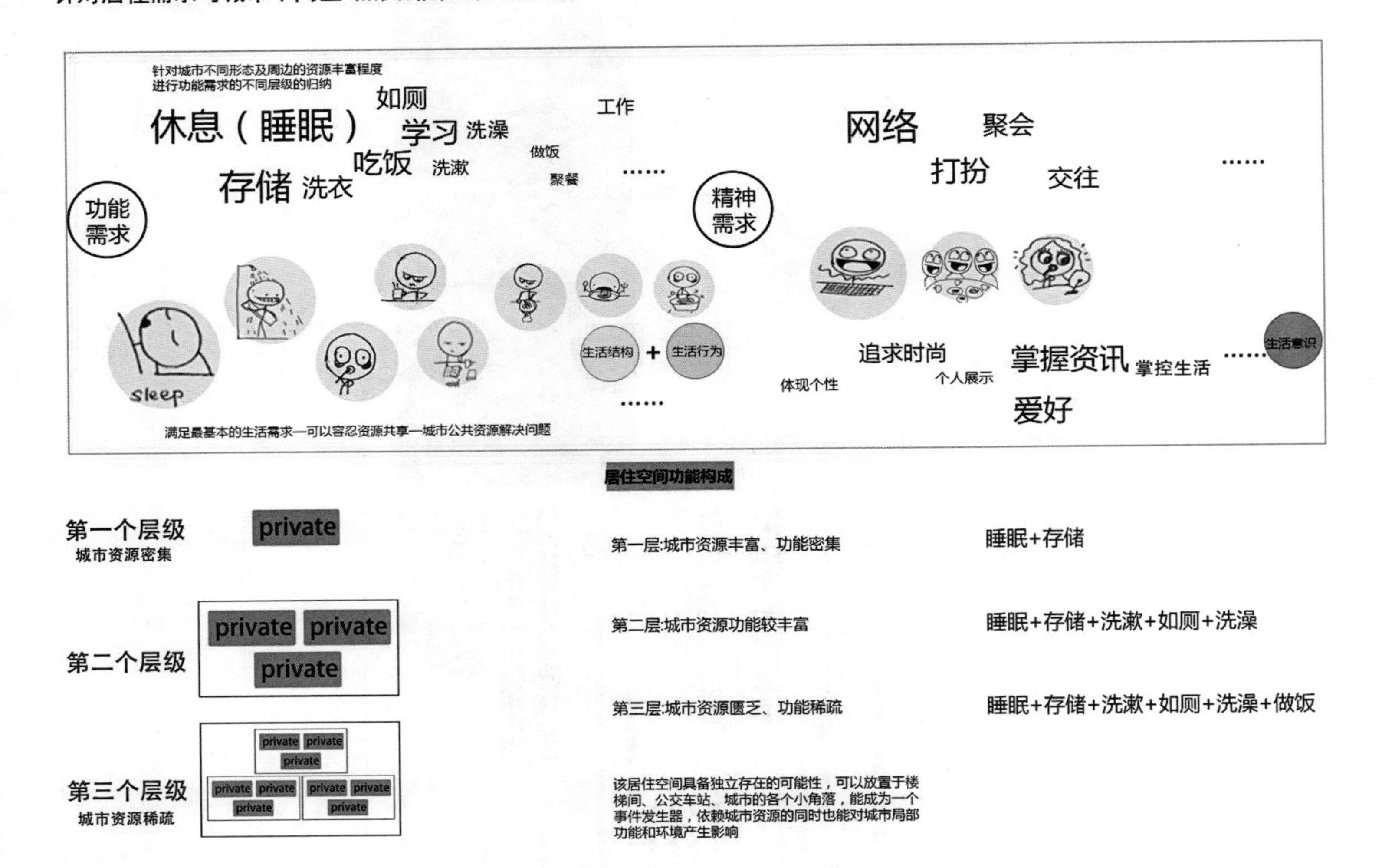

针对居住需求与城市不同区域的功能资源归纳排序
针对城市不同形态及周边的资源丰富程度
进行功能需求的不同层级的归纳
功能需求
休息（睡眠）
存储
洗衣
如厕
学习
洗澡
吃饭
洗漱
做饭
聚餐
工作
……
sleep
生活结构
+
生活行为
……
满足最基本的生活需求—可以容忍资源共享—城市公共资源解决问题
精神需求
网络
聚会
打扮
交往
……
追求时尚
体现个性
个人展示
掌握资讯
掌控生活
爱好
……
生活意识
居住空间功能构成
第一个层级
城市资源密集
private
第二个层级
private
private
private
第三个层级
城市资源稀疏
private
private
private
private
private
private
private
private
private
第一层:城市资源丰富、功能密集
第二层:城市资源功能较丰富
第三层:城市资源匮乏、功能稀疏
该居住空间具备独立存在的可能性，可以放置于楼梯间、公交车站、城市的各个小角落，能成为一个事件发生器，依赖城市资源的同时也能对城市局部功能和环境产生影响
睡眠+存储
睡眠+存储+洗漱+如厕+洗澡
睡眠+存储+洗漱+如厕+洗澡+做饭

与功能构成要素相关的生活物件总结

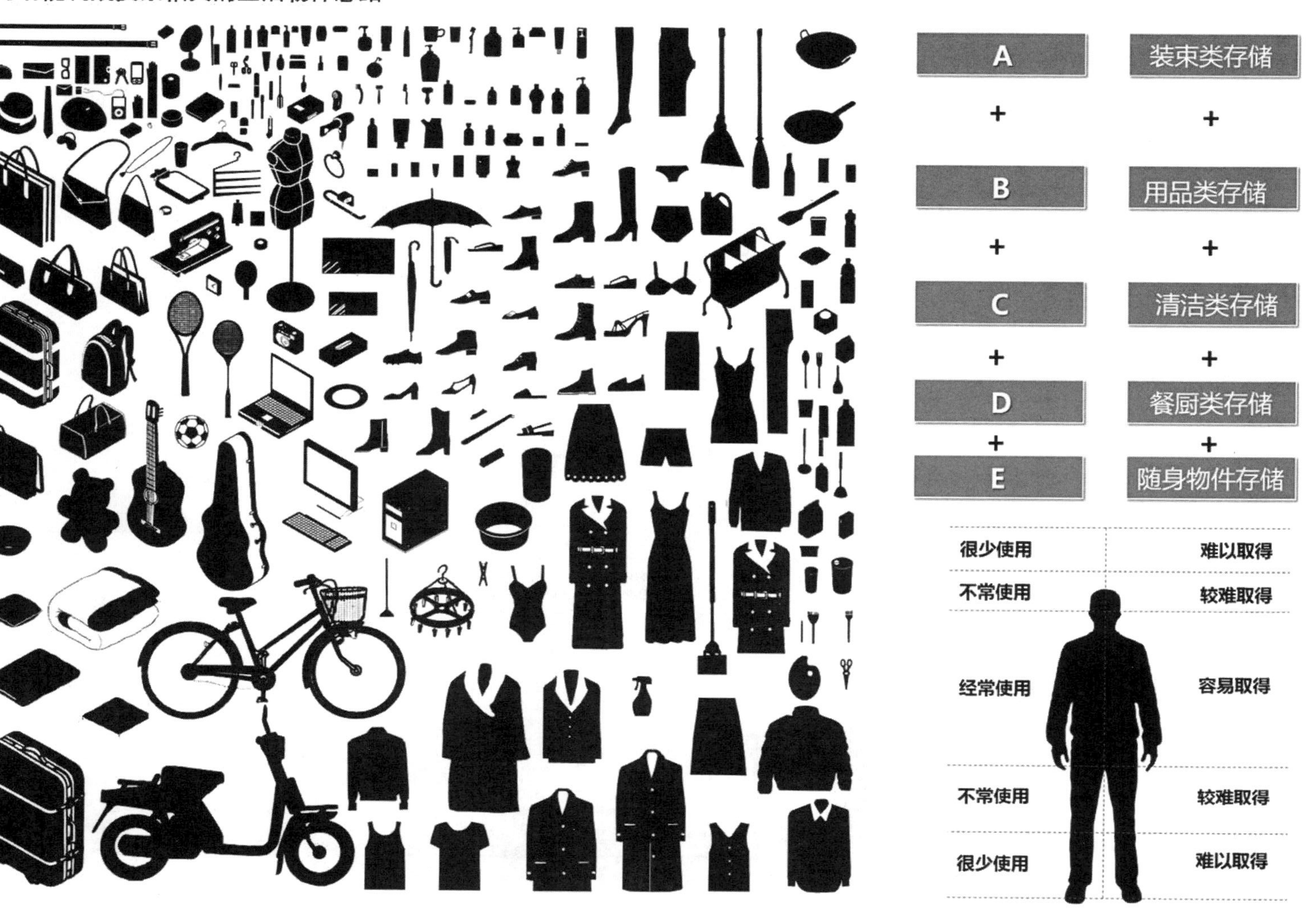

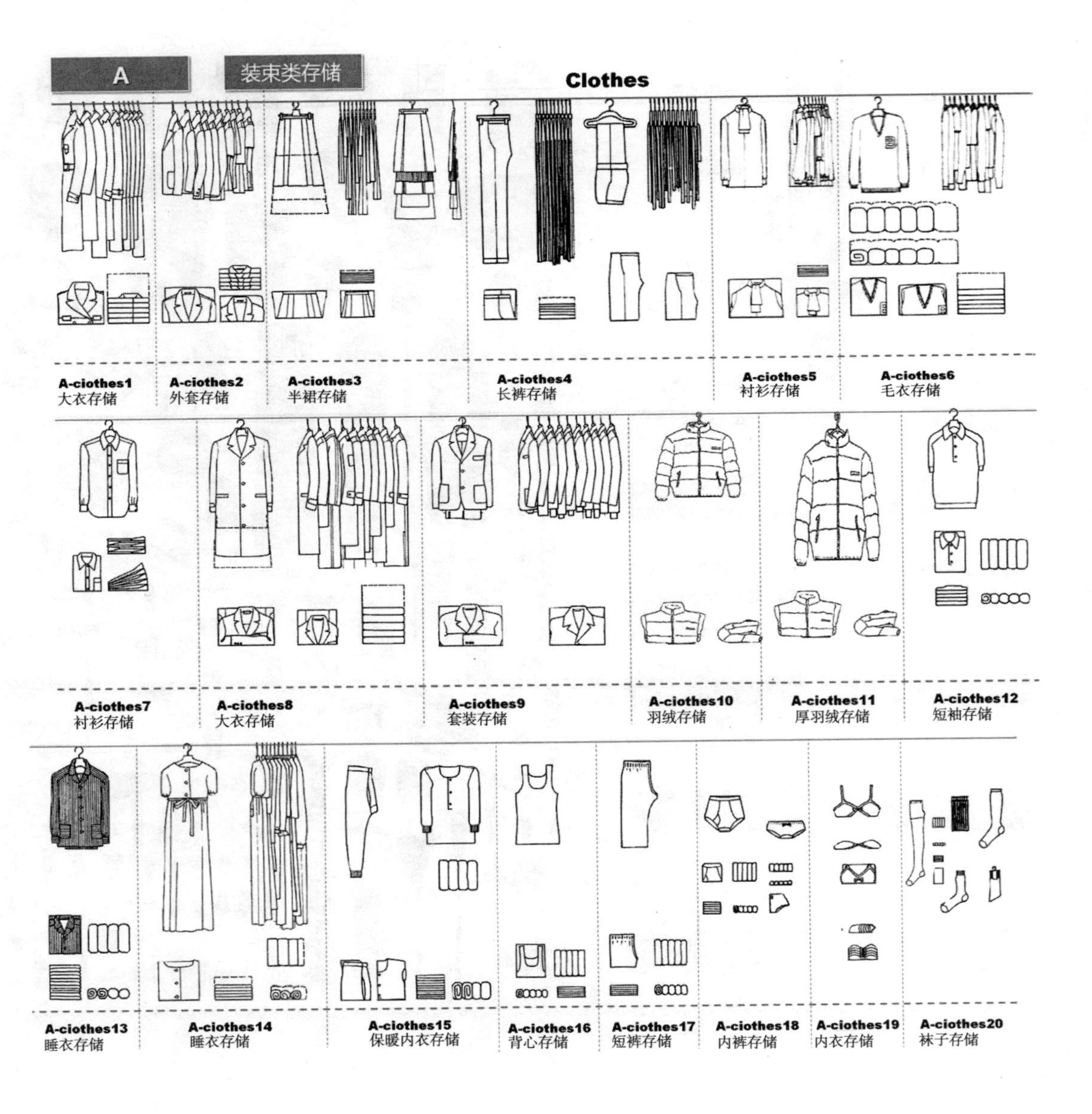

A
装束类存储
Clothes
A-ciothes1
大衣存储
A-ciothes2
外套存储
A-ciothes3
半裙存储
A-ciothes4
长裤存储
A-ciothes5
衬衫存储
A-ciothes6
毛衣存储
A-ciothes7
衬衫存储
A-ciothes8
大衣存储
A-ciothes9
套装存储
A-ciothes10
羽绒存储
A-ciothes11
厚羽绒存储
A-ciothes12
短袖存储
A-ciothes13
睡衣存储
A-ciothes14
睡衣存储
A-ciothes15
保暖内衣存储
A-ciothes16
背心存储
A-ciothes17
短裤存储
A-ciothes18
内裤存储
A-ciothes19
内衣存储
A-ciothes20
袜子存储

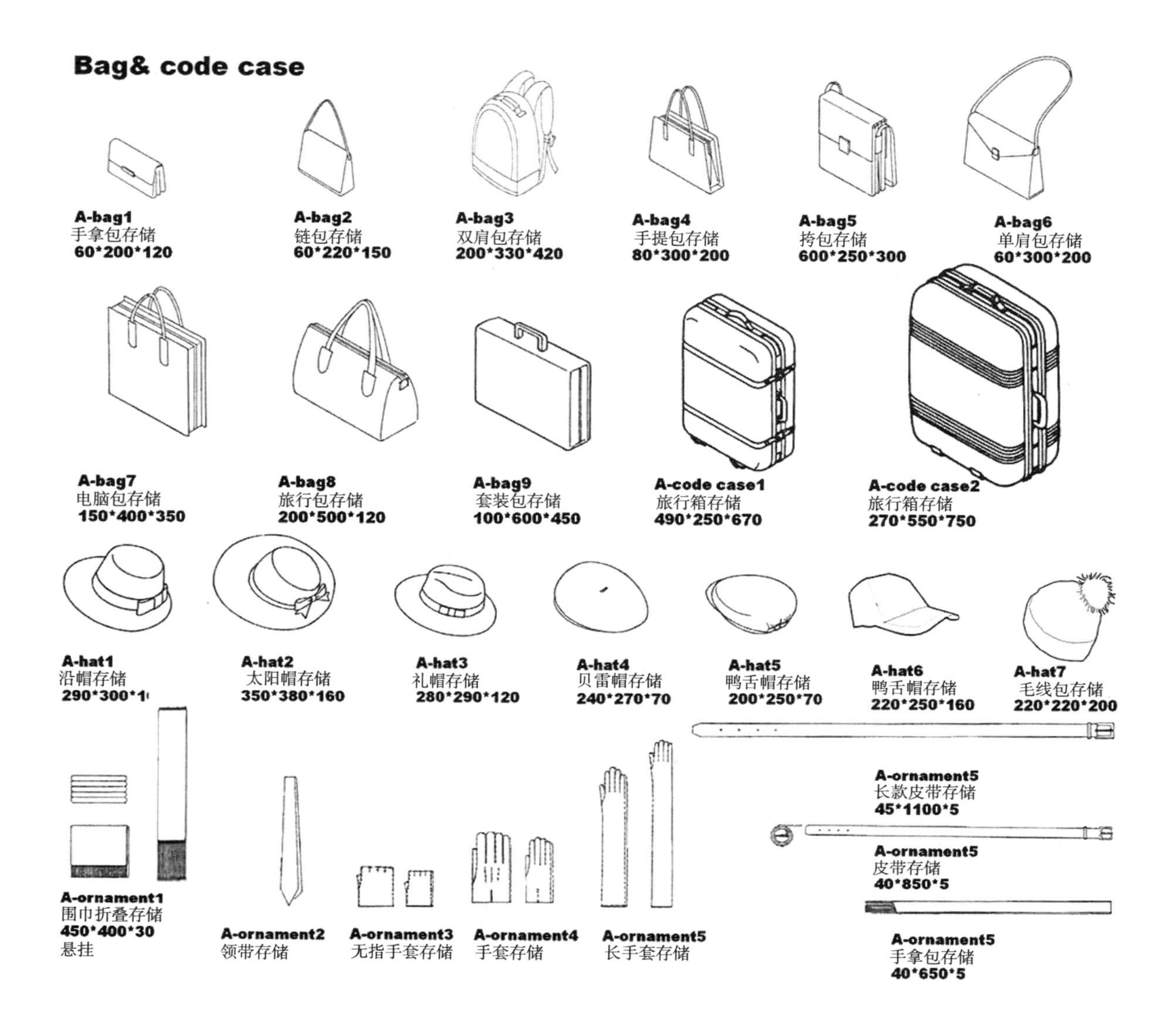
Bag& code case
A-bag1
手拿包存储
60*200*120
A-bag2
链包存储
60*220*150
A-bag3
双肩包存储
200*330*420
A-bag4
手提包存储
80*300*200
A-bag5
挎包存储
600*250*300
A-bag6
单肩包存储
60*300*200
A-bag7
电脑包存储
150*400*350
A-bag8
旅行包存储
200*500*120
A-bag9
套装包存储
100*600*450
A-code case1
旅行箱存储
490*250*670
A-code case2
旅行箱存储
270*550*750
A-hat1
沿帽存储
290*300*1
A-hat2
太阳帽存储
350*380*160
A-hat3
礼帽存储
280*290*120
A-hat4
贝雷帽存储
240*270*70
A-hat5
鸭舌帽存储
200*250*70
A-hat6
鸭舌帽存储
220*250*160
A-hat7
毛线包存储
220*220*200
A-ornament1
围巾折叠存储
450*400*30
悬挂
A-ornament2
领带存储
A-ornament3
无指手套存储
A-ornament4
手套存储
A-ornament5
长手套存储
A-ornament5
长款皮带存储
45*1100*5
A-ornament5
皮带存储
40*850*5
A-ornament5
手拿包存储
40*650*5

shoes

A-shoes1 皮鞋存储 **250*300*100**	**A-shoes2** 无鞋带皮鞋存储 **250*300*100**	**A-shoes3** 沿运动鞋存储 **200*300*100**	**A-shoes4** 浅口鞋存储 **290*300*100**	**A-shoes5** 布拖存储 **200*300*100**	**A-shoes6** 凉拖存储 **200*300*100**
A-shoes7 高跟皮鞋存储 **200*300*160**	**A-shoes8** 高跟单鞋存储 **200*300*160**	**A-shoes9** 踝靴存储 **200*300*160**	**A-shoes10** 高跟鞋存储 **200*300*160**	**A-shoes11** 厚底拖鞋存储 **290*300*100**	**A-shoes12** 人字拖存储 **200*300*100**
A-shoes13 高跟凉鞋存储 **200*300*200**	**A-shoes14** 胶鞋存储 **200*300*200**	**A-shoes15** 短靴存储 **200*300*200**	**A-shoes16** 中跟靴存储 **200*300*250**	**A-shoes17** 短靴存储 **200*300*250**	**A-shoes18** 短靴存储 **200*300*250**

B 用品类存储

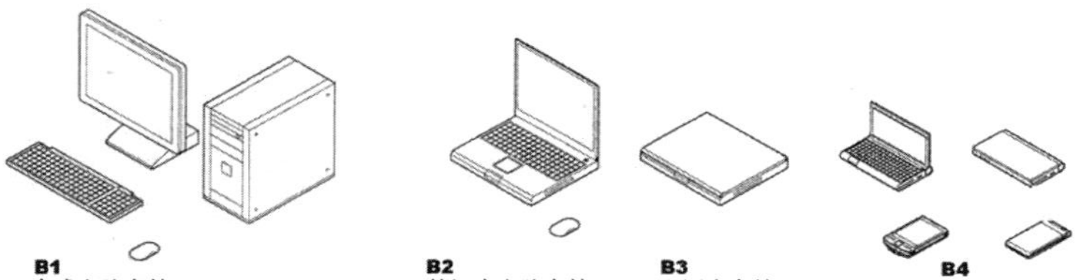

B1
台式电脑存储
800*500*360

B2
笔记本电脑存储
350*250*320

B3
上网本存储
280*240*260

B4
智能手机
80*120*10

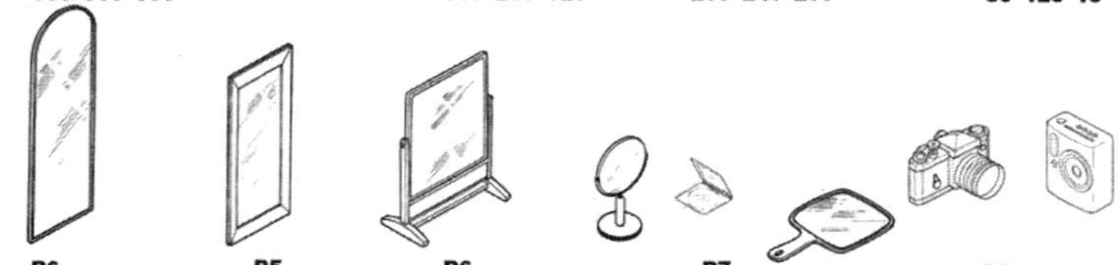

B6
全身镜存储
1400*500*10

B5
穿衣镜存储
1050*450*10

B6
化妆镜存储
250*450*120

B7
手拿镜存储
100*250*100

B5
相机存储
150*20*50

C 清洁类存储

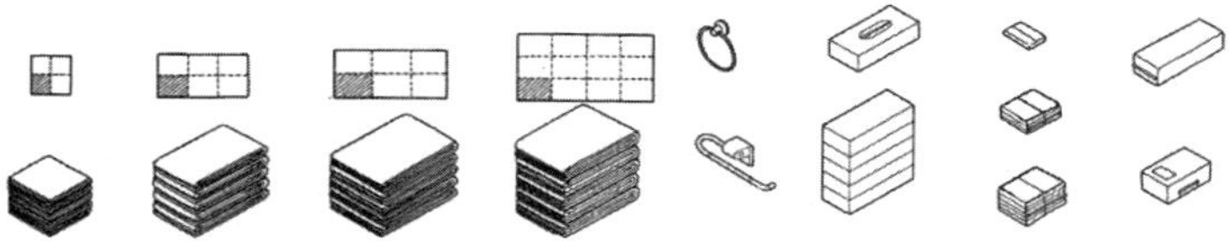

C1
毛巾存储

C2
纸巾盒存储

C3
便巾盒存储

C5
剃须刀存储

C6
推刀存储

C7
吹风机存储

C8
牙套盒存储

C9
隐形眼镜盒存储

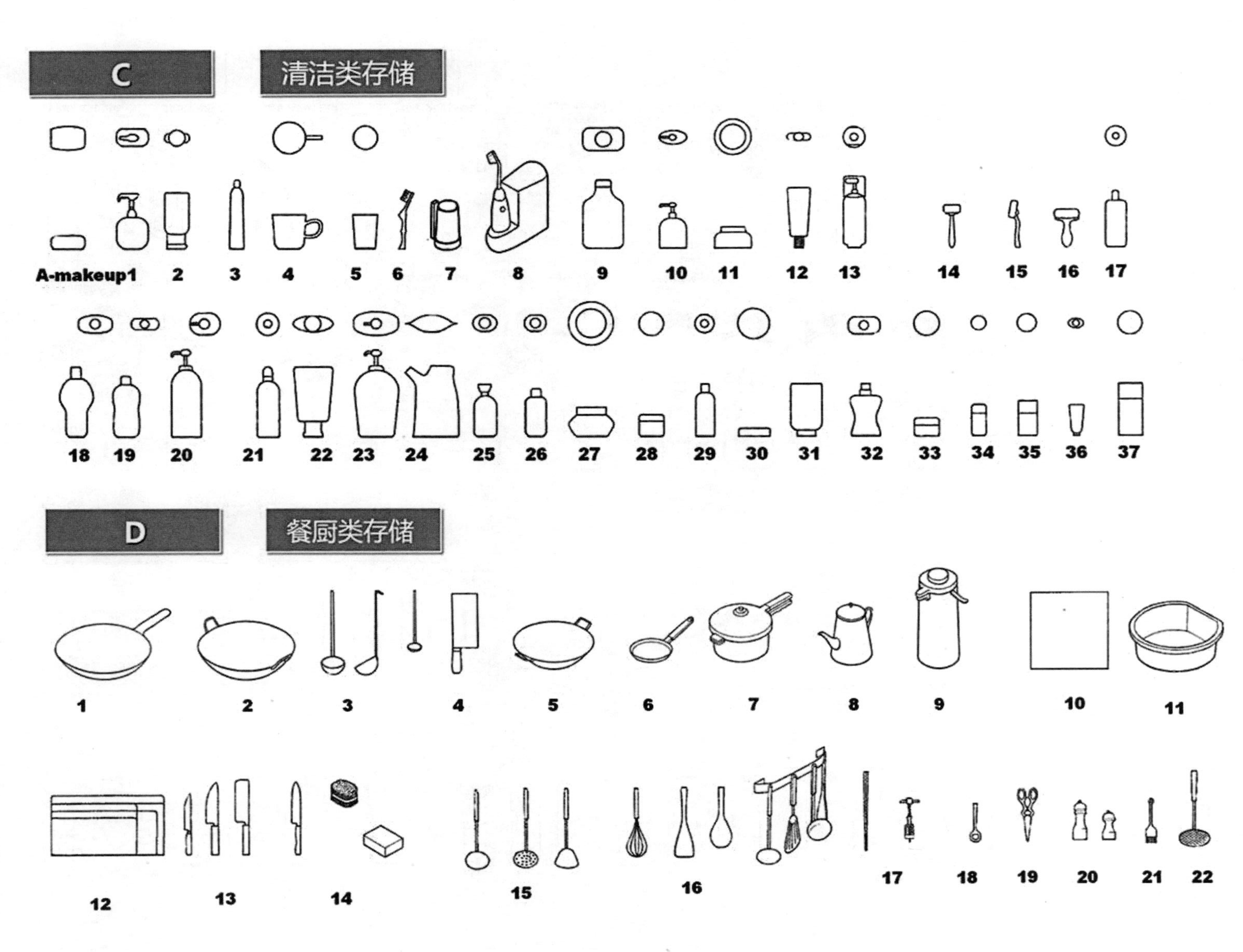
C
清洁类存储
A-makeup1
2
3
4
5
6
7
8
9
10
11
12
13
14
15
16
17
18
19
20
21
22
23
24
25
26
27
28
29
30
31
32
33
34
35
36
37
D
餐厨类存储
1
2
3
4
5
6
7
8
9
10
11
12
13
14
15
16
17
18
19
20
21
22

存储模块的尺度量化

1. 用品类模块：
250xmm*300ymm*175zmm(x=1，y范围在1-2之间，z的范围在1～6之间，同时活动值是整数)

2. 装束类模块：
50xmm*300ymm*175zmm(x范围在6-12之间，y范围在1-3之间，z的范围在1～8之间，同时活动值是整数)

3. 睡眠空间模块：
2000mm*100ymm*350mm(y范围在8-15之间)

1. 用品类模块

2. 装束类模块

3. 睡眠空间模块

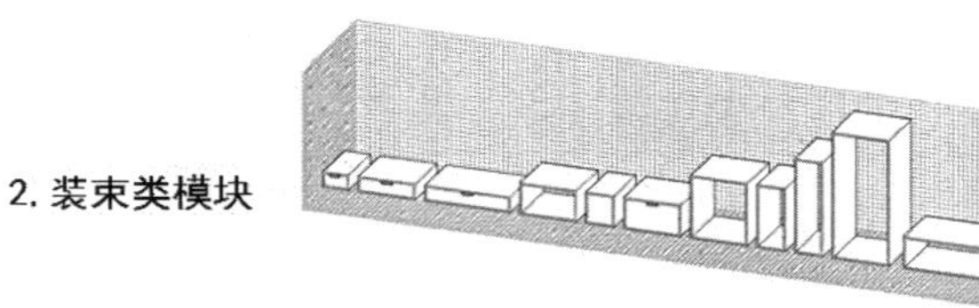

存储模块的尺度量化

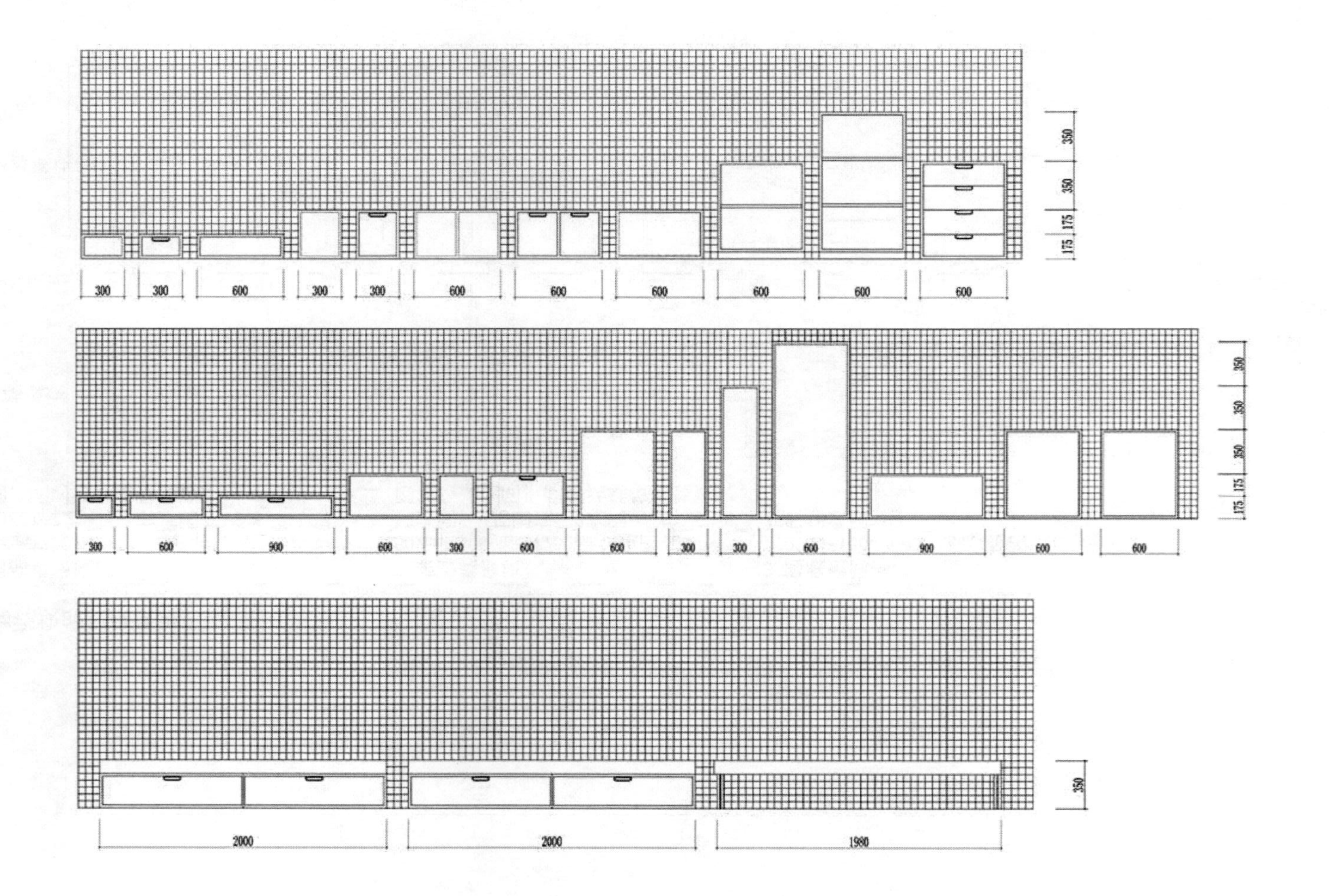
350
350
175
175
300
300
600
300
300
600
600
600
600
600
600
350
350
350
175
175
300
600
900
600
300
600
600
300
300
600
900
600
600
350
2000
2000
1980

城市不同资源环境下的三个层级分布-空间尺度量化

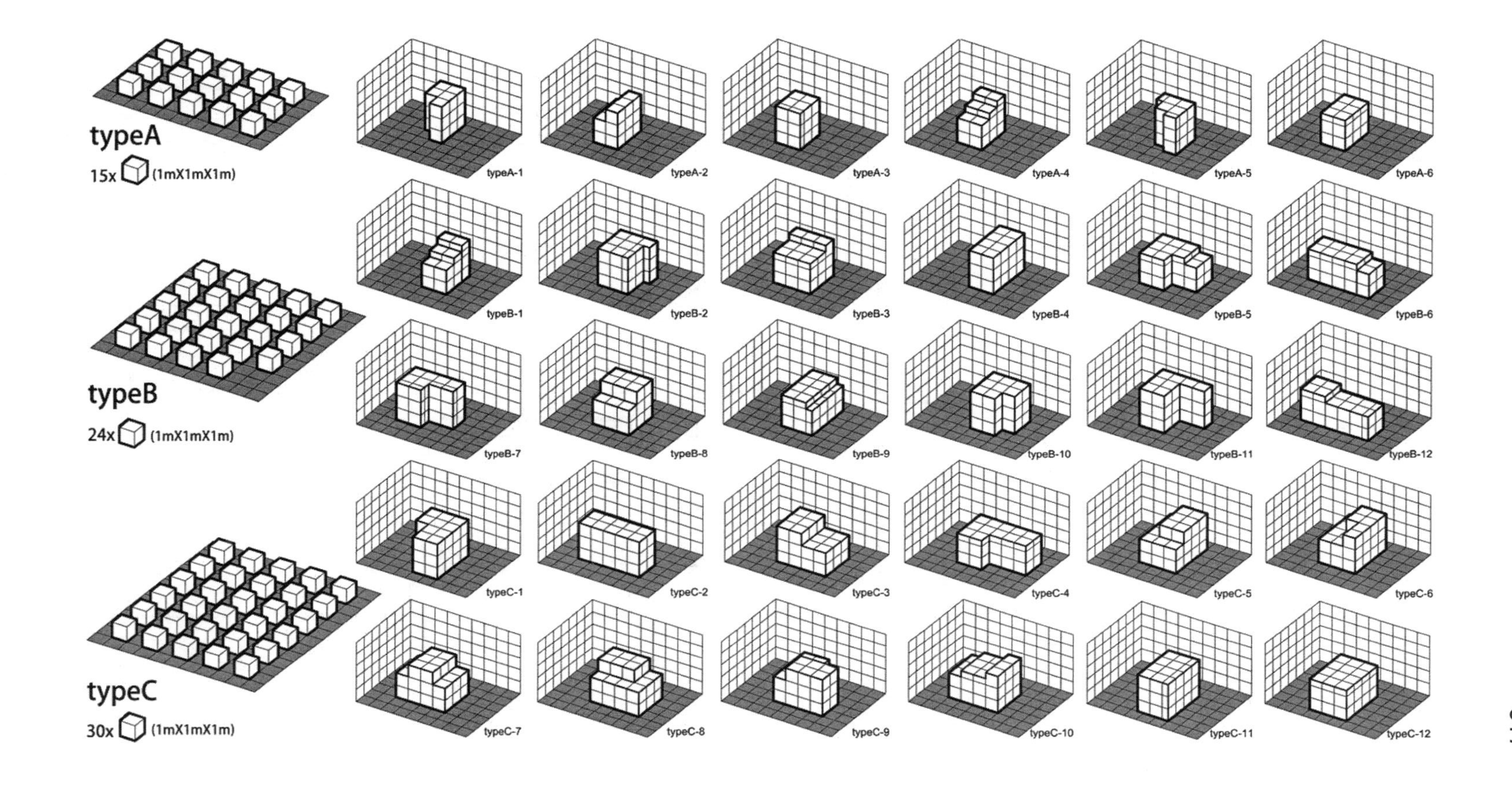

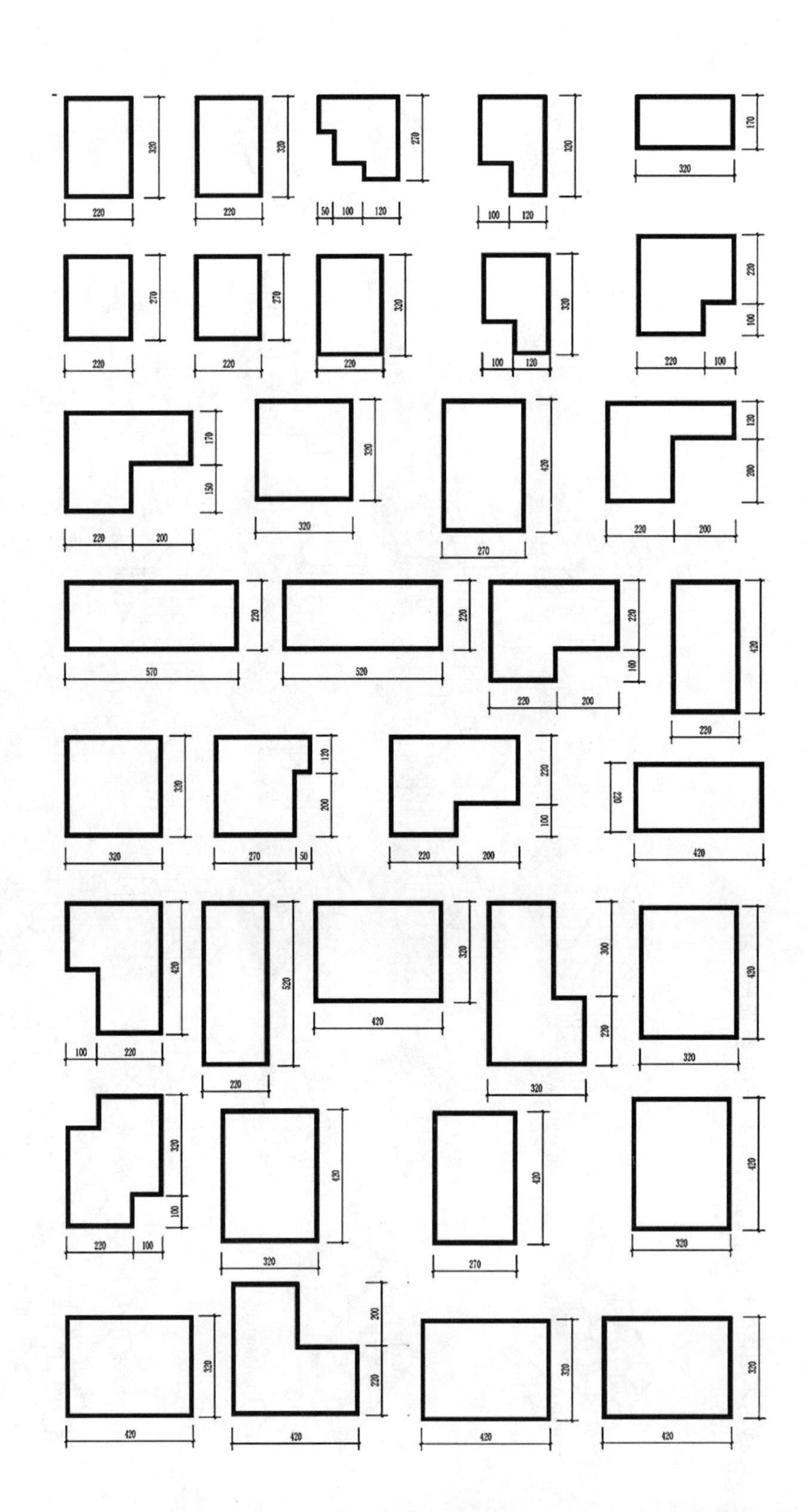
220 320
220 320
50 100 120 270
100 120 320
320 170
220 270
220 270
220 320
100 120 320
220 100 220 100
220 200 170 150
320 320
270 420
220 200 120 200
570 220
520 220
220 200 220 100
220 420
320 320
270 50 120 200
220 200 220 100
420 220
100 220 420
220 520
420 320
320 300 220
320 420
220 100 320 100
320 420
270 420
320 420
420 320
420 200 220
420 320
420 320

辅助功能空间

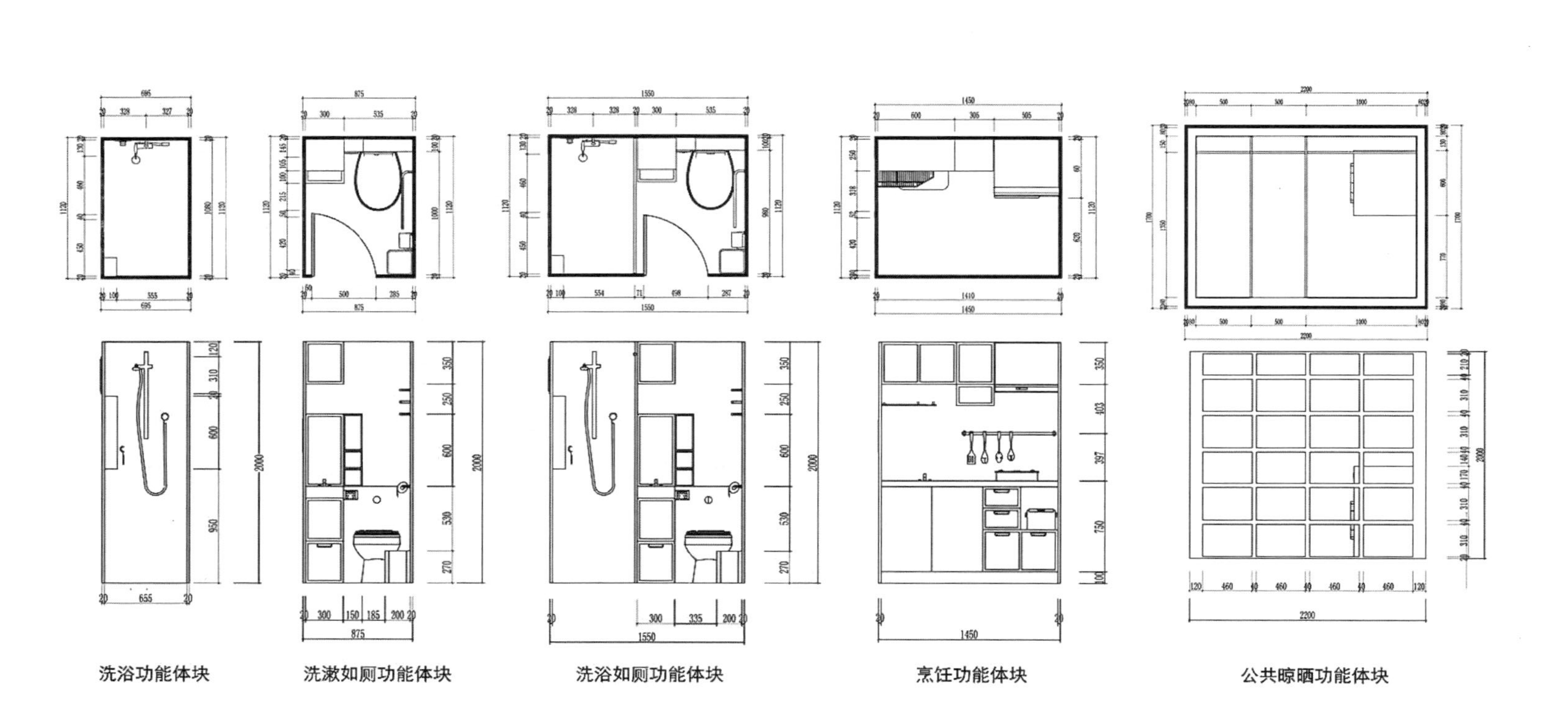

洗浴功能体块　洗漱如厕功能体块　洗浴如厕功能体块　烹饪功能体块　公共晾晒功能体块

居住空间单元模式的适应性研究——城市低收入青年群体生活十态“Box with a mission——盒子的任务”

搜集住户的不同需求，听取其观点，设计相应的解决方案，将住户定义为一个群体中的独特个体。这个阶段尝试提出一种新的生活理念，前文总结出各类物品的平均存储量，在这十个案例的设计过程中，反思现有的生活方式构成的各项要素，什么是必需品，什么是可以舍弃的，之后会达到什么样的生活状态和生活质量。

1. 文艺 IT 男的蜗居
2. 不想说话的电话客服
3. 待业找工作青年
4. “流浪”的青年画家
5. 忙于奔波的销售
6. 在职考研青年
7. 质朴的小会计
8. 闺蜜的美好时光
9. 要打扮的服装设计师
10. 文艺女青年的清新世界

space1：文艺IT男的蜗居

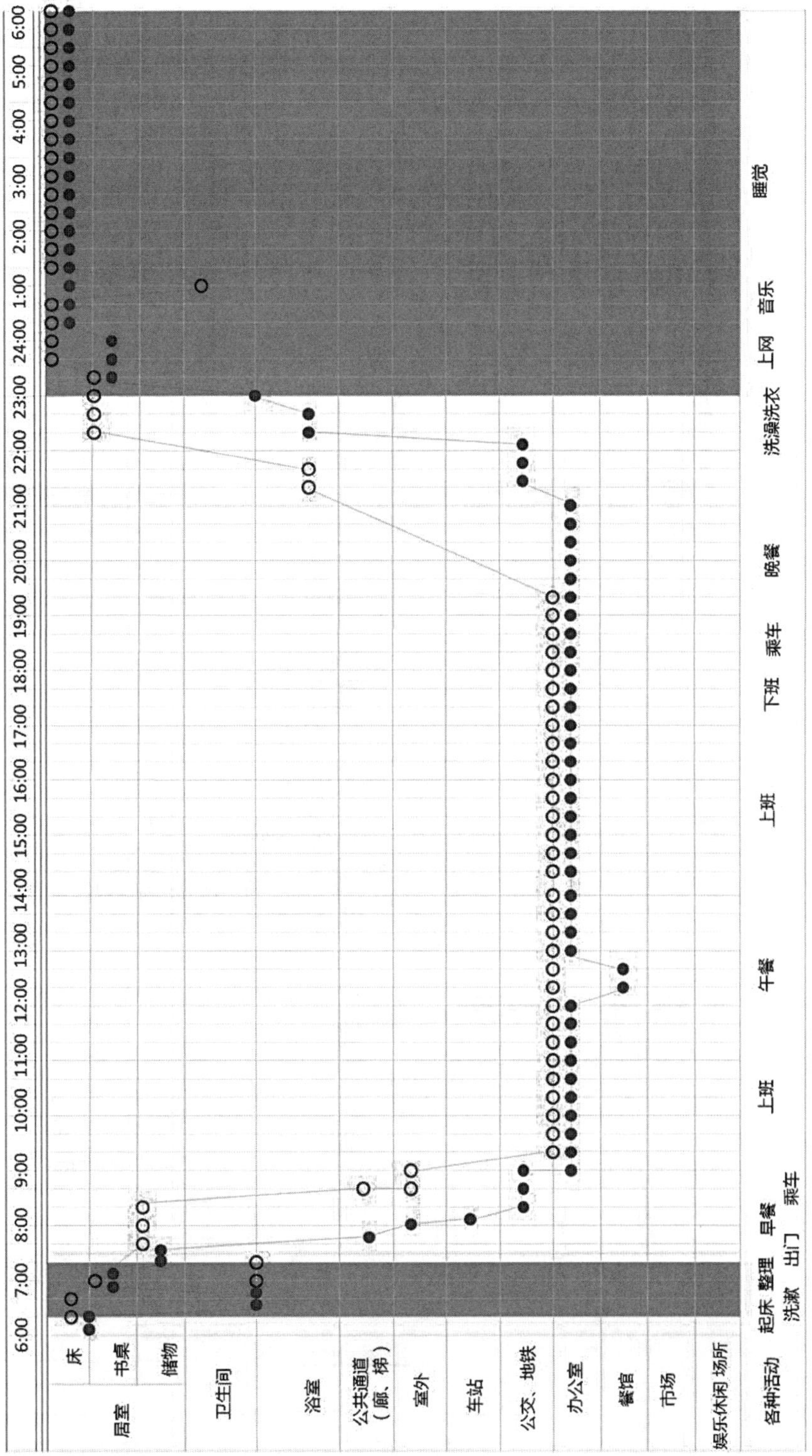

6:00 7:00 8:00 9:00 10:00 11:00 12:00 13:00 14:00 15:00 16:00 17:00 18:00 19:00 20:00 21:00 22:00 23:00 24:00 1:00 2:00 3:00 4:00 5:00 6:00

居室 床
书桌
储物
卫生间
浴室
公共通道（廊、梯）
室外
车站
公交、地铁
办公室
餐馆
市场
娱乐休闲 场所

各种活动 起床 洗漱 整理 出门 早餐 乘车 上班 午餐 上班 下班 乘车 晚餐 洗澡洗衣 上网 音乐 睡觉

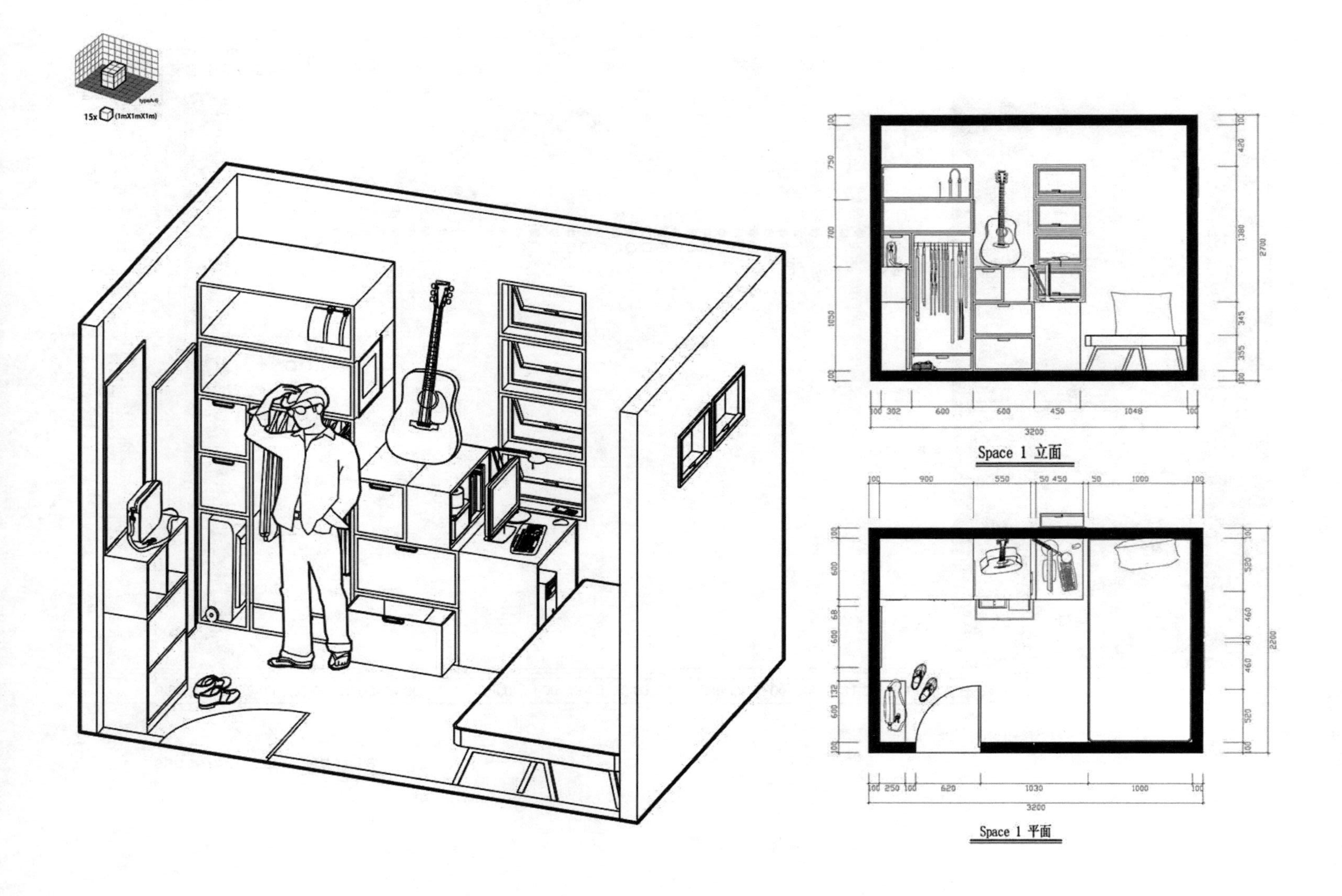
15x (1mX1mX1m)
typeA-6
Space 1 立面
Space 1 平面

space2：不想说话的电话客服

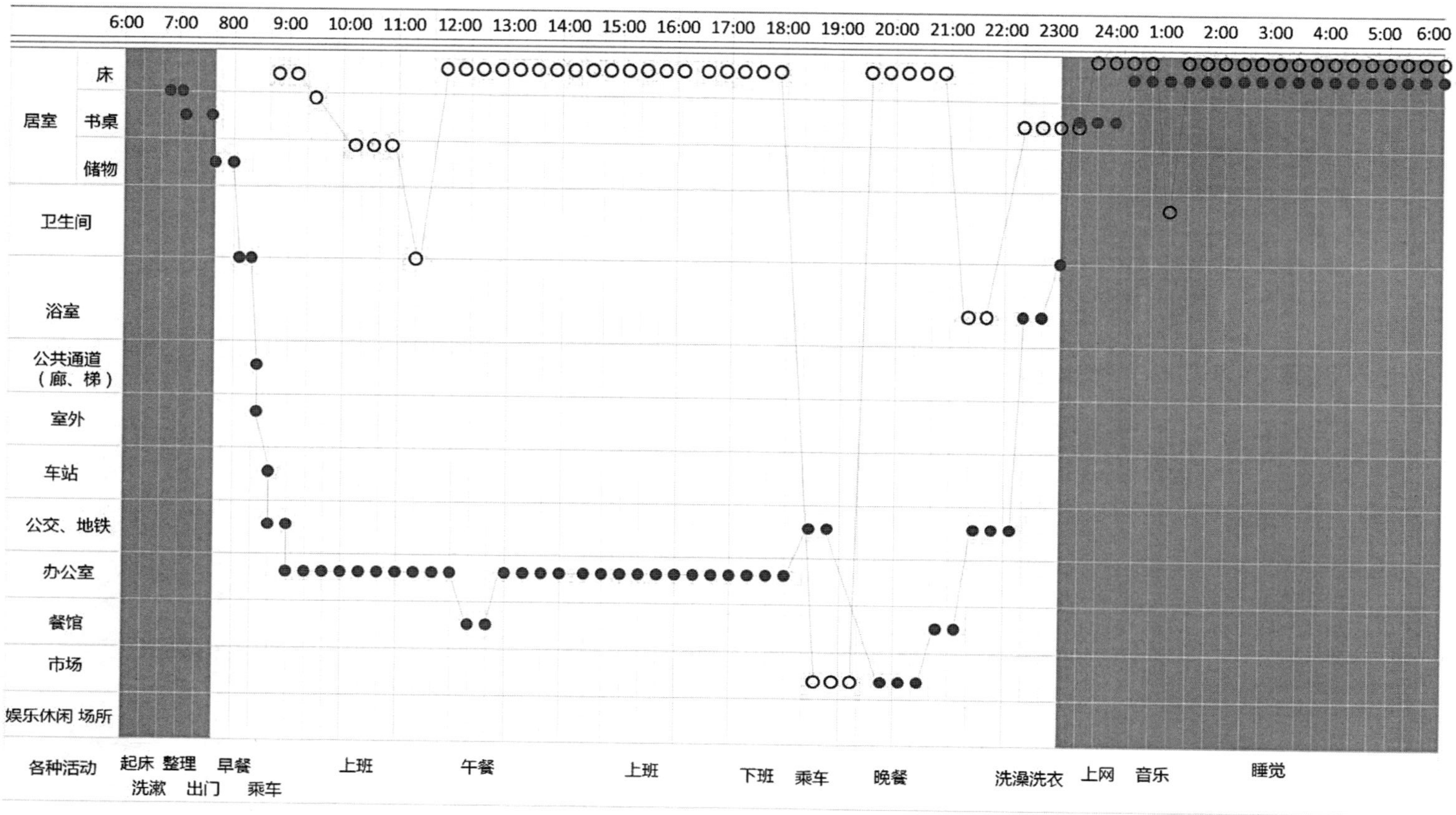

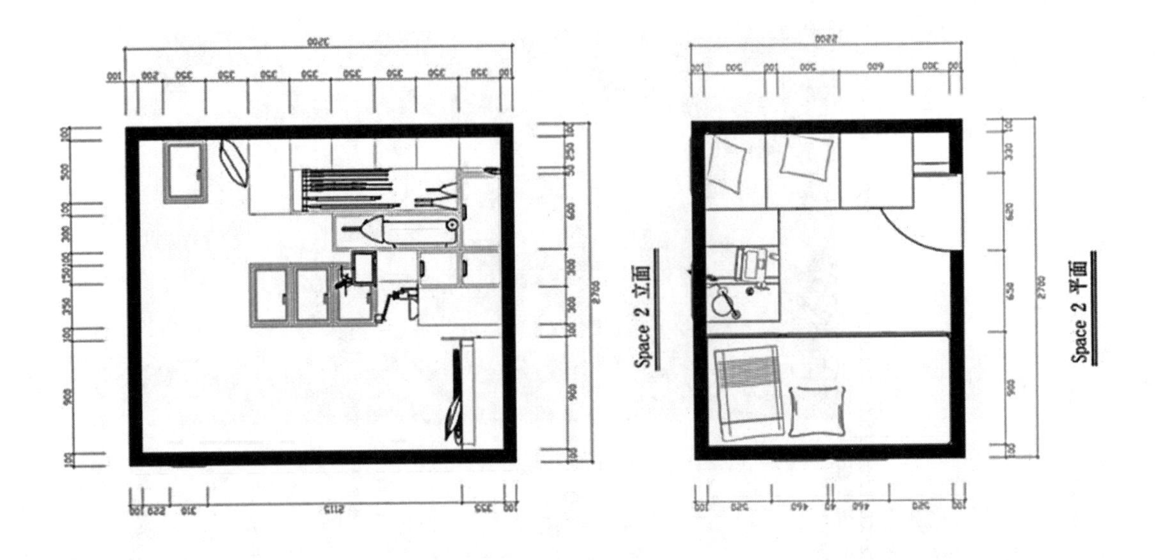
Space 2 立面
Space 2 平面

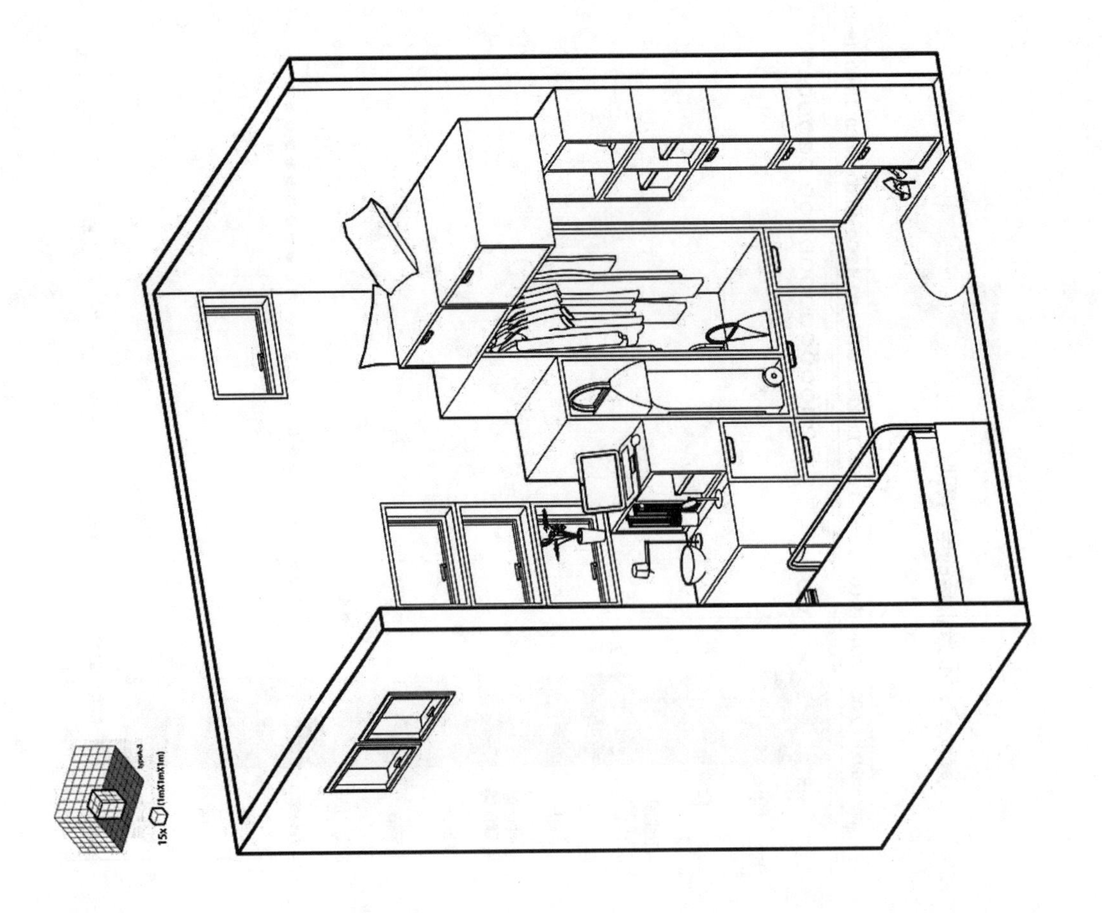

space3：待业找工作青年

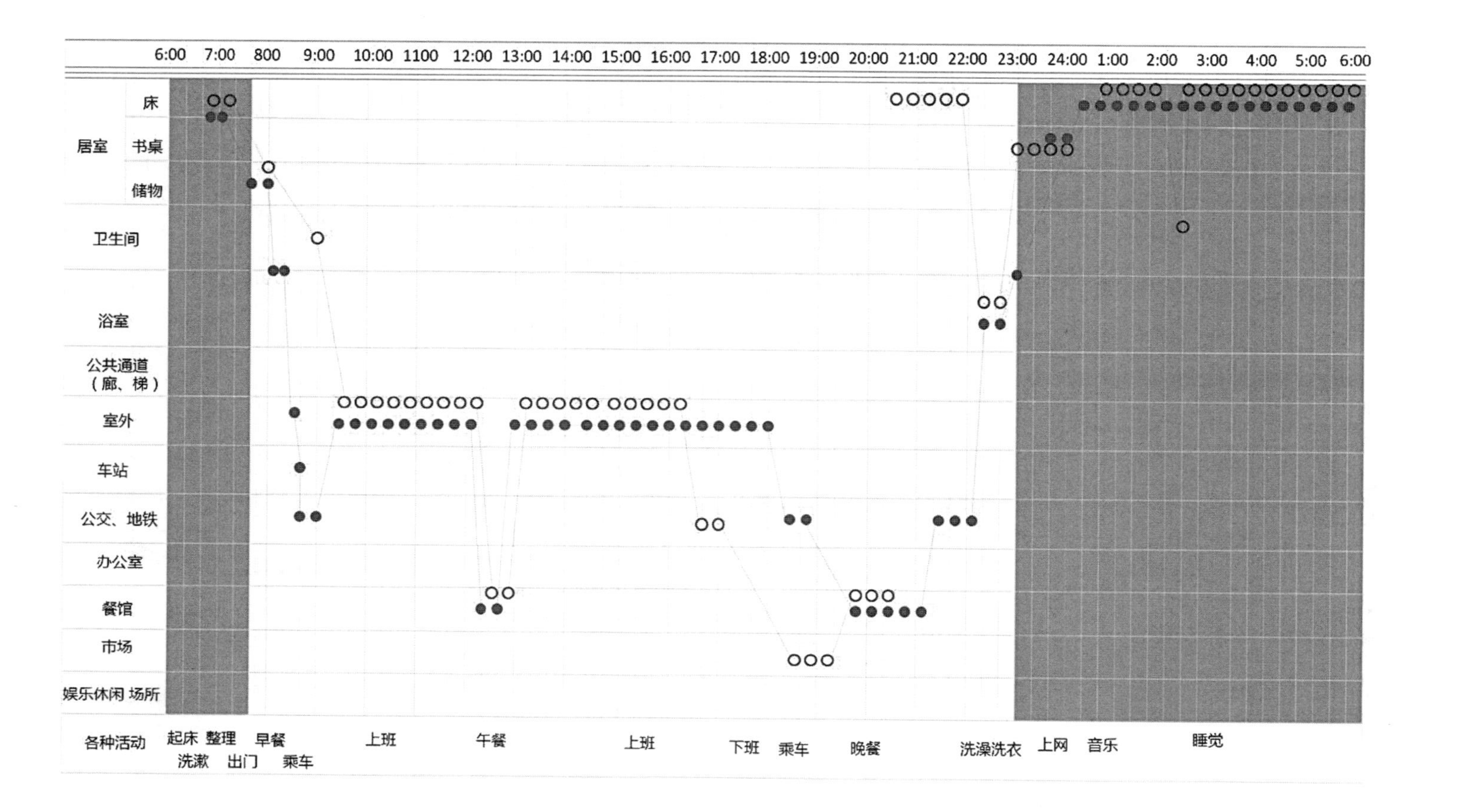

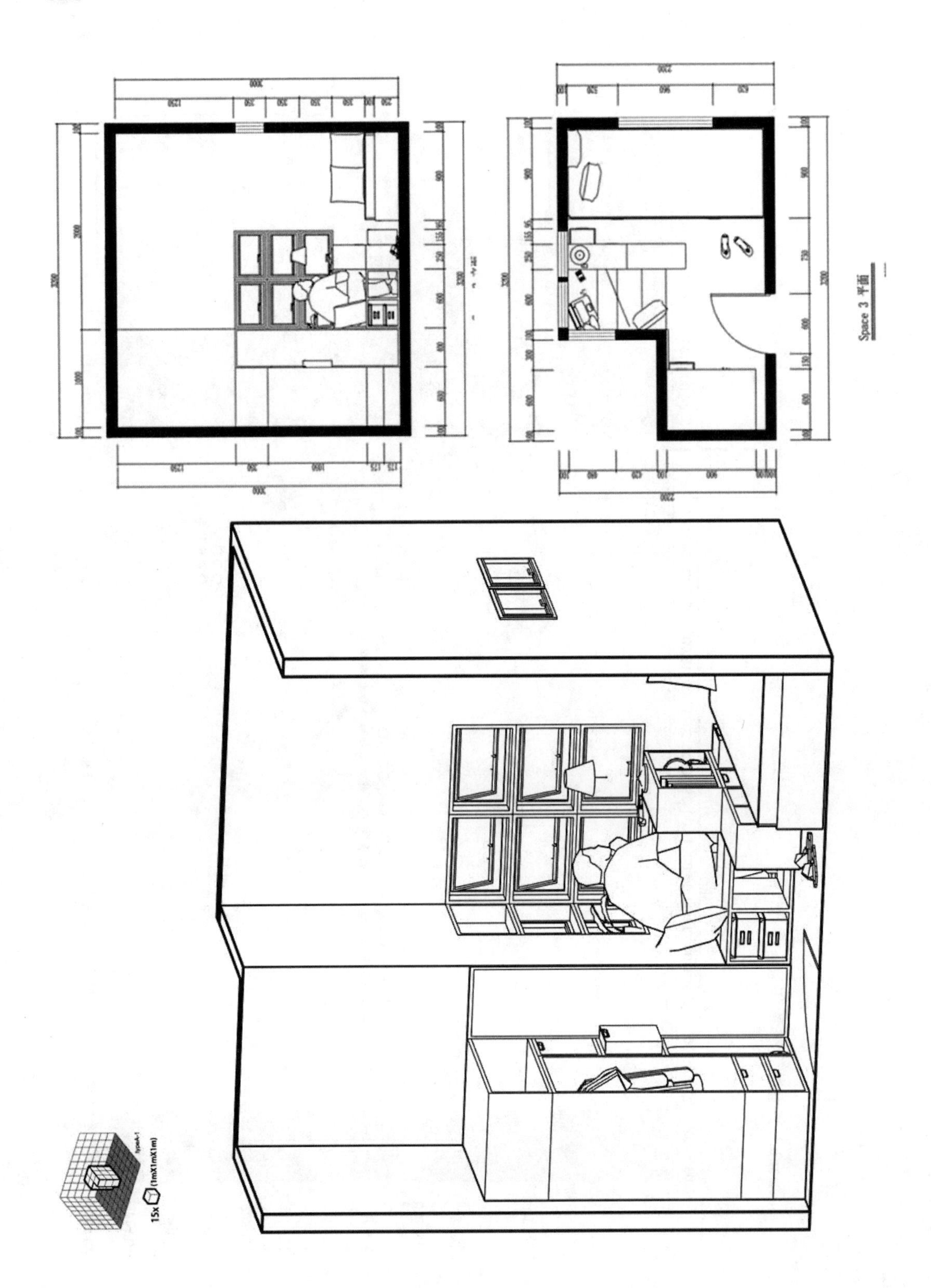
Space 3 平面
15x (1mX1mX1m)

space4：“流浪”的青年画家

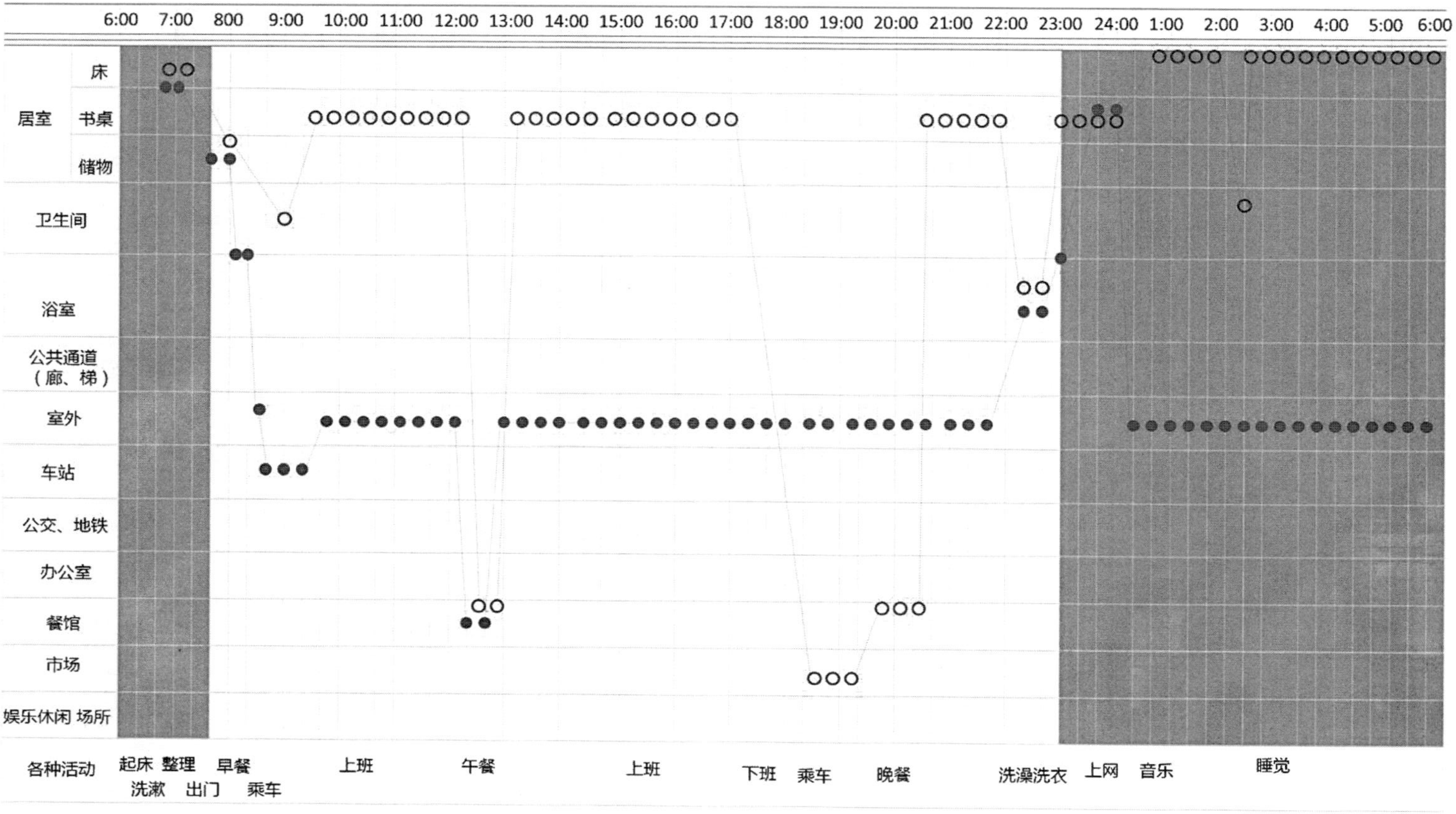

6:00 7:00 800 9:00 10:00 11:00 12:00 13:00 14:00 15:00 16:00 17:00 18:00 19:00 20:00 21:00 22:00 23:00 24:00 1:00 2:00 3:00 4:00 5:00 6:00

居室 床
书桌
储物
卫生间
浴室
公共通道（廊、梯）
室外
车站
公交、地铁
办公室
餐馆
市场
娱乐休闲 场所

各种活动 起床 洗漱 整理 出门 早餐 乘车 上班 午餐 上班 下班 乘车 晚餐 洗澡洗衣 上网 音乐 睡觉

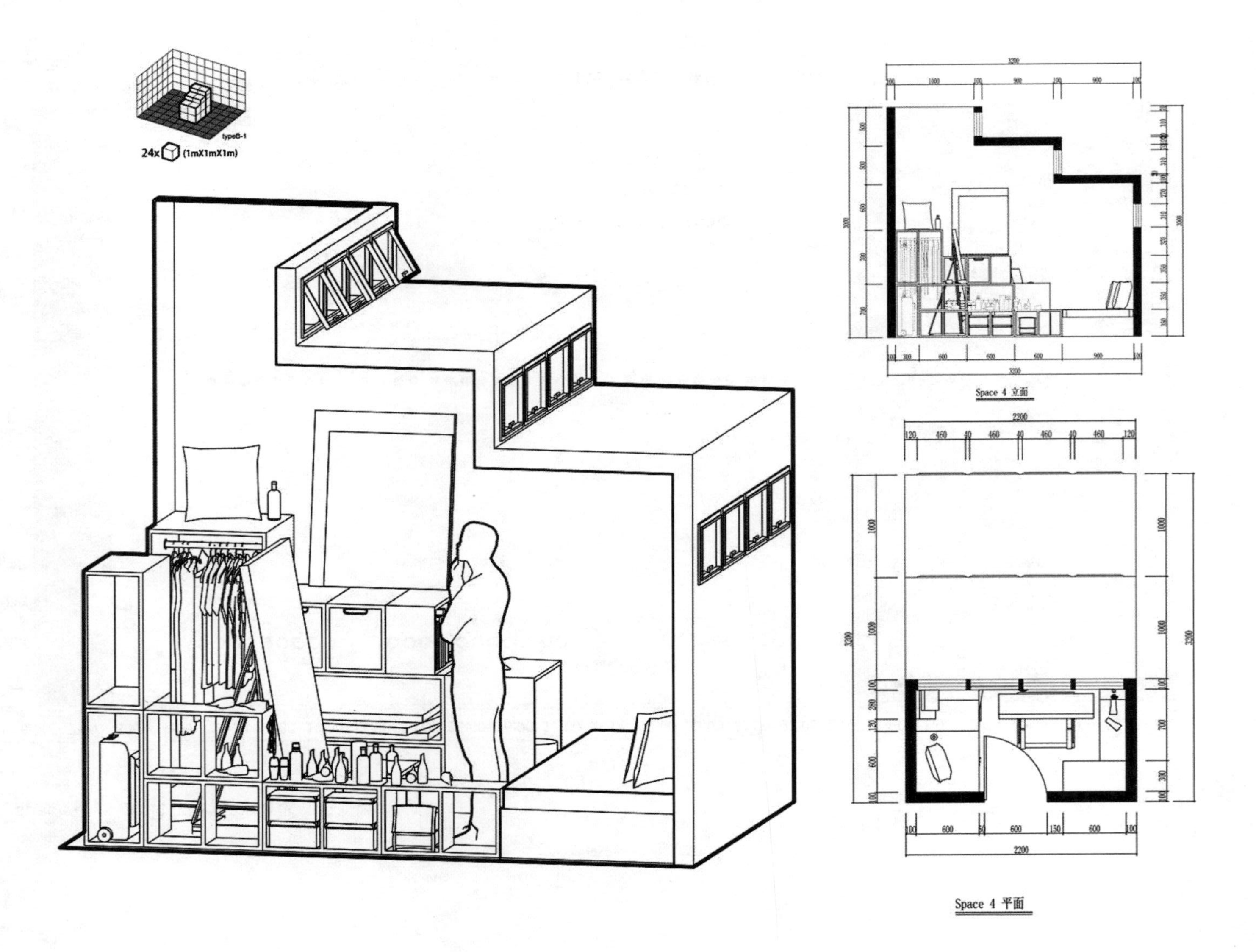
typeB-1
24x (1mX1mX1m)
Space 4 立面
Space 4 平面

space5：忙于奔波的销售

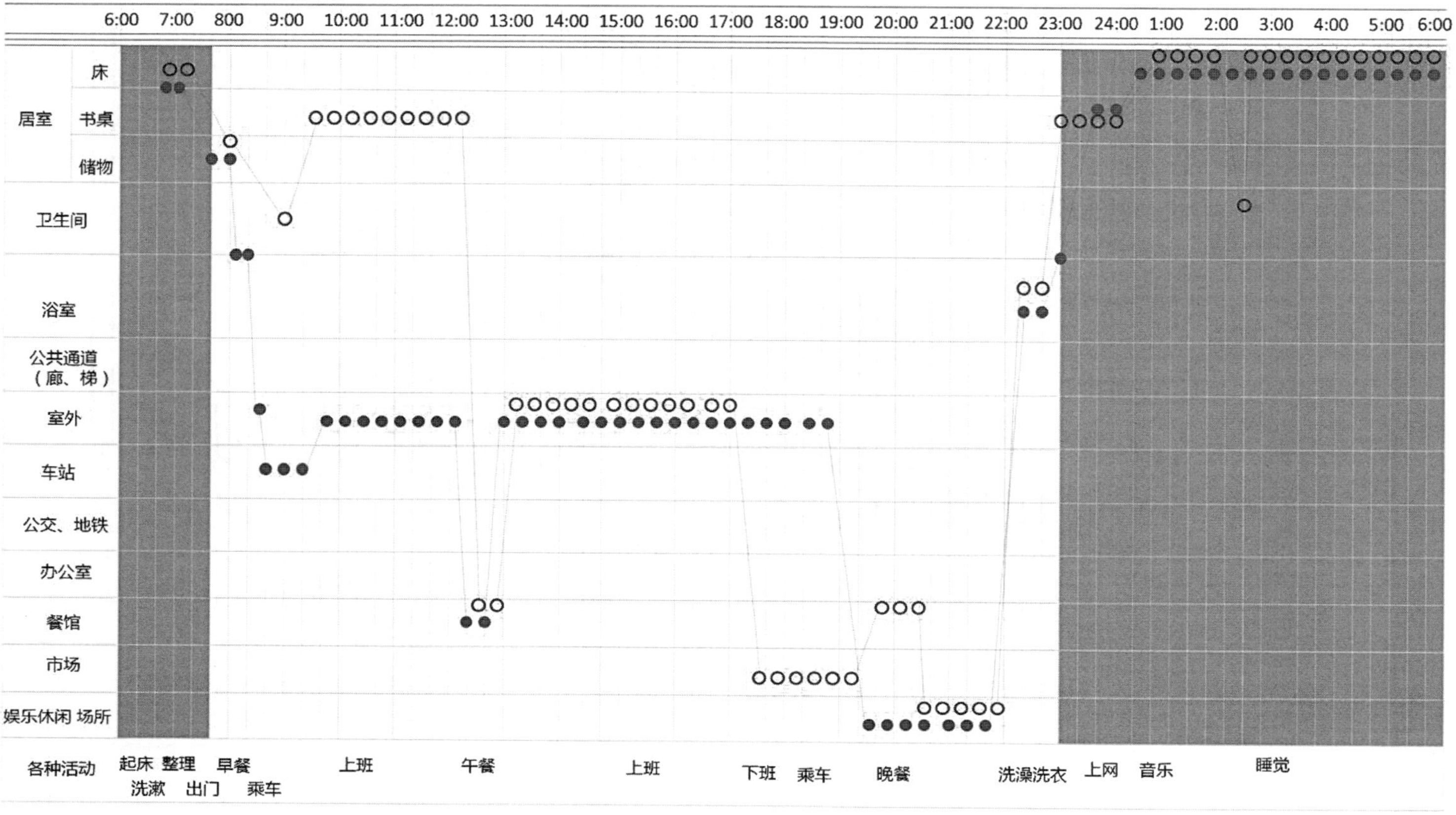

6:00 7:00 800 9:00 10:00 11:00 12:00 13:00 14:00 15:00 16:00 17:00 18:00 19:00 20:00 21:00 22:00 23:00 24:00 1:00 2:00 3:00 4:00 5:00 6:00

居室
床
书桌
储物
卫生间
浴室
公共通道（廊、梯）
室外
车站
公交、地铁
办公室
餐馆
市场
娱乐休闲 场所

各种活动
起床 洗漱 整理 出门 早餐 乘车 上班 午餐 上班 下班 乘车 晚餐 洗澡洗衣 上网 音乐 睡觉

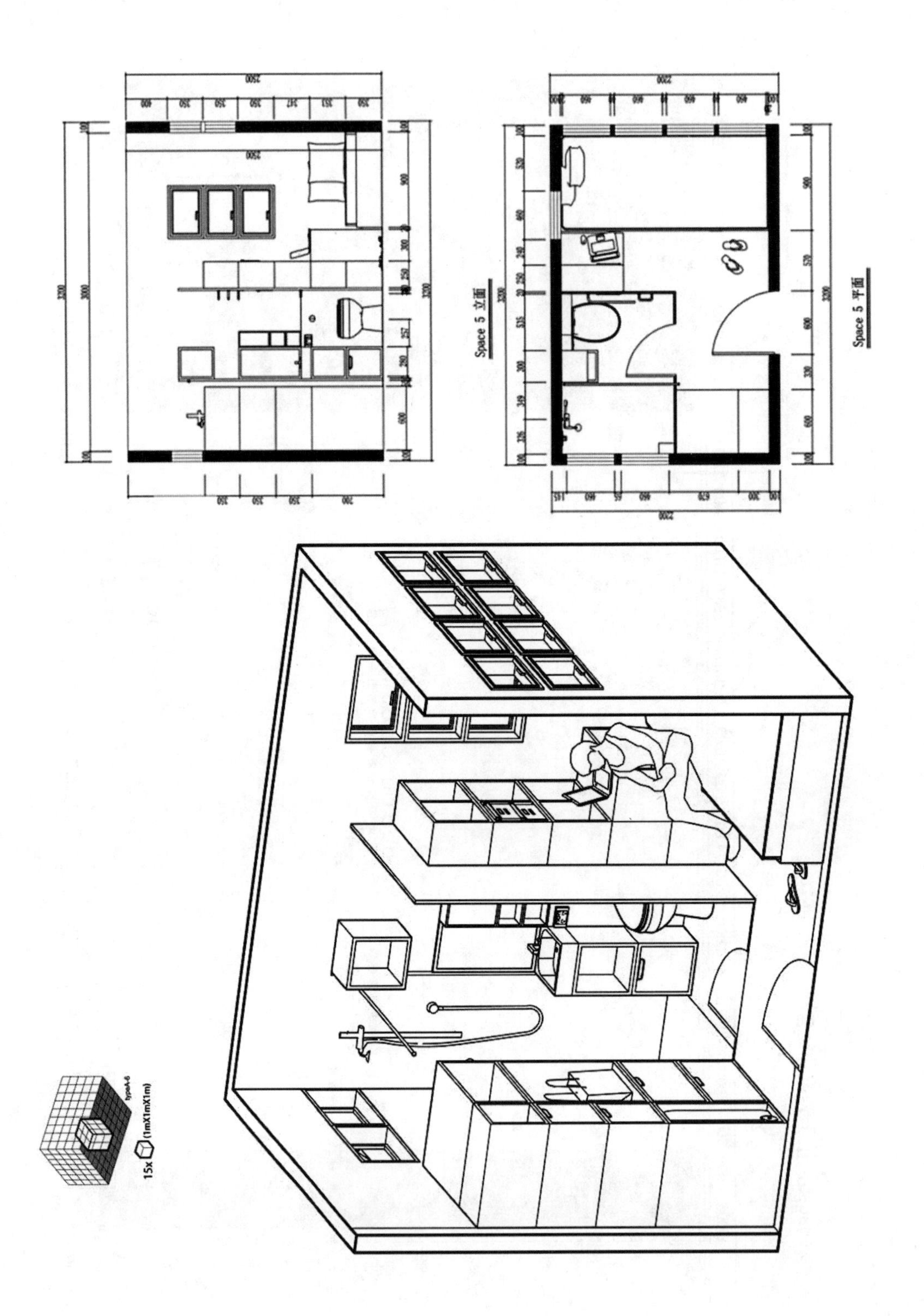
Space 5 立面
Space 5 平面
15x (1mX1mX1m)
typeA-6

space6:在职考研青年

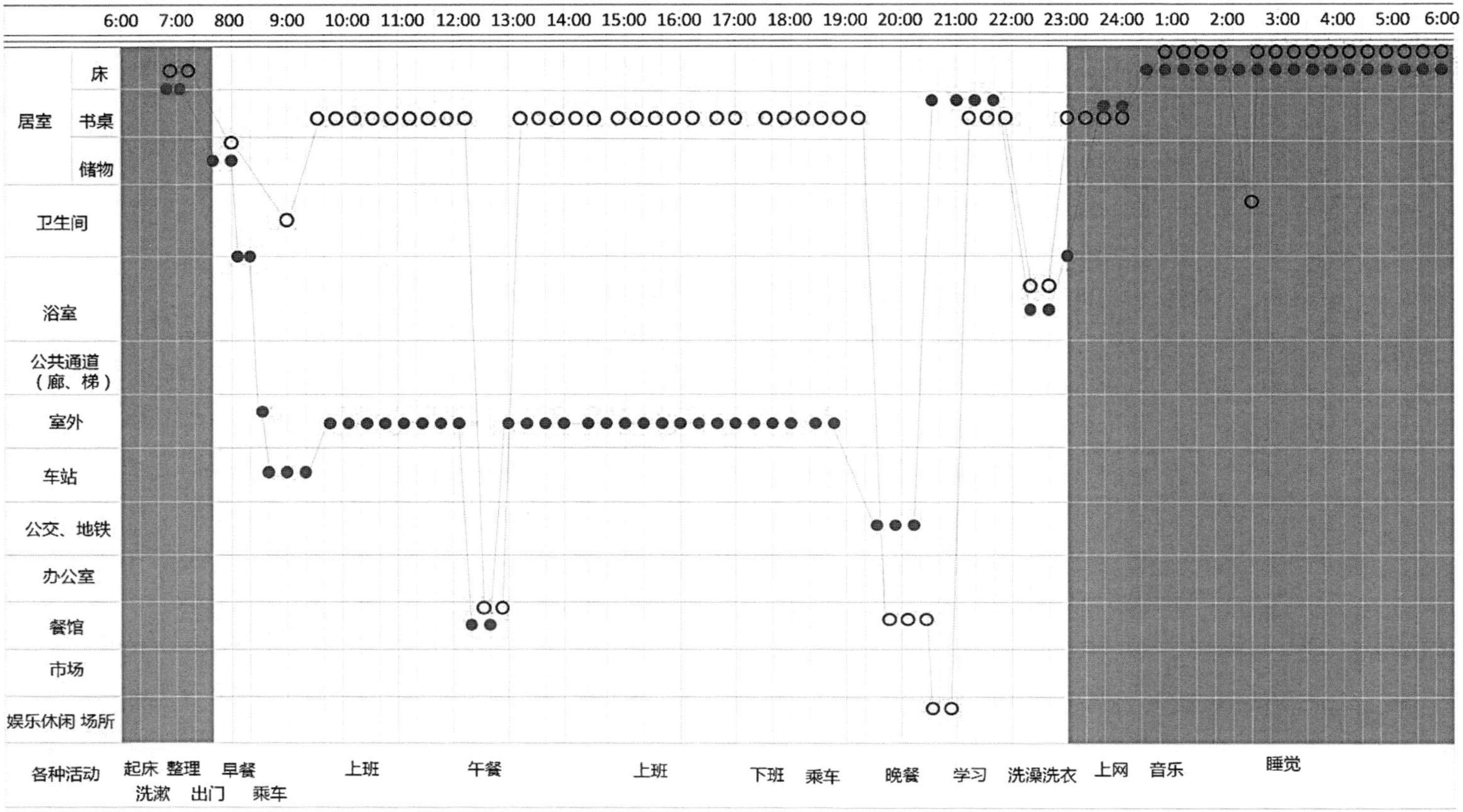

6:00 7:00 800 9:00 10:00 11:00 12:00 13:00 14:00 15:00 16:00 17:00 18:00 19:00 20:00 21:00 22:00 23:00 24:00 1:00 2:00 3:00 4:00 5:00 6:00

居室 床
书桌
储物
卫生间
浴室
公共通道（廊、梯）
室外
车站
公交、地铁
办公室
餐馆
市场
娱乐休闲 场所

各种活动 起床 洗漱 整理 出门 早餐 乘车 上班 午餐 上班 下班 乘车 晚餐 学习 洗澡洗衣 上网 音乐 睡觉

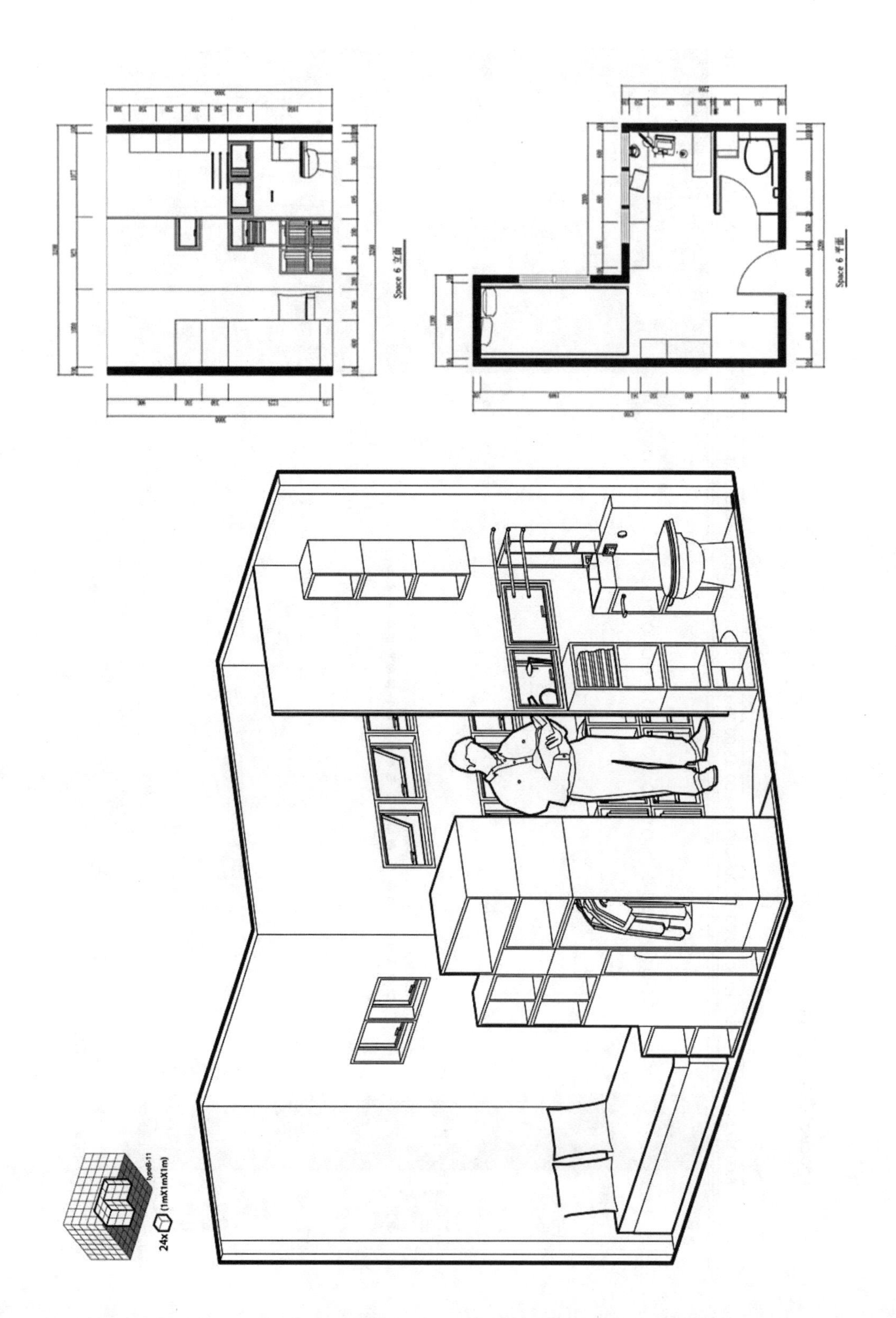
Space 6 立面
Space 6 平面
24x (1mX1mX1m)

space7：质朴的小会计

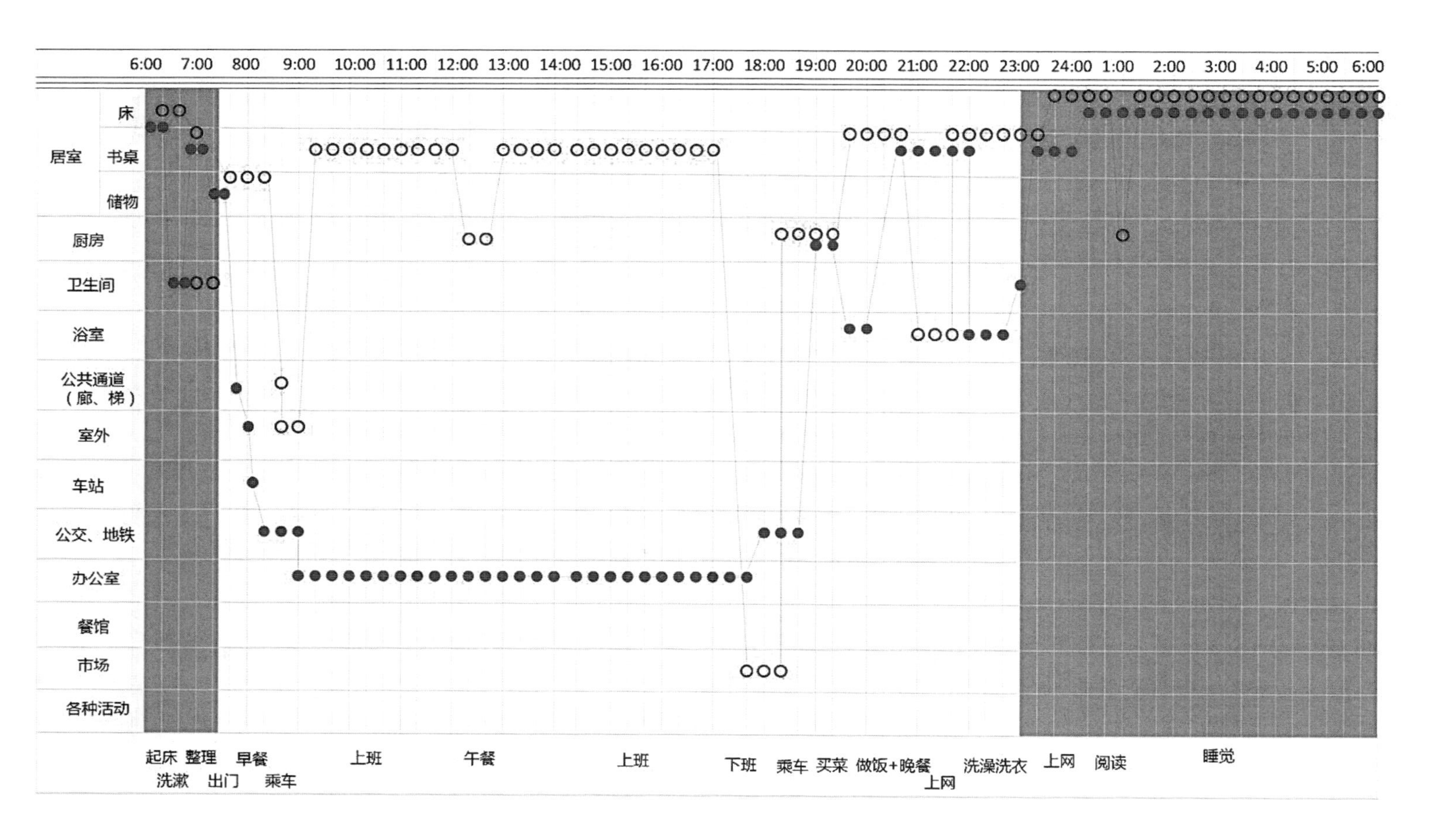

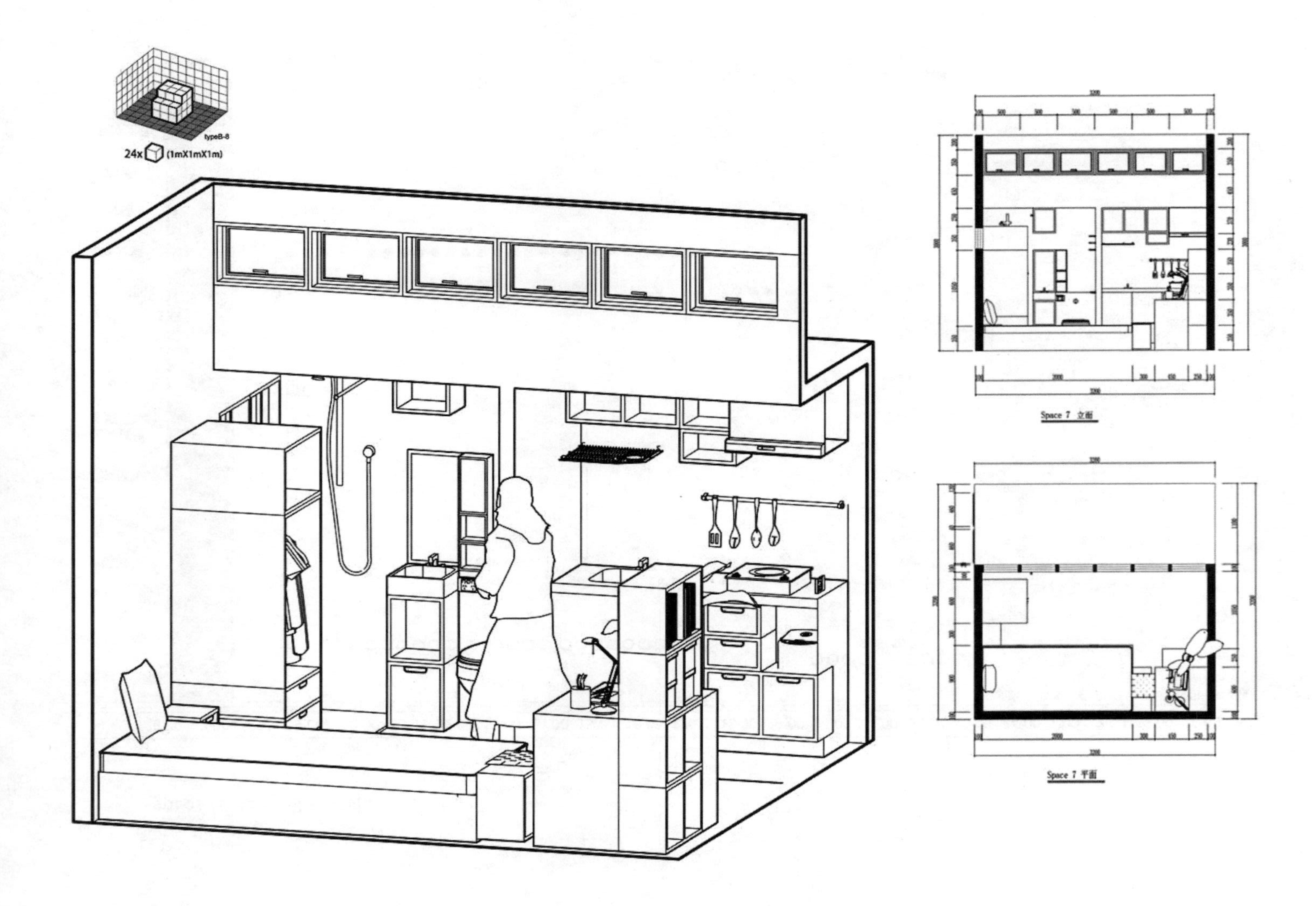
typeB-8
24x (1mX1mX1m)
Space 7 立面
Space 7 平面

space8：闺蜜的美好时光

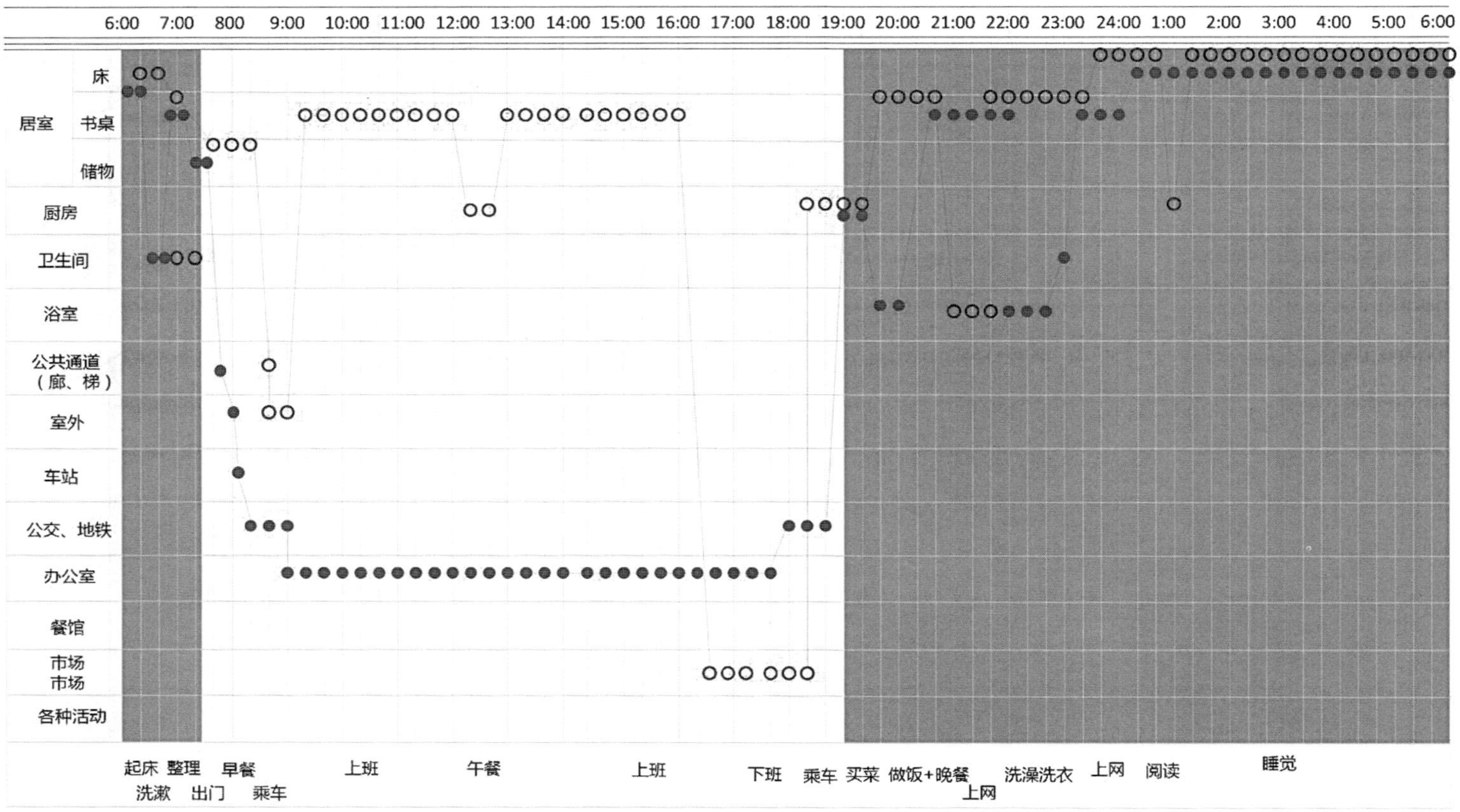

6:00 7:00 800 9:00 10:00 11:00 12:00 13:00 14:00 15:00 16:00 17:00 18:00 19:00 20:00 21:00 22:00 23:00 24:00 1:00 2:00 3:00 4:00 5:00 6:00

居室
床
书桌
储物
厨房
卫生间
浴室
公共通道
（廊、梯）
室外
车站
公交、地铁
办公室
餐馆
市场
市场
各种活动

起床 整理 早餐
洗漱 出门 乘车
上班
午餐
上班
下班
乘车 买菜 做饭+晚餐
上网
洗澡洗衣
上网 阅读
睡觉

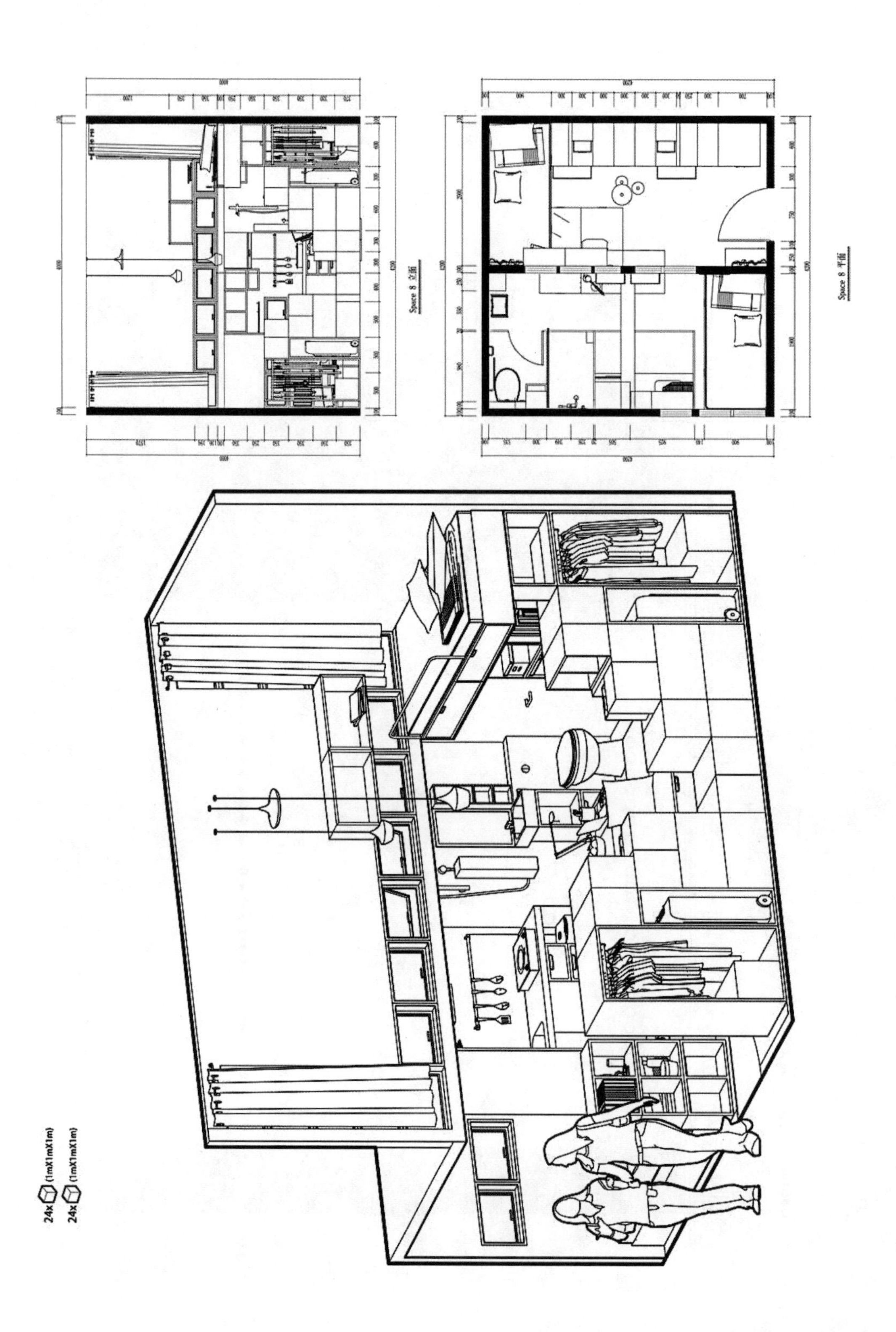
Space 8 立面
Space 8 平面
24x (1mX1mX1m)
24x (1mX1mX1m)

space9:要打扮的服装设计师

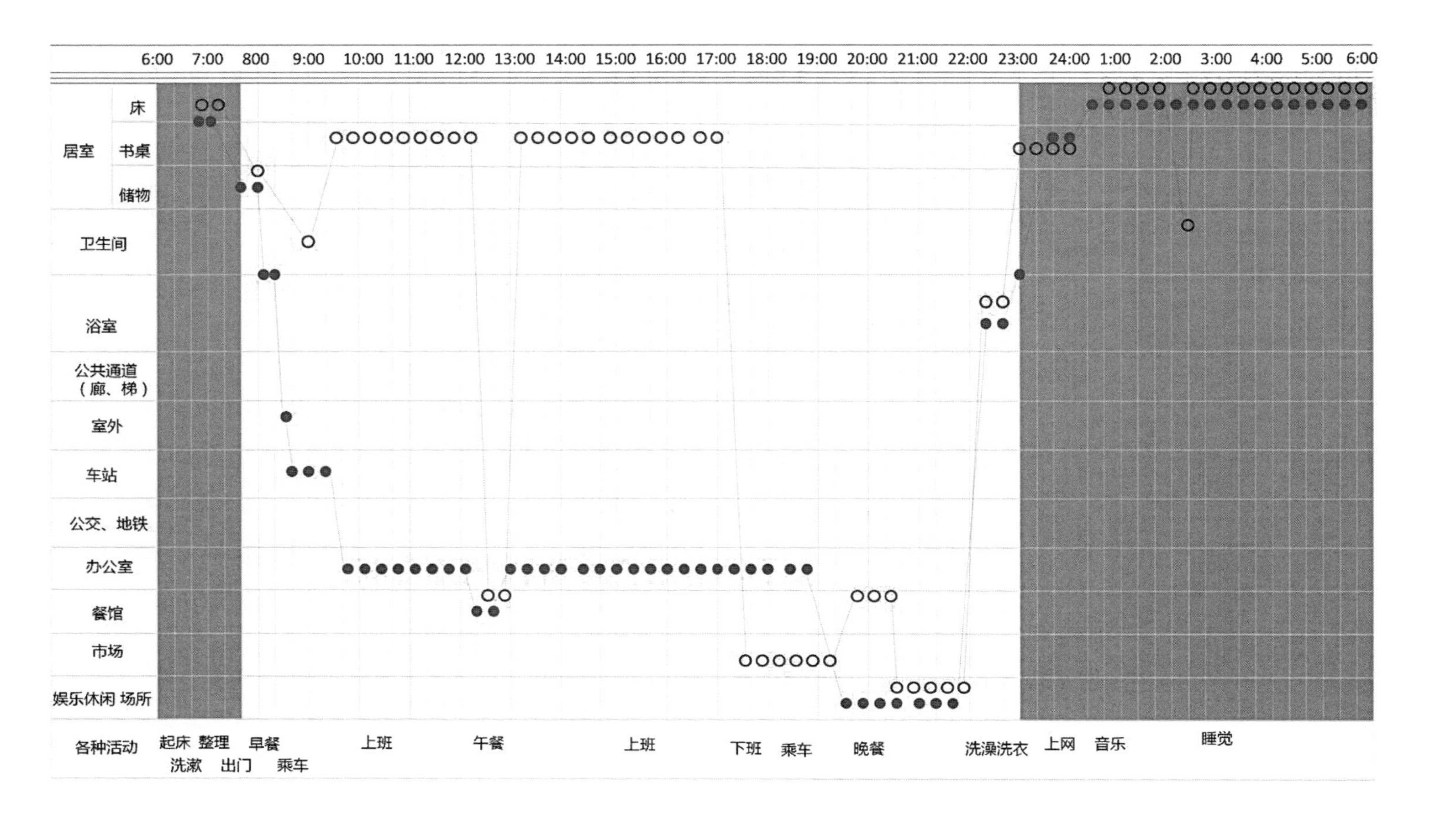

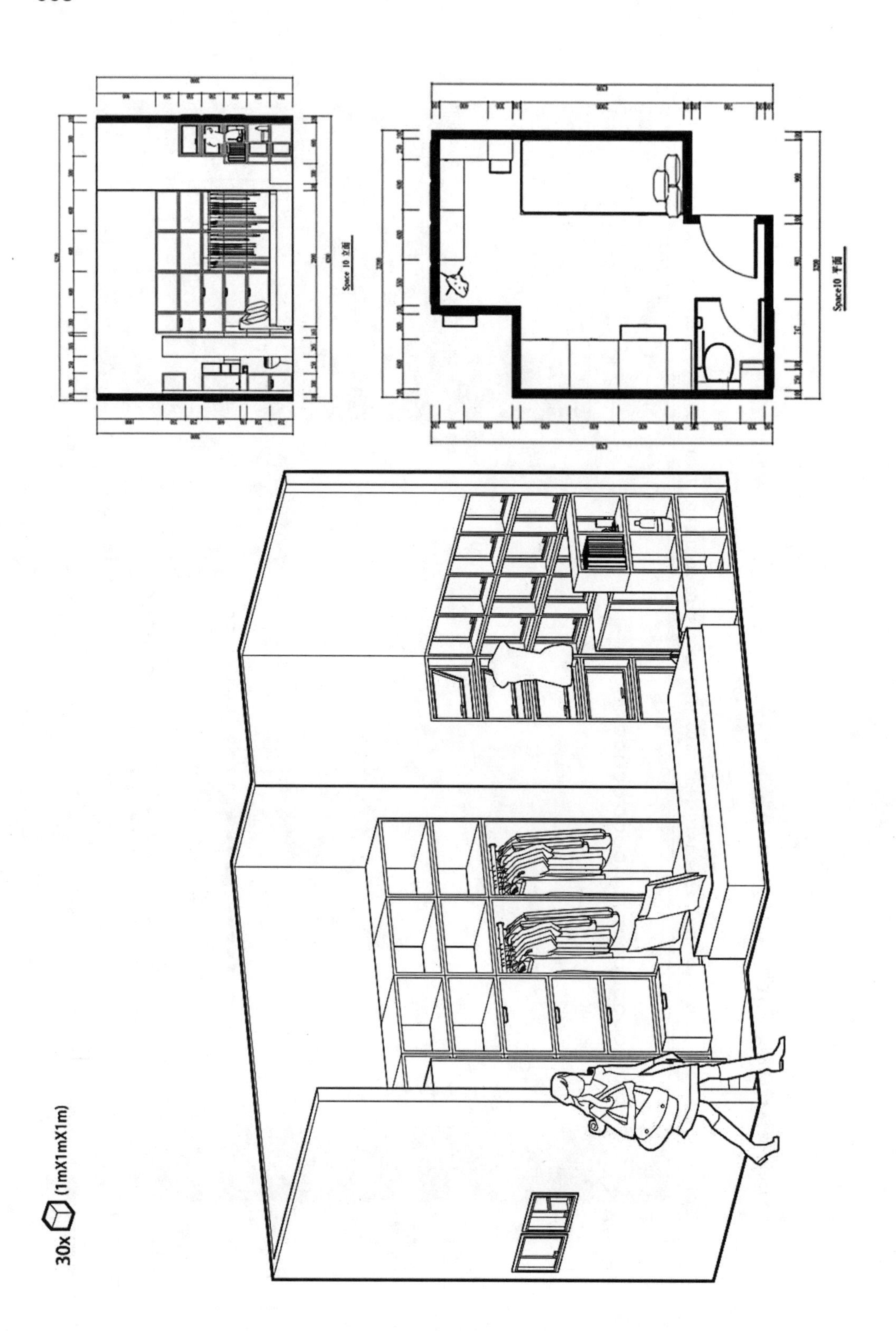
30x (1mX1mX1m)
Space 10 立面
Space10 平面

space10:文艺女青年的清新世界

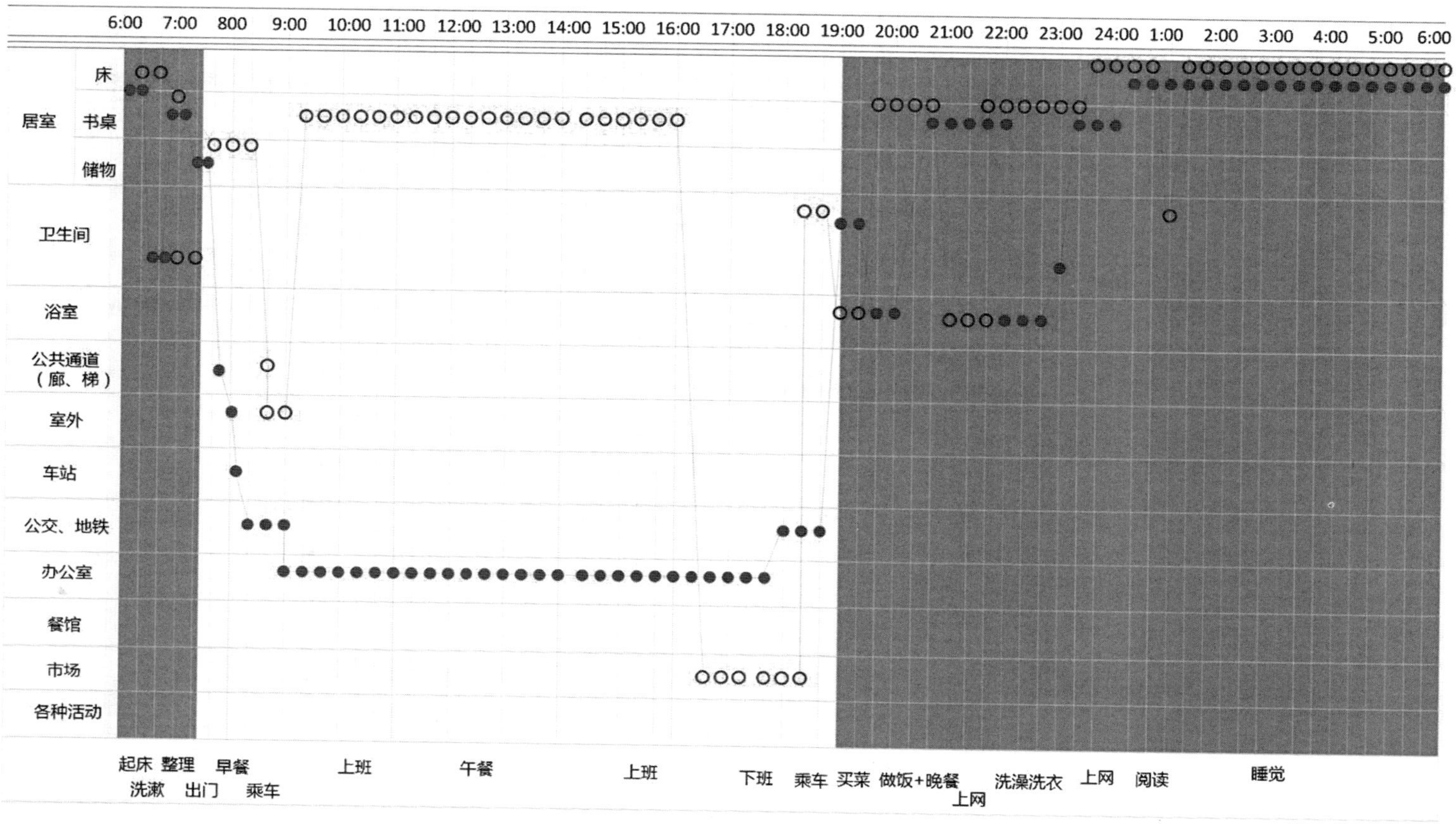

6:00 7:00 800 9:00 10:00 11:00 12:00 13:00 14:00 15:00 16:00 17:00 18:00 19:00 20:00 21:00 22:00 23:00 24:00 1:00 2:00 3:00 4:00 5:00 6:00

居室 床
书桌
储物
卫生间
浴室
公共通道（廊、梯）
室外
车站
公交、地铁
办公室
餐馆
市场
各种活动

起床 洗漱 整理 出门 早餐 乘车 上班 午餐 上班 下班 乘车 买菜 做饭+晚餐 上网 洗澡洗衣 上网 阅读 睡觉

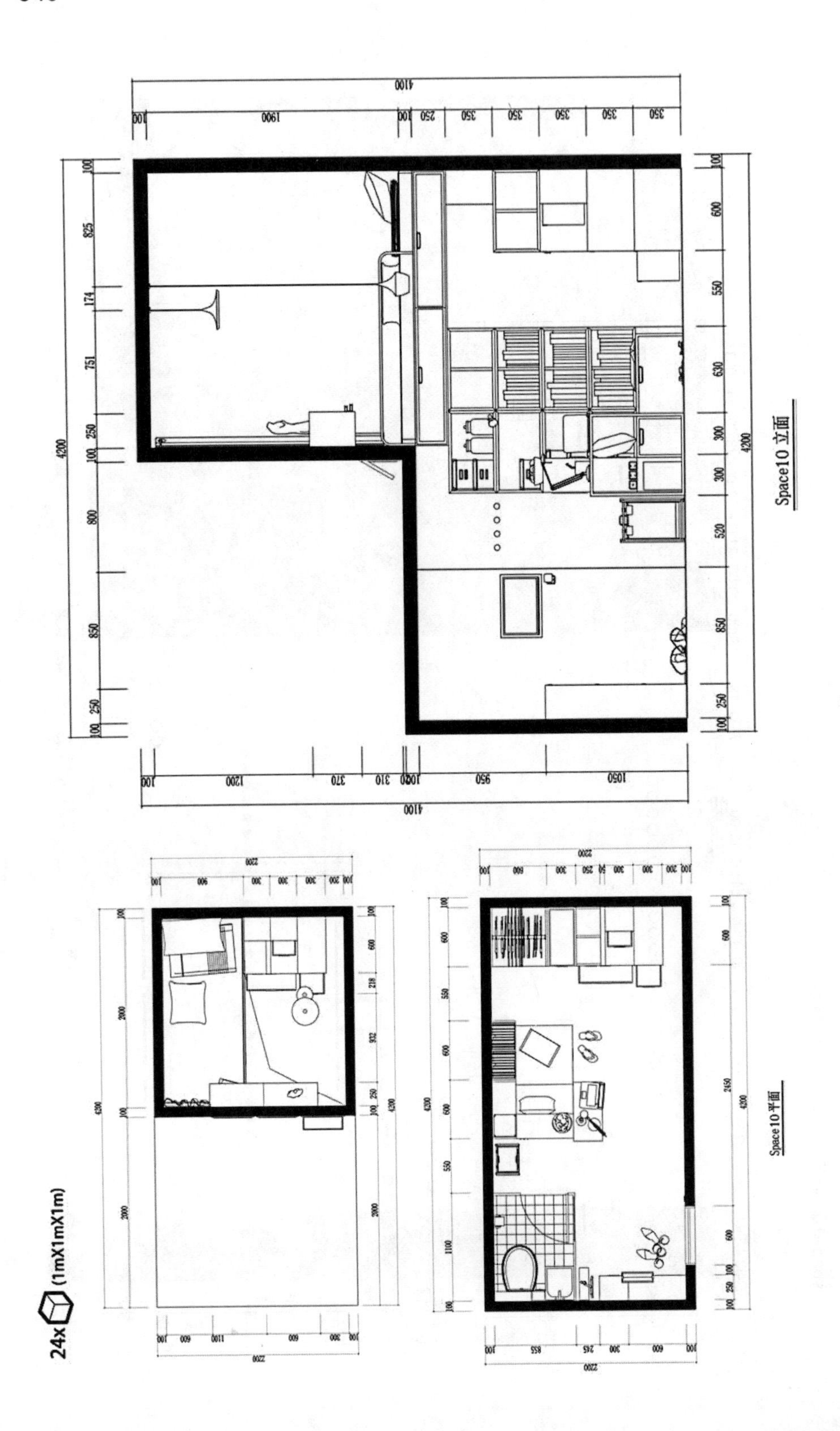
Space10 立面
Space10 平面
24x (1mX1mX1m)

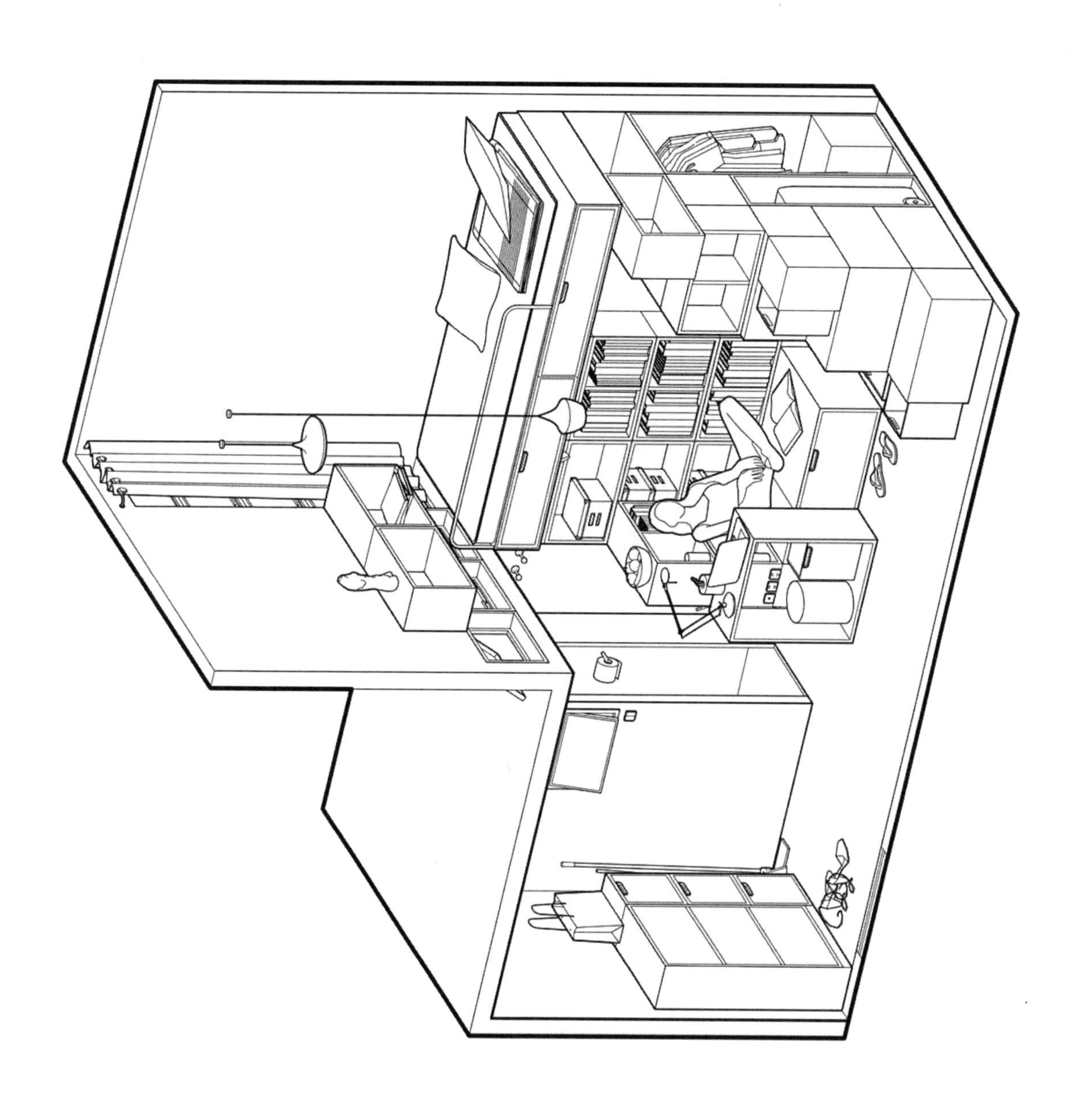

参考书目

1. 张启人．通俗控制论．北京：中国建筑工业出版社，1992
2. ［美］A．热著，熊昆译．可怕的对称．长沙：湖南科学技术出版社，1992
3. ［日］小原二郎、加藤力、安藤正雄编，张黎明、袁逸倩译，高履泰校．室内空间设计手册．北京：中国建筑工业出版社，2000
4. ［美］J.L. 弗里德曼、D.O. 西尔斯、J.M. 卡尔史密斯，高地、高佳等译，周先庚校．社会心理学．哈尔滨：黑龙江人民出版社，1985
5. 汪福祥编译．奥妙的人体语言．北京：中国青年出版社，1988
6. ［美］鲁道夫・阿恩海姆．艺术与视知觉．北京：中国社会科学出版社，1984
7. ［美］苏珊・朗格．情感与形式．北京：中国社会科学出版社，1986
8. ［美］罗伯特・文丘里著．周卜颐译．建筑的复杂性与矛盾性．北京：中国建筑工业出版社，1991
9. ［美］保罗・拉索著．周文正译．建筑表现手册．北京：中国建筑工业出版社，2001
10. 滕守尧著．审美心理描述．北京：中国社会科学出版社，1985
11. ［清］李渔．闲情偶寄・居室部
12. ［英］罗宾・乔治・科林伍德著．艺术原理．北京：中国社会科学出版社，1985
13. ［美］保罗・拉索．邱贤丰译．陈光贤校．图解思考．北京：中国建筑工业出版社，1988
14. 郑曙旸．室内设计程序．北京：中国建筑工业出版社，1999
15. 张绮曼、郑曙旸．室内设计资料集．北京：中国建筑工业出版社，1991
16. ［美］柯特・汉克斯、杰伊・帕里著．雪梅、维珊译．唤醒你的创造力．昆明：云南人民出版社，2001
17. ［英］D・肯特著．谢立新译．高亦兰校．建筑心理学入门．北京：中国建筑工业出版社，1988
18. ［日］相马一郎、佐古顺彦著．周畅、李曼曼译．环境心理学．北京：中国建筑工业出版社，1986
19. ［美］阿尔伯特J・拉特利奇著．大众行为与公园设计．王求是、高峰译．北京：中国建筑工业出版社，1990
20. ［日］渊上正幸编著．覃力、黄衍顺、徐慧、吴再兴译．世界建筑师的思想和作品．北京：中国建筑工业出版社，2000
21. ［美］柯特・汉克斯著．汪戎、郭树华、谌兰剑译．效率箴言．昆明：云南人民出版社，2001
22. MES. STEELE. ARCHITECTURE TODAY. 1997. PHAIDON PRESS LIMITED
23. UGH PEARMAN. CONTEMPORARY WORLD ARCHITECTURE. 1998. PHAIDON PRESS LIMITED
24. VERNON D・SWABACK, FAIA. THE CUSTOM HOME. 2001. IMAGES PUBLISHING
25. GE HOUSES SPECIAL 02. MASTERPIECES. 1971-2000. 2001. A.D.A.EDITA TOKYO CO.,LTD.
26. INTERNATIONAL ARCHITECTURE. YEARBOOK 8/02. 2002. IMAGES PUBLISHING
27. 100 OF THE WORLD'S BEST HOUSES. 2002. IMAGES PUBLISHING

图书在版编目（CIP）数据

室内设计·思维与方法／郑曙旸著－2版．－北京：中国建筑工业出版社，2014.6（2023.4重印）
ISBN 978-7-112-16739-5

Ⅰ.①室… Ⅱ.①郑… Ⅲ.①室内装饰设计 Ⅳ.①TU238

中国版本图书馆CIP数据核字（2014）第074311号

这是一部建立在丰富的实践经验基础之上的室内设计基础理论研究著作。它以深入浅出的论述方法和生动的说明性实例，系统地阐述了室内设计如何正确地运用创作思维和进行设计。内容从四大方面介绍，即室内设计的理论基础；室内设计系统的特征；设计思维与表达方式；设计语言与设计方法。其中详细说明了设计的本质、艺术的感觉、科学的逻辑、创造的基础、时空体系概念、空间设计要素、行为心理因素、概念与构思、方案与表达、构造与细部、设计的语言、图解的方法、功能与平面、形象与空间、构思与项目、设计定位、设计概念、设计方案和设计实施等。

本书可作为室内设计、建筑装饰装修、环境艺术等专业的大专院校师生教学参考用书，对上述专业的工程设计与施工人员及建筑学、城市规划等相关专业人员来说，也是一部很好的工作、学习指导用书。

责任编辑：王玉容
责任校对：刘　钰　陈晶晶

室内设计·思维与方法（第二版）
郑曙旸　著
*
中国建筑工业出版社出版、发行（北京西郊百万庄）
各地新华书店、建筑书店经销
北京锋尚制版有限公司制版
北京中科印刷有限公司印刷
*
开本：787×1092毫米　1/16　印张：17½　插页：40　字数：400千字
2014年10月第二版　2023年4月第二十一次印刷
定价：88.00元
ISBN 978－7－112－16739－5
（25550）